MANUEL PRATIQUE

DE L'EXPLORATION

DE LA POITRINE

CHEZ LES ANIMAUX DOMESTIQUES

5055-78 — CORBEIL, Typ. et stér. CRÉTÉ.

MANUEL PRATIQUE

DE L'EXPLORATION

DE

LA POITRINE

CHEZ LES ANIMAUX DOMESTIQUES

PERCUSSION — AUSCULTATION

PNÉOGRAPHIE

Par F. SAINT-CYR

Professeur à l'École vétérinaire de Lyon.

PARIS

ASSELIN ET Cie, LIBRAIRES DE LA FACULTÉ DE MÉDECINE

ET DE LA SOCIÉTÉ CENTRALE DE MÉDECINE VÉTÉRINAIRE

Place de l'École-de-Médecine

1879

PRÉFACE

Depuis le commencement de ce siècle, un très-grand nombre de travaux plus ou moins importants, — mémoires, traités, manuels de toute sorte, — ont été publiés sur la PERCUSSION et l'AUSCULTATION. — Les uns ont ajouté quelques faits nouveaux à ceux découverts par les premiers MAÎTRES; — les autres se distinguent par l'esprit vraiment scientifique qui les a dictés, par l'analyse approfondie des phénomènes plessimétriques et stéthoscopiques, et des *conditions physiques* nécessaires à leur manifestation; — d'autres envisagent surtout le côté pratique, étudient plus particulièrement les caractères propres et la signification séméiologique de ces mêmes phénomènes; — tous, en définitive, ont eu un résultat éminemment utile : ils ont répandu, propagé, vulgarisé dans le public médical la connaissance de ces précieuses méthodes d'exploration, et les ont rendues familières à l'humble praticien du dernier de nos villages aussi bien qu'aux plus hautes notabilités médicales exerçant sur le retentissant théâtre de nos grands hôpitaux. — Très-différents aussi bien par la forme que par l'idée maîtresse qui les a inspirés, ces travaux tendent pourtant, en somme, au même but : mettre en lumière les ressources qu'offrent au praticien, pour le diagnostic des affections pectorales, les découvertes de Laennec et d'Avenbrugger ; aussi peut-on dire avec vérité que le médecin qui veut s'initier à ces découvertes n'a que l'embarras du choix entre les nombreux traités qui sollicitent ses préférences.

Il n'en est pas tout à fait de même en médecine vétérinaire. — Bien que l'auscultation et la percussion ne soient ni moins utiles, ni moins souvent applicables chez les animaux que chez l'homme, nous ne possédons encore, — en France tout au moins, — aucun traité spécialement consacré à leur étude, et le praticien qui veut connaître ce que notre médecine a produit sur ce sujet est obligé d'avoir recours à des ouvrages tout différents, — traités de pathologie interne ou spéciale, dictionnaires, etc., — où ces méthodes n'occupent qu'une place restreinte et sont exposées avec une précision le plus souvent insuffisante.

J'excepterai pourtant de cette appréciation critique le *Traité de Pathologie générale* du professeur DELAFOND, dans lequel l'auscultation et la percussion tiennent une large place, bien en rapport avec leur importance scientifique et pratique. Mais cet ouvrage, dont la dernière édition remonte à 1855 et a, par conséquent, sensiblement vieilli, cet ouvrage, dis-je, est écrit avec peu de soin, au point que la lecture en est fatigante, et par suite moins profitable qu'elle ne devrait l'être. — D'ailleurs, il est totalement épuisé et ne se trouve plus que difficilement en librairie. — Il m'a donc semblé qu'il y avait là, dans notre littérature, une lacune, et j'ai essayé de la combler par la publication de ce MANUEL, fruit de vingt-huit années d'études cliniques non interrompues.

Plein d'admiration pour les découvertes de LAENNEC et d'AVENBRUGGER, je me suis, dès mon début dans la carrière de l'enseignement, adonné à la pratique de l'auscultation et de la percussion, avec une ardeur que ni le temps ni l'âge n'ont refroidie. J'ai d'ailleurs été bien servi par les circonstances : attaché dès le principe à la Clinique de l'École de Lyon, que je n'ai plus quittée, j'ai eu toutes facilités pour étudier et suivre dans les diverses phases de leur évolution les nombreuses maladies de poitrine qui s'offraient chaque jour à mon observation. J'ai ausculté et percuté un très-grand nombre de malades ; j'ai comparé les signes stéthoscopiques et plessimétriques que je recueillais chez eux avec ceux que me fournissaient les autres méthodes d'examen ; j'ai profité de toutes les occasions qui m'étaient offertes pour vérifier et rectifier au besoin, par l'inspection du cadavre, le diagnostic porté pendant la vie. J'ai pu réunir ainsi une masse considérable de matériaux, dont le présent MANUEL peut être considéré comme la mise en œuvre et le résumé synthétique.

En même temps que je rassemblais les faits qui servent de base à cet ouvrage, je m'initiais par la lecture des écrits antérieurs aux règles et aux principes de la percussion et de l'auscultation ; je cherchais dans cette lecture, d'abord un guide dont je sentais le besoin au dé-

but de mes recherches, et plus tard un contrôle, toujours utile et souvent nécessaire, à
mes propres observations.

Je ne me flatterai pas, bien certainement,
d'avoir lu *tous* les écrits qui ont été publiés, depuis le commencement de ce siècle, sur la ples-
simétrie et la stéthoscopie : ils sont tellement
nombreux qu'ils formeraient presque, à eux
seuls, toute une bibliothèque ; — mais j'en ai
lu un assez bon nombre, et j'ose croire que ce
n'a pas été tout à fait sans fruit.

Parmi les auteurs dont j'ai plus particulière-
ment étudié les travaux, je citerai : *en médecine
vétérinaire*, U. Leblanc, Delafond, L. Lafosse,
Verheyen, H. Bouley ; — *en médecine humaine*,
pour la percussion, Avenbrugger, Corvisart,
Piorry, Mailliot, Skoda ; — *pour l'auscultation*,
Laennec, Andral, Dance, Chomel, Beau, Skoda,
Barth et Roger.

Ces deux derniers surtout ont droit de ma
part à une mention spéciale. Leur *Traité pratique d'auscultation*, si exact, si méthodique et si
clair (il suffirait du reste, pour en faire l'éloge,
de dire qu'il en est aujourd'hui à sa 9e édition),
a été pour moi, au début de mes études, le
guide le plus précieux ; il est resté depuis, avec

l'immortel *Traité* de Laennec, l'ouvrage le plus souvent et le plus utilement consulté.

Ainsi, une expérience clinique de vingt-huit années, corroborée par une lecture attentive des Maîtres : tels sont les titres qu'il m'est permis d'invoquer en faveur du livre que j'abandonne aujourd'hui à l'appréciation du public.— Malgré ces titres et malgré mes efforts pour allier, dans sa rédaction, la clarté à l'exactitude, je ne puis ni ne veux m'en dissimuler les imperfections trop nombreuses ; j'ose pourtant espérer que, tel qu'il est, il pourra rendre quelques services, soit aux praticiens, soit aux élèves.

La percussion et l'auscultation forment la partie principale de ce volume, la plus considérable par l'étendue aussi bien que par l'importance. J'ai cru devoir y joindre un précis de Pnéographie, et je dois dire ici comment j'ai été amené à faire cette addition.

Il y a une douzaine d'années, H. Rodet avait eu l'idée d'appliquer à l'étude de la respiration chez nos animaux la *méthode graphique*, en si grand honneur aujourd'hui, et qui a effectivement donné de si beaux résultats dans des branches variées de la physiologie et même de la pathologie. Il avait fait construire, dans ce but, un appareil de son invention, dont on trouvera en son lieu la description et la figure, avec lequel il se proposait de pousser aussi loin que possible l'analyse exacte des phénomènes mécaniques de la respiration, tant en santé que dans les maladies. Malheureusement, les premières atteintes de la maladie qui devait l'emporter vinrent interrompre ces recherches à peine commencées. Dans les dernières années de sa vie, il me fit l'honneur de me charger du soin de reprendre et de continuer cette étude qu'il ne se sentait plus la force de mener à bonne fin, et c'est ainsi que j'ai été amené à m'occuper de pnéographie.

Des recherches de cette nature sont beaucoup moins simples, plus longues, plus difficiles qu'on ne serait tenté de se le figurer à première vue ; aussi, malgré plusieurs années de travail et des matériaux déjà réunis en très-grand nombre, les résultats auxquels je suis arrivé ne sont-ils encore ni complets ni définitifs. J'ai cru cependant devoir les consigner ici comme un appel à de nouvelles recherches, et surtout comme un dernier hommage à la mémoire vénérée d'un homme qui m'avait honoré de son amitié. J'aurais voulu rendre cet *Essai* moins indigne du nom sous les auspices duquel j'ose l'abriter ; mais je me suis plu à espérer que ce nom, cher à la profession, concilierait à cette partie de mon œuvre l'indulgence du lecteur.

F. SAINT-CYR.

Novembre 1878.

EXPLORATION

DE

LA POITRINE

INTRODUCTION

Parmi les progrès si nombreux que la médecine a réalisés dans le courant de ce siècle, il
faut placer à un rang très-élevé, — sinon au
premier rang, — la découverte de la PERCUSSION
et, surtout, de l'AUSCULTATION, grâce auxquelles
l'étude des affections pectorales, si nombreuses,
si fréquentes et si graves, est parvenue en peu
de temps à un degré de perfection qui ne laisse
presque rien à désirer.

En médecine vétérinaire, l'adoption de ces
méthodes physiques d'exploration, comme on les
appelle, n'a pas eu des résultats moins heu-
reux. — Grâce aux recherches anatomo-patho-

logiques, si fortement recommandées par notre premier maître (V. *Règlement pour les écoles vétérinaires*. Paris, 1777), et auxquelles ses successeurs sont constamment restés fidèles, on était parvenu, dès la fin du siècle dernier, à distinguer, sur le cadavre, les maladies si variées qui peuvent, chez les animaux aussi bien que chez l'homme, affecter les bronches, les poumons et les plèvres; mais l'*auscultation* et la *percussion* seules ont permis de reconnaître, sur le vivant, ces mêmes maladies, et de leur opposer un traitement plus rationnel et plus souvent efficace. Il serait superflu d'insister sur cette vérité, trop manifestement évidente pour avoir besoin de démonstration. — Nous ne nous arrêterons pas non plus à prouver par de longs raisonnements de quelle importance est, pour le vétérinaire *praticien*, la connaissance approfondie de ces procédés d'examen : Dieu merci, leur utilité n'est plus contestée par personne aujourd'hui. — Sans doute, pour en tirer tout le profit qu'on est en droit d'en attendre, il faut les bien connaître ; pour les connaître, il faut les étudier, et cette étude demande quelques soins, quelque attention et un peu de persévérance. Mais le but à atteindre ne vaut-il pas qu'on fasse quelques efforts pour l'obtenir ?

Convaincu de cette vérité, et pour faciliter

aux débutants cette étude indispensable, nous nous efforcerons, dans ce *manuel*, d'exposer avec autant de précision qu'il nous sera possible les *règles* de la *Percussion* et de l'*Auscultation* appliquées à l'examen de la poitrine chez nos animaux domestiques, la *nature* et la *valeur* des signes qu'elles fournissent.

Il est d'ailleurs évident que l'exacte interprétation de ces signes suppose la connaissance préalable des *organes* que l'on veut explorer ; aussi, nous a-t-il paru rationnel de faire précéder l'étude que nous voulons en faire de quelques brèves considérations sur la *cavité pectorale* et les organes qu'elle contient.

CAVITÉ THORACIQUE

La *poitrine*, ou *thorax*, est une grande cavité limitée, en haut par les *vertèbres dorsales*, en nombre variable selon les espèces, 18 chez le cheval, 13 chez le bœuf, le mouton, la chèvre et le chien, 14 chez le porc ; en bas par le sternum, de chaque côté par les côtes, en nombre égal à celui des vertèbres, et distinguées en *sternales* et *asternales*, suivant qu'elles s'appuient directement ou indirectement sur le sternum, — et enfin en arrière par le diaphragme, vaste cloison musculo-aponévrotique qui sépare le thorax de l'abdomen.

Les muscles intercostaux, internes et externes, qui remplissent les intervalles laissés entre elles par les côtes, complètent les parois latérales de la poitrine, lesquelles sont en outre recouvertes de plans charnus, plus ou moins épais suivant les régions. C'est ainsi qu'on trouve, dans la région antérieure, les grosses masses musculaires qui s'attachent au scapulum, lesquelles recouvrent en totalité les quatre premières côtes et, dans leur partie supérieure, les 5e, 6e et 7e ; — dans la région supérieure, le grand muscle ilio-spinal, qui remplit de chaque côté ce qu'on appelle la gouttière vertébrale, l'intercostal commun et les petits dentelés de la respiration, — le tout recouvert par l'aponévrose du grand dorsal ; — dans la région inférieure, les muscles pectoraux [pectoraux superficiel et profond (CHAUVEAU), — sterno-huméral, sterno-aponévrotique, — sterno-trochinien, sterno-pré-scapulaire (GIRARD)], qui revêtent, non-seulement le sternum, mais les cartilages costaux et les côtes elles-mêmes à leur extrémité inférieure, jusqu'au niveau de la veine sous-cutanée thoracique (veine de l'éperon) ; — enfin, dans la région moyenne, une partie du grand dorsal et le grand dentelé de la respiration, qui entrecroise, en bas et en arrière, ses dentelures avec celles du grand oblique de l'abdomen. — On voit par là que cette région moyenne, formant un peu plus des deux tiers de la surface totale du thorax, est celle où les parois pectorales ont le moins d'épaisseur, circonstance importante à noter au point de vue qui doit spécialement nous occuper ici.

La forme générale de cette cavité est celle d'un cône déprimé d'un côté à l'autre, à sommet mousse situé en avant, à base postérieure très-oblique de haut en bas et d'arrière en avant, constituée par le diaphragme.

Sa capacité, très-variable, non-seulement selon les espèces, mais encore dans la même espèce, selon l'âge, la race, la taille, la conformation, etc., peut être évaluée approximativement entre 40 et 60 litres chez le cheval adulte.

Dans cette cavité, tapissée par une séreuse que nous étudierons un peu plus loin, sont contenus les organes centraux de la circulation, le cœur et les gros vaisseaux qui en émanent ou qui y aboutissent, — et ceux de la respiration, les poumons. — Ces derniers seuls seront ici l'objet d'une description sommaire.

DES POUMONS

Au nombre de deux, un droit et un gauche, les poumons remplissent à eux seuls la presque totalité de la capacité thoracique.

Sans être absolument semblables, ou plutôt symétriques, — le droit est toujours un peu plus volumineux que le gauche, — ils se ressemblent beaucoup. On leur distingue trois faces, trois bords et un sommet.

La *face externe*, ou *costale*, convexe à la fois dans le sens antéro-postérieur et supéro-inférieur, est en rapport avec les côtes, sur lesquelles elle se moule très-exactement. — La *face interne*, ou *médiastine*, en rapport avec la face homologue de l'autre poumon, est plane et verticale. Elle offre : 1° en bas et en avant, une sorte d'entaille, plus profonde à gauche qu'à droite, qui, en s'ajustant à une entaille semblable de l'autre poumon, forme une excavation dans laquelle se loge le cœur ; 2° près du bord supérieur, deux gouttières antéro-postérieures superposées, et servant à loger : la supérieure, l'aorte ; l'inférieure, moins profonde, l'œsophage. — Dans le poumon droit, cette face présente en outre un petit lobule, qui manque au poumon gauche. — La face postérieure, ou *diaphragmatique*, coupée obliquement d'avant en arrière et de haut en bas, est concave et se moule exactement sur le diaphragme. On y voit, sur le poumon droit, une échancrure assez profonde, dans laquelle passe la veine cave postérieure.

Des trois *bords*, le *supérieur*, épais et arrondi,

se loge dans une sorte de gouttière formée, de chaque côté, par les côtes et la tige vertébrale à leur point d'articulation ; — l'*inférieur*, plus court, mince et tranchant, en rapport avec le sternum, présente, au niveau des 4e, 5e, 6e et 7e côtes, une grande échancrure, plus profonde sur

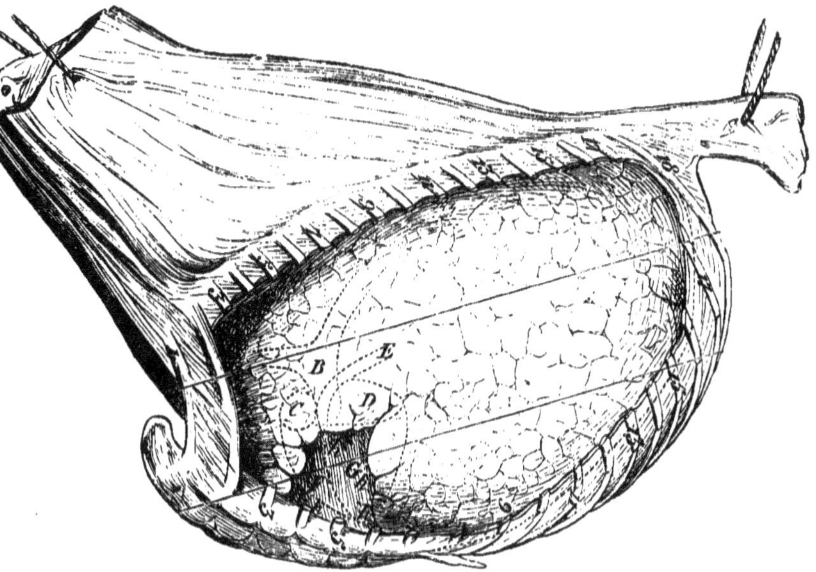

Fig. 1. — *Organes pectoraux vus dans leur situation normale* (*).

le poumon gauche, faisant suite à l'entaille de la face interne, et où vient se loger la pointe du cœur, qui, en ce point, se trouve en contact immédiat avec la paroi pectorale gauche (V. fig. 1).

*) P, poumon ; — F et G, cœur ; — C et D, oreillettes cachées par le poumon ; — B, aorte, également couverte par le poumon.

Enfin, le *bord postérieur*, de forme irrégulièrement ellipsoïde, logé dans l'angle formé par l'insertion du diaphragme sur les côtes, circonscrit de toute part la face postérieure qu'il sépare des faces costale et médiastine.

Le *sommet*, situé en avant et limité par l'échancrure du bord inférieur, figure une sorte d'appendice arrondi et recourbé, qu'on appelle aussi le *lobule* ou l'*appendice antérieur* du poumon. — C'est souvent par cet appendice que débutent les lésions de la pneumonie et de la phthisie pulmonaire.

On remarque encore, à la face interne, au niveau de l'entaille que nous y avons signalée et près du bord dorsal, ce qu'on appelle le *hile* ou la *racine* du poumon, point par lequel la *bronche* correspondante et les vaisseaux qui l'accompagnent pénètrent dans l'organe pour s'y ramifier.

Bronches.— Arrivée dans la poitrine, où elle pénètre en passant entre les deux premières côtes, la trachée se divise bientôt en deux grosses *bronches*, une gauche et une droite, celle-ci un peu plus grosse, lesquelles, après un trajet de quelques centimètres, pénètrent chacune dans le poumon correspondant, au niveau du *hile* de l'organe, pour s'y diviser à l'infini, en émettant successivement des rameaux ou *bronches*, « qui finissent par épuiser le tronc principal ». — Ces rameaux (V. fig. 2) « naissent alternativement en haut, en dedans, en bas, en dehors, et se portent ainsi dans toutes les directions. L'un d'eux, le premier, forme un angle obtus avec le tronc principal, et se dirige en avant, pour se ramifier dans le *lobule anté-*

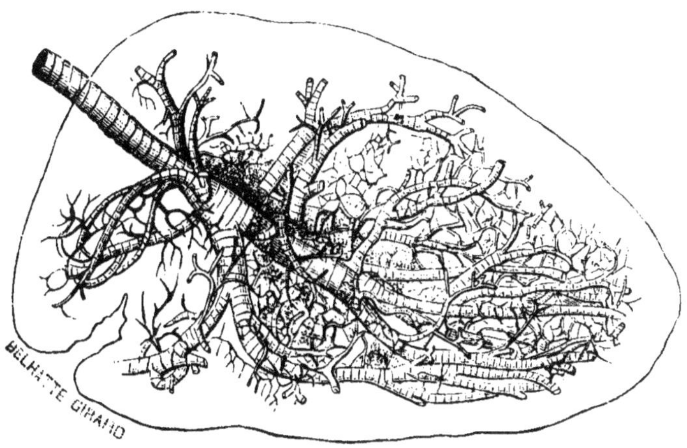

Fig. 2. — *Montrant le mode de distribution des bronches dans le parenchyme pulmonaire.*

rieur ; les autres se détachent à angles plus ou moins aigus. Tous se subdivisent en bronches successivement décroissantes, qui arrivent bientôt à un diamètre capillaire, et s'ouvrent alors dans les infundibula du poumon (CHAUVEAU et ARLOING, *Traité d'Anat. comp.*, 3ᵉ éd.). »

Infundibula. — Vésicules pulmonaires. —

1.

Pour prendre une bonne idée de ce mode de terminaison des bronches, il faut couler dans ces canaux une matière solidifiable, l'alliage de Darcet, par exemple, de manière à prendre leur moule intérieur et celui de leurs culs-de-sac terminaux, et détruire ensuite par la macération le parenchyme pulmonaire. Quand l'opération a bien

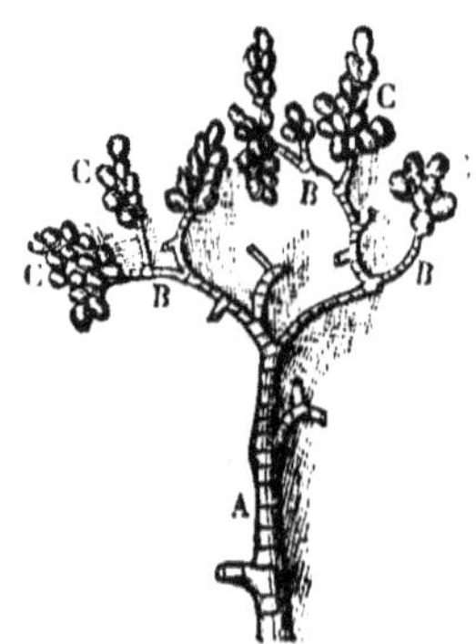

Fig. 3. — *Terminaison des bronches et lobules pulmonaires primitifs* (*).

réussi, on peut voir (fig. 3), à l'extrémité de chaque bronchiule, — dont le diamètre varie entre $0^{mm},1$ à $0^{mm},2$, — appendue une petite grappe de cellules sphériques, de $0^{mm},3$ à $0^{mm},5$ de diamètre, communiquant avec la bronchiule qui les supporte par une cavité centrale

(*) A, une petite bronche; — B,B, dernières ramifications bronchiques; — C,C,C, groupes de vésicules pulmonaires appendus à l'extrémité d'une bronchiule terminale. (Grossissement, 5 ou 6 diamètres environ.)

dans laquelle elles viennent toutes s'ouvrir.

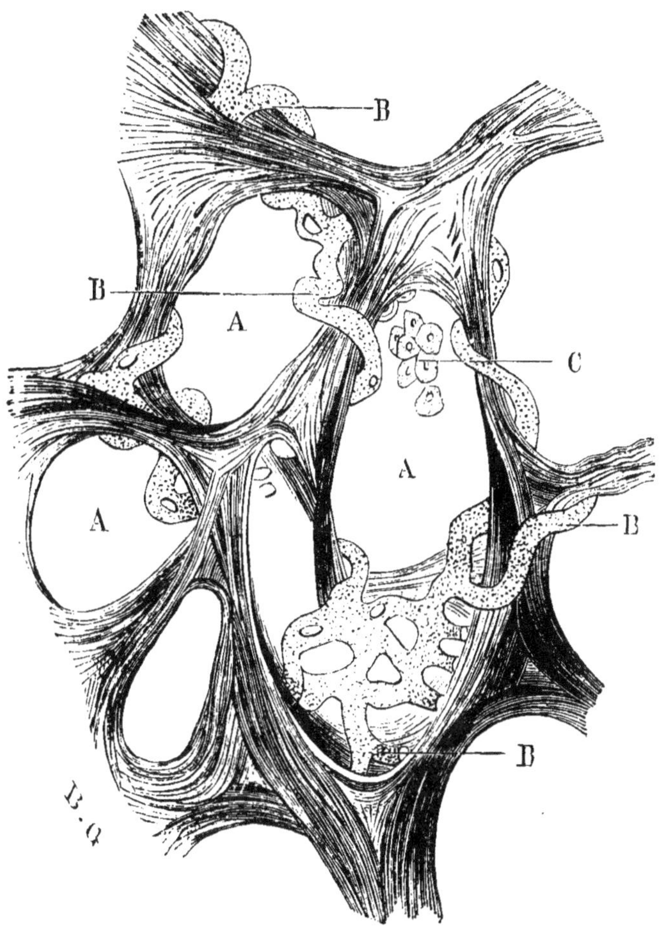

Fig. 4. — *Coupe mince de tissu pulmonaire* (*).

Telle est la constitution du *lobube pulmonaire*

(*) A, A. alvéoles ; — B,B, vaisseaux capillaires ; — C, un groupe
de cellules épithéliales tapissant les alvéoles.

primitif, qui, réuni avec les lobules voisins par un tissu conjonctif très-fin, forme un lobule secondaire. Plusieurs de ceux-ci, réunis par un tissu cellulaire un peu plus abondant, constituent un lobule ternaire, plus volumineux, lequel, par sa réunion avec d'autres lobules de même ordre, compose un lobule quaternaire, et ainsi de suite.

Les parois des vésicules sont constituées par une membrane excessivement mince, formée par un feutrage de tissu conjonctif, et « enveloppée extérieurement de fibres élastiques » plus ou moins nombreuses, d'épaisseur variable, tantôt isolées, tantôt réunies en groupes (FREY, *Traité d'Histologie*), et auxquelles le poumon doit son élasticité. — La face interne de ces petites cavités est tapissée par une couche de cellules à noyaux, pâles, polygonales, de $0^{mm},011$ à $0^{mm},014$ de diamètre, couche épithéliale, assez facile à mettre en évidence, bien que son existence ait donné lieu aux discussions les plus animées (V. fig. 4).

Vaisseaux.— A la surface de chaque cellule pulmonaire s'étale un réseau capillaire à mailles très-serrées et très-régulières (fig. 5) formé de vaisseaux extrêmement fins, dont les parois, d'une excessive minceur, ne se trouvent séparées de l'air contenu dans la vésicule que par la membrane très-mince et très-délicate de celle-ci. C'est à travers cette double membrane, — de la cellule pulmonaire et des vaisseaux capillaires, — que s'effectuent les phénomènes d'*osmose* qui constituent la fonction si importante de l'*hématose*.

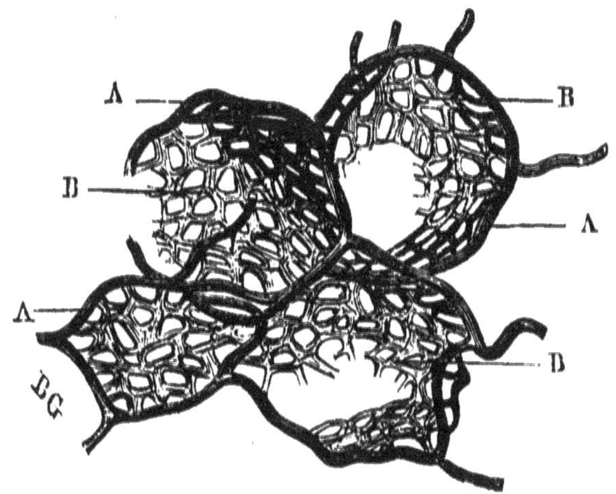

Fig. 5. — *Vaisseaux capillaires du poumon* (*).

Ce réseau si riche appartient en effet aux *vaisseaux fonctionnels* du poumon, c'est-à-dire qu'il est placé comme intermédiaire entre l'*artère pulmonaire* et les *veines* du même nom.

On sait, en effet, que l'artère pulmonaire, émanée du ventricule droit du cœur, se divise en deux troncs au niveau de la racine des poumons. Chacun de ces troncs pénètre dans le poumon correspondant, au niveau du hile, s'y

(*) A,A, artérioles; — B,B, réseaux capillaires.

ramifie, en accompagnant de ses divisions les divisions bronchiques, et finalement forme, par ses divisions terminales, à la surface des vésicules pulmonaires, le réseau que nous avons décrit.

De ce réseau émanent à leur tour les veines pulmonaires, lesquelles se réunissant de proche en proche, et faisant, en sens inverse, le même parcours, forment en définitive quatre à huit gros troncs, qui vont s'aboucher dans l'oreillette gauche du cœur, où elles versent le sang qui vient de s'hématoser dans le poumon.

Tels sont, en y joignant les vaisseaux nourriciers, — artères et veines bronchiques, — les éléments constitutifs du *tissu pulmonaire*.

Tissu pulmonaire. — Ainsi constitué, le tissu pulmonaire se présente comme un tissu spongieux d'une belle couleur rosée, très-souple, très-résistant, ne se déchirant qu'avec difficulté, très-élastique, capable de suivre et suivant en effet toutes les variations de capacité que peut éprouver la poitrine, qu'il remplit toujours très-exactement, s'affaissant sous la pression atmosphérique quand on ouvre cette cavité, au point de perdre plus de la moitié de son volume, et cependant conservant encore dans ses vésicules, quand il est affaissé, une certaine quantité d'air que la pression la plus énergique n'en peut expulser. C'est à cet air que le tissu pul-

monaire sain doit sa grande légèreté spécifique,
en vertu de laquelle il surnage facilement
l'eau dans laquelle on le plonge ; et la preuve,
c'est que le poumon du fœtus qui n'a pas res-
piré, plus lourd que l'eau avant d'avoir été insufflé, devient plus léger et surnage dès qu'on
a fait pénétrer, par l'insufflation, de l'air dans
ses alvéoles. Quelques maladies, telles que la
pleurésie avec épanchement, en affaissant ceux-
ci, la pneumonie, en les remplissant des produits de l'inflammation, augmentent la densité
du tissu pulmonaire, qui s'enfonce alors dans
l'eau dans laquelle on le plonge, comme celui
du fœtus.

Différences. — Les poumons présentent, selon les espèces, d'assez notables différences ;
mais ces différences, qui portent principalement sur la configuration extérieure, n'ont
pas d'influence sensible sur le fonctionnement
physiologique de ces organes, non plus que sur
les maladies dont ils peuvent être affectés. Deux
particularités seulement ont une réelle importance et méritent d'être signalées ici.

A. — *Chez le bœuf*, le *mouton* et la *chèvre*,
l'*appendice antérieur* du poumon droit, beaucoup plus développé que chez le cheval, fournit
une lame longue et mince, laquelle, se contour-
nant à gauche, au-dessous de la trachée, vient

envelopper le cœur, qui se trouve ainsi complétement séparé de la paroi thoracique, dans toute son étendue sauf tout à fait vers sa pointe, par une mince épaisseur de tissu pulmonaire.

B. — Le tissu conjonctif qui entre dans la constitution du poumon est incomparablement plus abondant *chez le bœuf* que chez aucune autre espèce ; il forme autour des *lobules* des différents ordres, — primaires, secondaires, tertiaires, etc., — de véritables cloisons lamelleuses, d'autant plus épaisses que les lobules sont d'un ordre plus élevé, cloisons qui les isolent les uns des autres, et donnent aux poumons de cette espèce une apparence *lobulée* des plus remarquables. Il en résulte que, sous un volume égal, la substance *respirante* est très-notablement moindre chez le bœuf que chez le cheval.

Mais ce n'est pas seulement sous le rapport physiologique que cette particularité est importante. On sait le rôle considérable que joue le tissu conjonctif dans un grand nombre de *processus* morbides et en particulier dans le *processus* inflammatoire. Dans la *pneumonie*, notamment, le tissu conjonctif prend une large part au travail pathologique. On comprend donc que son abondance dans le poumon du bœuf doit donner à la maladie une allure particulière, et aux lésions par lesquelles elle s'exprime sur le cadavre une physionomie toute spéciale. C'est ce qui a lieu en effet ; ce sont ces travées conjonctives encadrant chaque lobule qui, en se remplissant d'éléments inflammatoires, donnent au poumon enflammé du bœuf cet aspect marbré si remarquable qui a depuis longtemps frappé les observateurs, mais que DIETERICHS paraît avoir été le premier à rapporter à sa véritable cause.

PLÈVRES

Chaque poumon est enveloppé par une *membrane séreuse*, — la *Plèvre*, — qui, après avoir revêtu la face externe de l'organe, se réfléchit pour tapisser les parois de la moitié correspondante de la poitrine, et former, dans le plan médian, une cloison, appelée *médiastin*, laquelle divise la cage thoracique en deux compartiments complétement distincts.

Pour bien faire comprendre la disposition, assez compliquée, de cette double séreuse, nous emprunterons en grande partie à MM. CHAUVEAU et ARLOING la description qui va suivre.

On peut distinguer à chaque plèvre quatre parties, savoir : une partie *costale*, une *diaphragmatique*, une *médiastine*, constituant ensemble le *feuillet pariétal* de la séreuse, et une quatrième partie, *pulmonaire* ou *viscérale*.

« La *plèvre costale* est appliquée sur la face

interne des côtes et des muscles intercostaux internes, auxquels elle adhère par un tissu conjonctif assez serré, doublé par une lame très-mince de tissu jaune élastique. Elle répond par sa face libre à la surface externe du poumon, avec laquelle elle ne contracte normalement aucune adhérence. Elle se continue, en arrière, avec le feuillet diaphragmatique, en avant, en haut et en bas, avec le médiastin. »

La *plèvre diaphragmatique* tapisse, comme son nom l'indique, toute la face antérieure du diaphragme, auquel elle adhère d'une manière assez lâche au niveau de la portion charnue, d'une manière plus serrée au niveau de la portion aponévrotique. — Par la partie interne de sa périphérie, ce feuillet se continue avec le *médiastin*. Par sa face libre, il est en rapport de contiguïté avec la face postérieure du poumon.

« La *plèvre médiastine* s'adosse, par sa face adhérente, contre celle du côté opposé, et produit ainsi la cloison médiane qui sépare en deux compartiments la cavité thoracique. » Le *cœur* est compris entre les deux lames de cette cloison, dont la portion située en avant de cet organe est connue sous le nom de *médiastin antérieur*, tandis que la portion située en arrière prend le nom de *médiastin postérieur* ou *grand médiastin* (1).

(1) Nous devons avertir que ces expressions ne s'appli-

« Le *médiastin antérieur*, plus épais que le
postérieur, mais beaucoup moins étendu, contient supérieurement la trachée, l'œsophage,
l'aorte antérieure et ses divisions, la veine cave
antérieure, le canal thoracique, les nerfs car-
diaques, pneumogastriques, récurrents et diaphragmatiques ; il comprend aussi le thymus
chez le fœtus et le très-jeune sujet. — Le *médiastin postérieur* ou *grand médiastin*, incomparablement plus étroit en bas qu'en haut, à cause
de l'obliquité du diaphragme, est beaucoup
plus vaste que le précédent. Sa partie inférieure, toujours déviée à gauche, est extrêmement mince, et percée, — chez le cheval seulement, — d'une multitude de petits trous qui
lui donnent l'apparence d'une dentelle. »
Connue depuis longtemps et signalée par tous
les anatomistes, — GIRARD, RIGOT et LAVOCAT,
LECOQ (*Leçons orales*), CHAUVEAU et ARLOING, MUL-
LER, de Vienne, LEYH, etc., — cette particularité est, en effet, importante à connaître. Par
elle, on se rend très-bien compte de l'extrême
gravité de la pleurésie chez le cheval : c'est
que, grâce aux trous nombreux dont le médiastin est criblé, le liquide versé dans l'une des
plèvres, à la suite de l'inflammation, passe
facilement dans la plèvre opposée. La pleuré-

quent pas, en anatomie vétérinaire, aux mêmes parties que
celles connues sous les mêmes noms en anatomie humaine.

sie est donc toujours *double* chez les solipèdes, tandis qu'elle peut être *simple*, ou mieux, *unilatérale*, et par cela même beaucoup moins dangereuse, chez les autres espèces, où le médiastin forme, comme chez l'homme, une cloison complète.

Après avoir formé la cloison que nous venons de décrire, la séreuse se replie sur le poumon, suivant une ligne horizontale étendue depuis la racine de l'organe jusqu'à la face antérieure du diaphragme, pour constituer la *plèvre pulmonaire* ou *viscérale*. — Celle-ci enveloppe tout le poumon correspondant, auquel elle adhère assez intimement par sa face profonde, tandis que, par sa face opposée, elle se met en contact avec les parties *pariétales* de la même séreuse, mais sans contracter avec elles aucune adhérence.

La plèvre droite fournit en outre « un repli spécial, *rs*, fig. 7, qui naît de la partie inférieure de la cavité thoracique, et qui monte sur la veine cave postérieure P′ pour se développer autour de ce vaisseau. Ce repli soutient encore le nerf diaphragmatique droit (CHAUVEAU et ARLOING). »

Pour rendre plus intelligible cette description de la double séreuse pectorale, nous emprunterons encore aux auteurs précités deux figures schématiques, représentant deux coupes de la poitrine, faites en deux points différents, perpendiculairement à l'axe du corps, et qui montrent très-clairement les principales dispositions que nous venons de décrire.

Si, sur la première (fig. 6), nous prenons la plèvre droite, en *m*, nous la voyons s'adosser

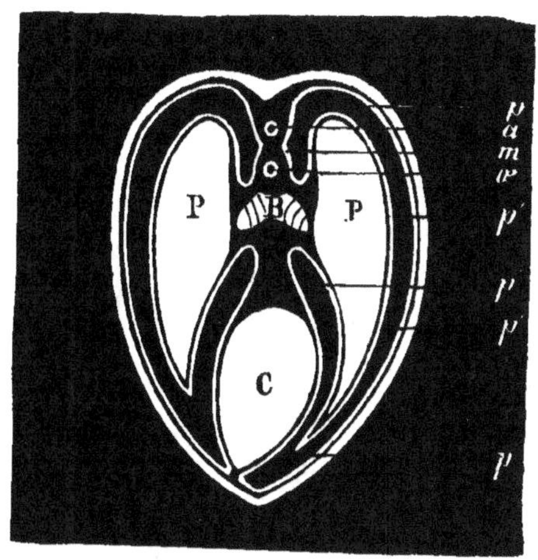

Fig. 6. — *Coupe schématique de la cavité pectorale au niveau du cœur* (*).

avec celle du côté opposé pour former le médiastin supérieur, comprenant entre ses deux feuillets l'œsophage *œ* et l'aorte *a*, se replier, en haut, sur la paroi pectorale, qu'elle tapisse en entier, *pp*, se réfléchir, en bas, sur le cœur,

(*) P,P, poumon ; — C, cœur ; — B, bronches ; — *a*, aorte ; — *œ*, œsophage ; — *p,p*, plèvre pariétale ; — *p',p'*, plèvre viscérale.

c, en s'accolant à la face externe du péricarde. Enfin, arrivée à la base du cœur, la plèvre se réfléchit sur le poumon, pour revenir à son point de départ.

Sur la deuxième (fig. 7), nous voyons de même la séreuse, partant du point *ms*, former

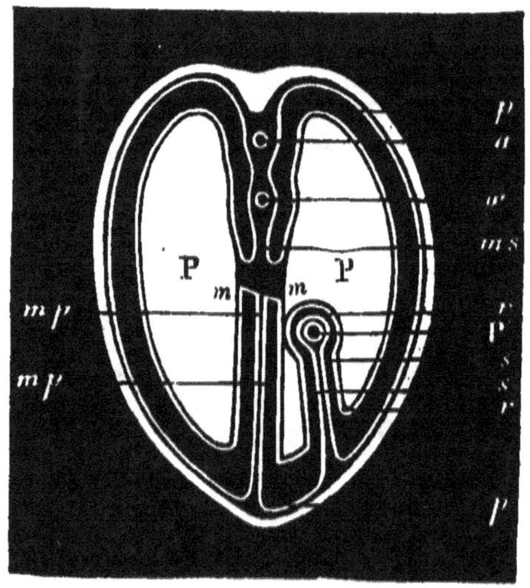

Fig. 7. — *Coupe schématique de la poitrine en arrière du cœur* (*).

le médiastin antérieur, entre les lames duquel nous retrouvons l'œsophage et l'aorte, *œ*, *a*, tapisser la paroi costale, *p,p*, envoyer un repli *r,r*, qui enveloppe et soutient la veine

(*) P,P, poumons; — *a*, aorte; — *œ*, œsophage; — *p,p*, plèvre pariétale; — *m,s*, médiastin supérieur; — *m,p*, médiastin postérieur.

porte P′, s'accoler en *p′* à la plèvre opposée pour former le grand médiastin *mp*, se
réfléchir en *m* sur le poumon P, l'envelopper
complétement, en s'insinuant dans l'échancrure *ss*, et revenir finalement à son point de
départ *ms*.

Tels sont les organes dont la connaissance
exacte importait essentiellement au but que
nous nous proposons dans la suite de cet ouvrage. Si maintenant nous jetons un coup
d'œil d'ensemble sur ces organes considérés *en
place*, nous verrons (fig. 1, page 7) : 1° que le poumon est en rapport immédiat avec les parois
pectorales, dans toute l'étendue de celles-ci,
sauf, du côté gauche, dans un étroit espace
correspondant, en largeur, aux quatrième,
cinquième et sixième côtes, et s'étendant, en
hauteur, depuis le bord supérieur du sternum
jusqu'à quelques centimètres au-dessous de la
veine de l'éperon, espace dans lequel le cœur
se trouve directement en contact avec la paroi
costale ; 2° qu'au delà de cet espace, et dans
une zone demi-circulaire de quelques centimètres, limitée sur la figure par une ligne
ponctuée, l'organe central de la circulation
n'est séparé de cette même paroi que par une
mince lame de tissu pulmonaire ; 3° que, dans
la région postérieure, au niveau des quinzième,
seizième et dix-septième côtes, le poumon ne

forme plus qu'une lame très-mince, comprise dans l'angle plan aigu formé en ce point par la rencontre de la paroi costale et du diaphragme ; 4° enfin, qu'au niveau de la dix-huitième côte, il n'y a plus de poumon.

Cela posé, nous pouvons aborder l'étude des moyens d'exploration de la poitrine.

PERCUSSION

Définition. — La *percussion*, — du latin *percutere*, *frapper*, — est un mode d'exploration qui consiste à frapper méthodiquement sur une partie quelconque du corps des coups plus ou moins forts, afin d'en obtenir un *son*, et, d'après ce son, juger de l'état des organes sous-jacents.

Il y a deux manières de procéder à cette exploration : 1° en frappant directement sur la partie, sans intermédiaire entre les tissus de la région qu'on veut examiner et le corps percutant quel qu'il soit ; c'est la *percussion immédiate ;* — 2° en interposant entre la région percutée et l'agent qui produit le choc un corps intermédiaire, qui transmet ce choc aux parties sous-jacentes ; c'est la *percussion médiate.*

On peut percuter ainsi toutes les parties du corps : — la tête, la poitrine, l'abdomen, les membres, — et pour toutes, ce mode d'exploration peut fournir d'utiles renseignements ;

mais c'est sans contredit la percussion de la
poitrine qui, combinée avec l'auscultation,
rend le plus de services ; c'est elle que nous
aurons plus particulièrement en vue ici.

Historique. — Il ne serait pas impossible
de trouver dans les plus anciens auteurs, à
commencer par HIPPOCRATE (BARTH et ROGER),
quelques indications relatives à ce mode
d'exploration ; mais ces indications, vagues,
éparses çà et là, sans lien entre elles, dont aucune d'ailleurs ne paraît se rapporter à la percussion thoracique, sont en réalité sans
importance, et cette méthode d'examen est
bien véritablement une méthode moderne,
dont la découverte ne remonte pas à plus d'un
siècle. C'est, en effet, à AVENBRUGGER, médecin
à Vienne en Autriche, qu'appartient l'honneur
de cette découverte, qu'il fit connaître par son
livre intitulé : *Inventum novum ex percussione
thoracis humani ut signo obtrusos interni pectoris
morbos detegendi*, publié en 1761 (1).

Cette découverte ne fit pas tout d'abord
beaucoup de bruit dans le monde médical, et,
malgré une première traduction française, par
ROZIÈRE DE LA CHASSAGNE (1790), l'ouvrage

(1) Ou 1763. — Nous n'avons pas pu nous procurer l'édition originale de cet ouvrage. Avenbrugger date sa préface
du 31 décembre 1760 (Traduction de *Corrisart*, dans l'*Encyclopédie des sciences médicales*).

d'Avenbrugger était presque complétement ignoré, quand Corvisart en publia une nouvelle édition, avec traduction et commentaires (1808), et le tira ainsi de l'injuste oubli où il était tombé, même dans son pays.

Bientôt après, la percussion était adoptée par le plus illustre des élèves de Corvisart, par Laennec, qui l'associait ainsi aux destinées de l'auscultation. — Dès lors, elle ne pouvait plus périr.

Cependant, telle qu'elle était pratiquée par ces maîtres, la percussion *immédiate* était encore une méthode imparfaite; il était réservé à un autre médecin français, — à M. le professeur Piorry, — de la perfectionner, — en substituant la *percussion médiate* au procédé jusque alors employé, — au point d'en faire presque une méthode nouvelle. Il en étendit, en outre, les applications; il précisa, mieux qu'on ne l'avait fait avant lui, la nature et l'exacte signification des renseignements qu'elle peut fournir, et en vulgarisa l'usage, soit par ses nombreux ouvrages — (*De la percussion médiate*, 1828; — *Du procédé opératoire à suivre dans l'exploration des organes par la percussion médiate*, 1831; — *Traité de Plessimétrisme*, 1866), — soit, et plus encore peut-être, par son enseignement clinique.

Aussi, grâce à ses travaux, ce moyen d'investigation n'a-t-il pas tardé à devenir classique, et il serait aussi impossible qu'inutile de signaler tous les écrits auxquels il a donné lieu, d'autant que ces nombreux écrits, quelque estimables qu'ils soient d'ailleurs, n'ont rien ajouté de bien essentiel aux travaux des auteurs que nous venons de nommer.

Nous ferons cependant une exception en faveur du professeur SKODA, de Vienne (Autriche), qui se distingue de la foule par l'originalité, — sinon toujours par la justesse, — des idées qu'il a émises sur ce sujet, et sur lesquelles nous aurons plusieurs fois à revenir.

De la *médecine humaine*, la *percussion* n'a pas attendu bien longtemps pour passer dans la MÉDECINE VÉTÉRINAIRE. — Deux hommes distingués, à des titres divers, U. LEBLANC (octobre 1829) et O. DELAFOND (novembre et décembre 1829), peuvent revendiquer l'honneur de cette heureuse importation ; et si LEBLANC a l'avantage de la priorité, DELAFOND a incontestablement le mérite d'avoir fait de ce moyen une étude plus complète et plus approfondie, et d'avoir plus que personne contribué à le vulgariser parmi nous. Après lui, M. LAFOSSE, de Toulouse (1858), s'est encore efforcé d'en étendre les applications, en s'inspirant, — un peu trop exactement peut-être, — des idées de M. Piorry.

DES DIVERS PROCÉDÉS DE PERCUSSION

Nous avons dit qu'on pouvait pratiquer la *percussion* de deux manières : d'une manière *immédiate* et d'une manière *médiate ;* nous devons dire maintenant avec quelques détails en quoi consistent ces deux méthodes.

Percussion immédiate. — Dans cette méthode, le choc est communiqué directement à la partie que l'on veut explorer, sans intermédiaire entre elle et le corps percuteur. C'est celle qui a été la première employée, celle que mettaient exclusivement en usage AVENBRUGGER, CORVISART, LAENNEC et leurs élèves ; c'est celle qu'emploient encore un bon nombre de vétérinaires.

Le manuel opératoire en est simple : on frappe de petits coups « avec les quatre doigts réunis sur une même ligne ; le pouce, placé à l'état d'opposition, à la réunion des deuxième et troisième phalanges de l'index, ne doit servir qu'à maintenir les doigts serrés l'un contre l'autre. Il faut frapper avec le bout des doigts, et non avec leur ventre ou portion pulpeuse, — perpendiculairement et non obliquement, — légèrement aussi, et en relevant la main aussitôt qu'elle a porté (LAENNEC, *Auscultation*).

2.

Ces préceptes, donnés pour l'homme, s'appliquent très-bien aux petits animaux, — la chèvre, le mouton, le chien ; — mais, ainsi pratiquée, la percussion ne donne, en général, que peu de son chez le bœuf et le cheval ; aussi, chez eux, c'est ordinairement avec le poing fermé que l'on percute, en ayant soin, d'ailleurs, de ne pas frapper trop fort, et de relever la main, comme il a été dit, aussitôt qu'elle a frappé.

CORVISART (*Commentaires sur Avenbrugger*) fait remarquer que « ce n'est pas le seul mode de percussion dont on puisse et dont on doive se servir. » « Frapper *à main ouverte*, dit-il, est aussi une méthode infiniment utile pour mieux s'assurer de l'étendue de l'endroit du thorax qui ne résonne pas et apprécier avec plus de justesse la grandeur de l'obstacle. On peut même ajouter qu'après avoir percuté avec le bout des doigts allongés et réunis, il convient souvent de frapper avec le plat de la main, et d'allier ainsi ces deux méthodes pour acquérir une certitude plus grande sur l'objet que l'on veut connaître. » — Rien n'empêche de mettre à profit ces indications de CORVISART, qui donnent, en effet, dans certains cas, d'utiles renseignements, chez nos animaux aussi bien que chez l'homme.

Par sa simplicité, la méthode que nous venons de faire connaître est sans doute à la portée de tout le monde ; mais elle ne donne, en revanche, que des résultats imparfaits. Près de trente ans d'expérience nous mettent à même d'affirmer sans hésitation que, si elle suffit pour permettre de se faire rapidement une idée sommaire de la résonnance générale de la poitrine, si même elle donne le moyen de reconnaître des lésions étendues, s'accusant par des différences de sonorité très-évidentes, elle est tout à fait insuffisante pour distinguer des nuances de son délicates, reconnaître des lésions circonscrites, tracer avec exactitude les limites qui séparent les parties saines des parties altérées. Sans compter qu'elle est presque inapplicable et pourrait même présenter des dangers sur la région abdominale, dont les parois n'offrent pas la résistance élastique des parois thoraciques. Aussi, n'hésiterons-nous pas à dire que la percussion immédiate, généralement abandonnée en médecine humaine, doit l'être aussi en médecine vétérinaire, et remplacée, dans presque tous les cas, par la *percussion médiate*.

Percussion médiate. — Celle-ci se pratique en interposant entre la partie qui reçoit le choc et l'agent qui le produit un corps intermédiaire de nature variable. On a inventé pour cet usage des instruments particuliers auxquels on donne le nom de *plessimètres*, — de πλήσσειν, frapper, et μέτρον, mesure.

Plessimètre de Piorry. — Après de nombreux essais comparatifs, M. Piorry, l'inventeur de la percussion médiate, s'est définitivement arrêté à l'instrument que voici (fig. 8), lequel a été adopté comme plessimètre usuel par l'immense majorité des médecins : — ce plessimètre consiste en une plaque d'ivoire mince, présentant la forme d'un segment d'ovale, plane sur ses deux faces, portant aux deux extrémités opposées de son grand diamètre de petites lames verticales, — ailes ou auricules, — par lesquelles on saisit l'instrument, et on le maintient exactement appliqué sur la partie que l'on veut explorer. Sur le bord rectiligne de la plaque sont en outre tracées des divisions qui permettent de mesurer la surface sur laquelle telle ou telle variété de son est perçue. — Cette graduation de l'instrument nous paraît peu utile en médecine vétérinaire.

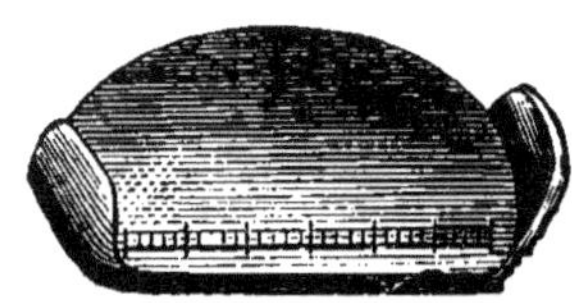

Fig. 8. — *Plessimètre de* Piorry : demi-grandeur naturelle.

Voici maintenant comment M. Piorry trace les règles pour l'emploi de son instrument.

On saisit solidement le plessimètre par ses

deux auricules, entre le pouce et l'index de la
main gauche, et on l'applique très-exactement
sur la partie que l'on veut percuter, *de manière
à ce qu'il fasse en quelque sorte corps avec elle.* —
« Presque toute la certitude des résultats dépend de l'application de l'instrument. La manière dont la main gauche le maintient est plus
importante peut-être que celle dont les.doigts
de la main droite le frappent. Il faut que le
plessimètre soit tenu entre le pouce et l'indicateur gauche, avec assez d'exactitude et de force
pour qu'en frappant sur lui on ne puisse le
faire vaciller. Cette précaution doit être prise
même quand on veut percuter avec la plus
grande légèreté possible. C'est précisément
parce que l'une des mains doit agir avec
vigueur, tandis que l'autre doit toucher à
peine, que l'on éprouve de la difficulté à exécuter une action qui paraît si simple (PIORRY,
*Du procédé opératoire à suivre dans l'exploration
des organes par la percussion médiate).* »

Le plessimètre étant ainsi appliqué et main-
tenu, on frappe à sa surface des coups plus ou
moins forts et répétés, avec la pulpe des doigts
de la main droite. Ici encore M. PIORRY indique
les règles à suivre avec une grande précision et
une grande clarté, et nous ne saurions mieux
faire que de le citer.

« L'indicateur et le médius de la main droite

doivent être exactement appliqués l'un contre l'autre, en fléchissant un peu plus le médius, à cause de sa longueur plus grande, pour faire que son extrémité ne dépasse pas celle de l'indicateur. Le pouce est alors arcbouté avec force contre l'articulation de la phalangine et de la phalangette de l'indicateur. Ces trois doigts réunis constituent alors un tout trèssolide, dont la surface de percussion, si on fléchit un peu le médius, n'a que l'étendue de la pulpe de l'indicateur seul ; elle présente la dimension de l'extrémité des deux doigts réunis, si on les maintient sur le même niveau (PIORRY, *ibid.*). »

Tel est le manuel opératoire dans ce qu'il a de plus essentiel. D'autres indications importantes trouveront leur place un peu plus loin. Disons seulement ici que, employé comme il vient d'être expliqué, le plessimètre de PIORRY est parfaitement applicable chez nos animaux et particulièrement chez le cheval et le bœuf. On a dit, à la vérité, que le son de l'ivoire percuté, en se mêlant aux sons fournis par les organes internes, pouvait en altérer la pureté et rendre leur appréciation plus difficile. Ce reproche est, pour le moins, fort exagéré ; et l'usage fréquent que, depuis trente ans bientôt, nous faisons de cet instrument chez nos divers animaux domestiques, nous a démontré qu'il est d'un emploi facile et qu'il donne des indications

exactes et très-générale-
ment suffisantes, à la seule
condition qu'on percutera
sur la lame d'ivoire, *non
avec les ongles*, mais avec
la pulpe des doigts.

**Plessimètre et Percu-
teur de Trousseau.** — Cependant, même chez
l'homme, on a trouvé
que la percussion ainsi
pratiquée ne donnait pas
toujours *assez de son*, et
l'on a été conduit à substituer aux doigts un agent
mécanique de percussion,
un véritable marteau,
avec lequel on peut im-
primer aux organes des
chocs plus énergiques et
obtenir une sonorité plus
grande. Parmi les divers
appareils inventés dans ce
but, nous nous bornerons
à faire connaître celui du
professeur TROUSSEAU.

Il se compose (fig. 9)
d'un *plessimètre* et d'un
percuteur.

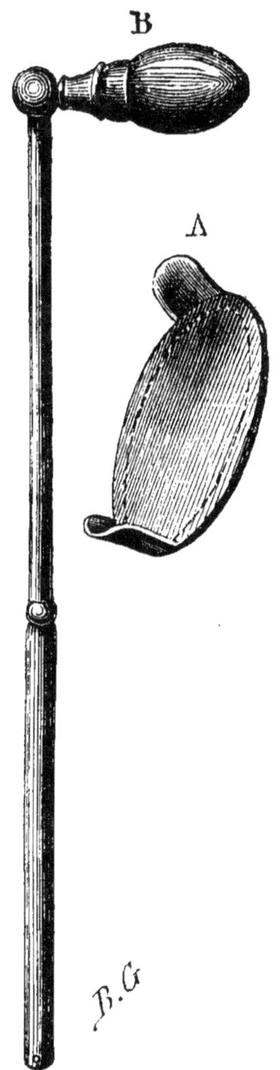

Fig. 9. — *Plessimètre et
Percuteur de* TROUS-
SEAU. — Demi-gran-
deur naturelle.

Le *plessimètre* (A) ressemble beaucoup à celui de PIORRY ; seulement il est en métal, l'expérience ayant démontré que la plaque en ivoire se brise avec une trop grande facilité sous le choc du marteau percuteur, et sa face supérieure est recouverte d'une peau souple, afin d'annuler autant que possible le bruit métallique de l'instrument.

Le *percuteur* (B) est un petit marteau, de forme olivaire, ayant 4 centimètres de longueur et 17 millimètres de diamètre dans sa plus grande largeur, recouvert d'une épaisse couche de caoutchouc dans sa partie qui doit se mettre en contact avec le plessimètre, et portant à son extrémité opposée un manche en baleine, léger, flexible et élastique, et long de 18 centimètres environ.

Pour se servir de cet instrument, on saisit solidement le *plessimètre*, entre le pouce et l'index de la main gauche, par les ailettes dont il est pourvu aux extrémités de son grand diamètre ; on l'applique sur la poitrine, autant que possible dans un espace intercostal ; — on presse plus ou moins, de manière à déprimer les tissus et chasser l'air interposé entre la plaque et la peau, puis avec le *percuteur* tenu de la main droite, on frappe rapidement plusieurs coups secs et plus ou moins forts, selon le besoin, en ayant soin de relever l'instrument dès que le coup a été frappé.

Nous nous sommes souvent servi de ce petit appareil chez nos animaux domestiques, et nous devons à la vérité de dire qu'il nous a donné des résultats en général satisfaisants. Avec un peu d'habitude, on arrive aisément à faire abstraction du bruit produit par le choc du marteau contre la plaque plessimétrique, et à bien distinguer la résonnance propre aux organes sous-jacents. On peut donc s'en servir avec confiance chez nos grands animaux, aussi bien que chez l'homme ; et si, chez le chien, il nous paraît peu utile, c'est tout simplement parce que, dans cette espèce, la résonnance normale de la poitrine est telle qu'il n'est nul besoin de recourir à des moyens capables de l'exagérer.

Plessimètre de Leblanc. — L'appareil plessimétrique inventé par U. Leblanc, spéciale ment pour l'usage vétérinaire, a subi, de la part de son auteur, plusieurs modifications successives. Dans le principe, ce savant praticien se servait « d'un petit marteau en fer, d'un pouce et demi de longueur, pesant deux onces, terminé par une *bouche* conoïde, et portant un manche de cinq pouces de longueur, qui était engagé dans une mortaise pratiquée à l'extrémité opposée à la bouche du marteau.» Avec ce marteau, il frappait sur « une rondelle en sapin, en peuplier, ou en tout autre bois léger de trois lignes d'épaisseur, d'un pouce et demi

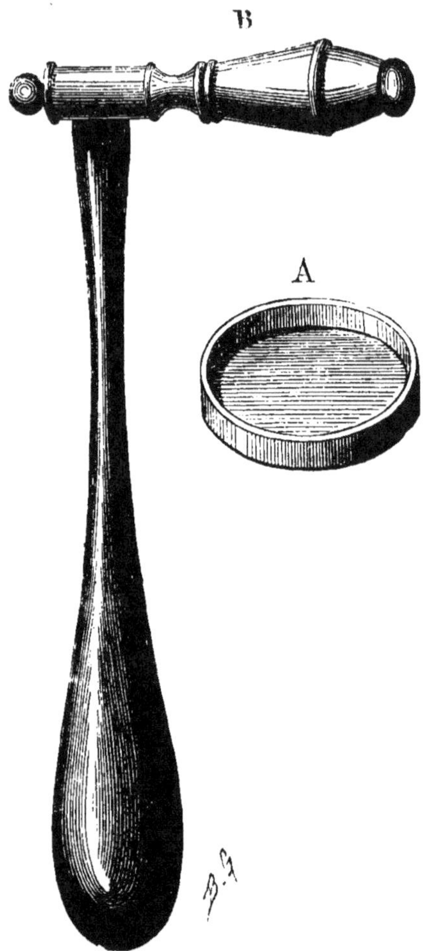

Fig. 10. — *Plessimètre et Percuteur de* M. LEBLANC. —
Demi-grandeur naturelle (*).

(*) A. plessimètre ; — B, percuteur.

de diamètre, et recouverte d'un morceau de caoutchouc épais de deux lignes, appliqué exactement sur la face qui devait être frappée. »

Aujourd'hui, l'appareil de LEBLANC, tel qu'on peut se le procurer chez M. Mathieu, fabricant d'instruments de chirurgie à Paris, se compose (fig. 10) : 1° d'un *plessimètre*, A, formé par une rondelle d'ivoire de 45 millimètres de diamètre, épaisse de 4 millimètres, et munie dans toute sa circonférence d'un rebord circulaire, faisant, du côté de la face supérieure, une saillie de 4 à 5 millimètres. Ce rebord sert à saisir et à maintenir l'instrument; — 2° d'un *percuteur*, ou marteau en métal, B, à peu près cylindrique, d'une hauteur totale de 75 à 80 millimètres, terminé à son extrémité *percutante* par une petite sphère en caoutchouc très-souple, et portant à l'extrémité opposée un manche en corne de buffle, de 17 centimètres de longueur.

Cet appareil, que nous avons souvent employé dans nos recherches, remplit bien le but en vue duquel il a été inventé. Avec lui, on peut percuter aussi légèrement et aussi fortement qu'on le désire, et les sons qu'on obtient sont parfaitement nets et donnent des indications, en général, très-exactes. Il n'est peut-être pas supérieur à celui de Trousseau, mais assurément il ne lui est point inférieur.

Plessigraphe de Peter. — Le 29 novembre 1864, M. Charrière a présenté à l'*Académie de médecine* de Paris, un nouvel instrument appelé *Plessigraphe* par son inventeur, M. le Dr PETER. Cet instrument (fig. 11) n'est autre chose qu'un cylindre en bois, creux, de **8 à 9** centimètres de longueur, sur **7** millimètres environ de diamètre, terminé à l'une de ses extrémités par une pointe mousse, de **6** millimètres de diamètre, et, à l'autre, par une surface presque plane d'un diamètre plus considérable. — De ces deux extrémités, la première s'applique sur la région à percuter; la seconde reçoit le choc, qui lui est imprimé par la pulpe du doigt indicateur de la main droite. — Comme on le voit par la figure, ce *Plessigraphe* ressemble tout à fait à un *porte-mine Faber;* et, pour que rien n'y manque, il est muni, comme ce

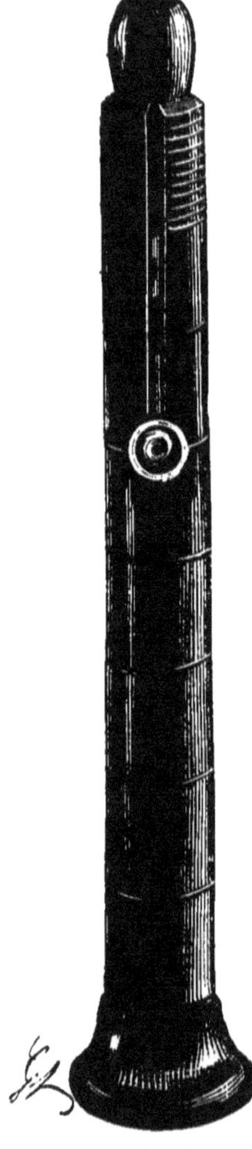

Fig. 11.—*Plessigraphe de* PETER. — Grandeur naturelle.

dernier, d'un crayon mobile « à l'aide duquel on peut tracer des points noirs sur les limites des organes, et par suite les dessiner. »

Le but que s'est proposé M. PETER a été de « réduire au minimum la surface de percussion, et de porter au maximum la surface de vibration. » On voit, en effet, que la surface en rapport avec les organes est très-étroite, et le son est amplifié par la tige même de l'instrument, qui vibre à l'unisson des organes percutés (*Bulletin de l'Académie de médecine*, 1864-1865, p. 126).

Nous avons essayé ce nouvel instrument, et nous devons dire que, faute peut-être d'une habitude suffisante, nos essais ne lui ont pas été très-favorables. Chez le cheval, il ne nous a donné que des résultats très-imparfaits, et, chez le chien lui-même, la percussion à l'aide du plessigraphe nous a paru inférieure, en netteté comme en précision, à la *percussion digitale* telle que nous allons la faire connaître.

Percussion médiate sans instruments spéciaux. — Il n'est pas besoin, en effet, de tous ces instruments pour pratiquer la percussion *médiate;* la main gauche peut très-bien servir de *plessimètre*, tandis que la main droite sert d'agent *percuteur;* et l'opération ainsi pratiquée, suivant les règles que nous allons poser, ne donne pas des résultats moins nets et moins précis ; elle a même, sur tous les autres modes, ainsi que nous le dirons bientôt, d'incontestables avantages. C'est donc, en définitive, cette manière de percuter qui doit être adoptée comme méthode usuelle, et à laquelle les praticiens et les élèves doivent s'exercer de bonne heure et avec persévérance, afin d'en recueillir tous les fruits qu'elle peut donner.

MM. BARTH et ROGER (*Traité pratique d'Auscultation*) ont donné du manuel de cette opération une description si claire et si exacte, que nous ne saurions mieux faire que de la leur emprunter.

« C'est sur l'index et beaucoup mieux encore sur le médius qu'on percute ordinairement ; on le place presque toujours dans la *pronation;* rarement il est plus commode, en raison de l'attitude du malade, de frapper sur la surface palmaire du doigt renversé dans la supination. On procède en général de la manière suivante : La *main gauche* est appliquée tout entière, les doigts écartés, sur la région dont on veut connaître la sonorité, et elle est ainsi tenue fixe ; le médius est isolé des autres doigts ; bien tendu, il s'adapte exactement aux parties sous-jacentes, au moyen d'une pression plus ou moins légère ou forte, suivant le besoin. — Les mouvements de la *main droite*, qui

frappe, ne doivent se passer ni dans l'épaule,
ni même dans le coude, mais exclusivement
dans le poignet : ils sont ainsi plus mesurés,
plus précis, et les chocs beaucoup moins pé-
nibles pour le malade, en même temps que les
sons produits ont plus de netteté. » — Si l'on a
besoin de frapper avec une certaine force, en
raison de l'épaisseur des parois thoraciques,
ce qui est le cas chez le cheval et chez le bœuf,
on percute avec les trois doigts rapprochés l'un
de l'autre et courbés à angle droit, le pouce
fortement arc-bouté contre l'articulation de la
deuxième avec la troisième phalange de l'index.
On a ainsi une surface percutante assez étendue, formée par les extrémités des trois doigts
placées exactement sur la même ligne, grâce
à la flexion légère du médius et de l'annulaire,
un peu plus longs que l'index. Deux doigts,
l'index et le médius, suffisent, s'il est besoin
d'une force moindre ; et même, si les parties
sont le siége d'une vive douleur, ou si les organes qu'elles recouvrent sont superficiels, ou
bien encore si la cavité que l'on percute est
très-sonore, comme l'est la poitrine du chien,
une percussion légère avec le médius seul donnera des résultats suffisants.

« La main qui percute s'abaisse et se relève
tour à tour et frappe perpendiculairement
plusieurs coups successifs séparés par de très-

courts intervalles ; quelquefois on se contente d'un choc bref et sec, après lequel le doigt se relève immédiatement; d'autres fois, au contraire, on le laisse quelques secondes en contact, dans le but d'arrêter les vibrations sonores, et par conséquent, de mieux juger du degré de résistance et de dureté des organes sous-jacents.

« La percussion doit être d'abord *modérée*, elle sera ensuite pratiquée *avec une force croissante*, et l'on s'arrêtera au mode qui fournit les meilleurs résultats. Cette percussion *superficielle* ou *profonde* est d'ailleurs commandée par la situation différente, soit des organes les uns par rapport aux autres, soit des lésions dans telle ou telle couche de ces organes (BARTH et ROGER). » — Il est, en effet, bien reconnu aujourd'hui, ainsi que l'a établi le premier M. PIORRY, qu'une « percussion légère permet d'apprécier les couches superficielles des organes, tandis que, rendue plus forte par degrés successifs, elle permet de juger de leur densité à différentes profondeurs (MAILLIOT). »

On voit, d'après cela, que cette opération qui, au premier abord, paraît si simple, doit cependant être faite suivant certaines règles et avec des précautions, dont quelques-unes peuvent sembler minutieuses, mais n'en sont pas moins importantes et doivent être rigoureusement observées si l'on veut obtenir de ce moyen d'exploration tous les bénéfices qu'il peut donner. Nous ne saurions donc trop engager les débutants à se bien pénétrer de l'importance de ces règles et à s'exercer avec persévérance à percuter, d'abord les animaux sains, puis les malades, et à contrôler autant que possible par l'autopsie le jugement qu'ils auront porté. C'est ainsi qu'ils arriveront à faire l'éducation de leurs sens, — de leurs mains et de leurs oreilles, — et à se convaincre bientôt par eux-mêmes de l'exactitude des indications fournies par ce moyen et de la confiance qu'il mérite.

Dans cette étude préliminaire, comme plus tard dans la pratique, aucun des procédés que nous venons de passer en revue ne devra être repoussé systématiquement ; tous devront être essayés concurremment, et leurs résultats comparés, contrôlés l'un par l'autre. C'est le moyen d'acquérir vite une grande sûreté de jugement et, sinon d'arriver à la perfection, à laquelle il est rarement donné à l'homme d'atteindre, du moins d'en approcher autant qu'il est possible. Toutefois, lorsque, par un exercice suffisamment répété, on se sera rendu maître de la *méthode*, on pourra adopter, comme moyen pratique usuel, l'un ou l'autre des procédés qui viennent d'être passés en revue; et nous n'hésitons pas à dire que, en médecine vétérinaire aussi bien qu'en médecine humaine, c'est la *percussion digitale* qui mérite la préférence. Elle possède, en effet, sur tous les autres modes, des avantages marqués, que MM. BARTH et ROGER ont parfaitement fait ressortir en ces termes :

« Le doigt (servant de plessimètre), composé de parties dures et de parties molles, se rapproche par sa structure de celle des parois thoraciques, et rend moins altérés les sons qu'elles donnent; la pression, dans le cas où elle est nécessaire, est moins douloureuse; mince et étroit, il se place aisément entre les espaces intercostaux ou sur les points déprimés; flexible, il se moule sur les parties saillantes ou même arrondies; organe du toucher, il ajoute la sensation tactile aux perceptions de l'ouïe. Enfin, et c'est une considération qui n'est point à dédaigner, le doigt est toujours à la disposition du médecin, que pourrait mettre dans l'embarras la perte de son plessimètre (BARTH et ROGER). »

Nous n'ajouterons rien à ces considérations si bien exposées, sinon que, depuis bien longtemps, la pratique nous en a démontré toute l'exactitude, et que c'est la percussion digitale que nous mettons journellement en usage, les autres procédés ne nous servant guère que

comme moyens de contrôle dans les cas difficiles ou douteux.

DES SONS FOURNIS PAR LA PERCUSSION.

Les parties percutées rendent des sons qui varient suivant leur structure anatomique et celle
des organes sous-jacents, comme aussi suivant
l'état de ces derniers. On comprend combien il
importe de bien apprécier la nature et les
caractères particuliers de ces bruits divers,
puisque c'est d'après ces caractères que nous
jugeons si les organes ainsi explorés sont à
l'état physiologique, ou s'ils ont subi quelques
altérations. Malheureusement, il n'est pas facile, comme le dit très-bien Skoda, « de rendre
compte d'une manière satisfaisante de toutes
les différences de son que l'on rencontre dans
la percussion du thorax et de l'abdomen ; » et
il est peut-être plus difficile encore d'expliquer
clairement par des mots les diverses nuances
que nos sens sont aptes à percevoir. C'est ce
dont on peut se convaincre par l'examen de
toutes les tentatives faites par les auteurs pour
définir, classer et dénommer les différentes espèces de bruits fournis par la percussion.

Avenbrugger admettait cinq espèces de *sons*,
qu'il distinguait par les épithètes de *altior*, –

profundior, — *clarior*, — *obscurior*, — *propè
suffocatus ;* c'est-à-dire que le son, d'après cet
auteur, peut être plus ou moins *aigu* (1) ou
grave, — *clair* ou *obscur*, — ou tout à fait *mat*.

Laennec n'admet dans les sons de percussion qu'une seule série, allant du *son tympanique* au *son clair* et de celui-ci au *son mat*, en passant par de nombreuses nuances intermédiaires.

Piorry, qui a étudié avec tant de soin tout ce qui a rapport à la percussion, pose en principe que chaque organe, à l'état physiologique, rend un son particulier, qui lui appartient en pro-

---

(1) Nous traduisons avec M. Aran *altior et profundior*
par *plus aigu* et *plus grave ;* mais nous devons reconnaitre
que le sens de ces mots n'est pas certain et a beaucoup
embarrassé les commentateurs. — Rozière de Lachassagne,
le premier traducteur d'Avenbrugger, traduit *altior* par
élevé ; Corvisart le traduit par *superficiel*, tout en avouant
ne pas très-bien comprendre le § xii, ainsi conçu : « *Si in
aliqua parte thoracis sonora, eadem intensitate percussa,
sonus altior : morbosum ibi subesse notat*, ubi altitudo
major. — Il est impossible, comme le dit Corvisart, que
l'auteur ait voulu dire « qu'un son *plus superficiel* évoqué
d'une partie sonore de la poitrine, indique que *là il y a
maladie*. » — Au contraire, un son *plus aigu* qu'à l'ordinaire, plus élevé dans l'échelle diatonique, peut très-bien,
dans certains cas, être le signe d'une lésion du poumon
dans le point correspondant à celui où s'observe ce son
plus élevé, *ubi altitudo major*. — Voilà pourquoi nous
adoptons la traduction de M. Aran.

pre, et qu'il importe de bien connaître, attendu que toute altération de ce bruit spécial et normal est le signe d'une altération dans la structure ou la texture de l'organe percuté. Partant de là, il donne aux différents bruits de percussion des noms tirés des organes qui, dans leur état physiologique, donnent un son analogue. C'est ainsi qu'il distingue un *son pulmonal*, fourni par le poumon sain et plein d'air ; — un son *jécoral*, fourni par le foie ; — *stomacal*, par l'estomac ; — *rénal*, par le rein ; — *intestinal*, par l'intestin ; — *fémoral*, semblable à celui obtenu par la percussion de la cuisse ; — *ostéal*, à celui donné par un os couvert seulement par la peau, etc., etc. — Il reconnaît, en outre, quelques autres bruits toujours pathologiques, quelle que soit la région sur laquelle on les obtienne ; tels sont les bruits *tympanique*, *hydro-aérique*, *de pot fêlé*, et le bruit, ou mieux le *frémissement hydatique*.

Tout en reconnaissant que ces distinctions établies par M. PIORRY ne sont point dépourvues de fondement, qu'elles reposent sur une analyse très-fine et en général très-exacte des phénomènes physiques de la percussion, on peut leur reprocher d'être trop compliquées, trop minutieuses, et d'une application souvent difficile dans la pratique usuelle. On critique en outre la terminologie, parfois un peu bizarre, proposée par cet auteur pour désigner des nuances de son, souvent si voisines les unes des autres que l'oreille la plus exercée ne parvient pas toujours à les saisir. Mais, sous ce dernier rapport, la conciliation est facile, M. PIORRY déclarant lui-même qu'en définitive, il n'attache pas une grande importance aux mots qu'il a proposés pour désigner ces bruits.

SKODA, peu satisfait de tout ce qui a été fait avant lui, propose à son tour une nouvelle classification des bruits de percussion fondée sur les principes suivants :

Cet auteur range ces bruits en quatre *séries* principales, comprenant plusieurs *nuances* et des *degrés* nombreux, variant du plus au moins ; ce sont : 1° la série allant du *son plein* au *son vide* ; 2° celle du *son clair* au *son sourd* ; 3° celle du *son tympanique* au *son non tympanique* ; 4° celle du *son aigu* au *son grave*.

Cette classification a rencontré peu de faveur en France, et cela, pour les raisons suivantes : — Et d'abord, l'auteur allemand donne aux expressions *son plein, son vide*, une acception toute particulière, et fort différente de celle que nous leur donnerions en France, dans le langage usuel : pour lui, le *son plein* n'est pas celui que fournit un *organe plein*, dans le sens habituel du mot ; c'est un son « ayant une certaine persistance, se répandant sur une assez large surface. » Le son du poumon rempli d'air serait le type à peu près exact du *son plein*. Le *son vide* serait le contraire du premier ; son type parfait serait le son « fourni par la percussion de la cuisse, » c'est-à-dire d'une partie tout à fait *pleine*, suivant le sens que nous attachons à ce mot ; il répondrait donc à ce que tout le monde connaît en France sous le nom de *matité*.

Mais, indépendamment de l'inconvénient qu'il y a à détourner ainsi les mots de leur sens habituel pour leur donner une signification arbitraire, qui peut facilement prêter à la confusion, il y a bien d'autres difficultés. En effet, on pourrait croire, d'après ce qui précède, que tout organe creux qui contient de l'air (ou un gaz quelconque) doit donner un *son plein*, d'après les idées de SKODA ; tandis que tout organe privé d'air, — c'est-à-dire *plein*, d'après les idées courantes, — doit donner un *son vide*. Cela est vrai, en général, mais non toujours ; car si, d'après l'auteur, « l'estomac distendu par de l'air fournit un son plein, » l'intestin grêle, dans le même état, « donne un son vide ; » il en est de même d'une « excavation du poumon, superficielle, de dimensions médiocres, et entourée par du parenchyme induré. » On voit, d'après cela, qu'il n'est pas facile de se faire une idée exacte de ce que l'auteur a voulu désigner par ces expressions nouvelles.

Les mots : « *son clair*, — *son obscur*, — *son tympanique*, — *son non tympanique*, » ne sont pas mieux définis par Skoda, et ces nuances ne sont pas mieux décrites par lui ; si bien que, dans beaucoup de cas, il est assez difficile de savoir au juste quelle idée précise il attache à chacune de ces expressions. C'est ainsi, par exemple, que, pour le médecin de Vienne, « une petite portion d'intestin, en contact avec les parois abdominales, et remplie d'air, peut fournir *un son* TRÈS-CLAIR, *mais vide*, si l'air a été chassé du reste de l'intestin par un épanchement péritonéal ; » c'est ainsi encore qu'une « portion quelconque du poumon infiltrée de sérosité, de sang ou de matière tuberculeuse, sans être entièrement privée d'air, fournit à la percussion un son TYMPANIQUE plus ou moins *vide et sourd*. »

Il est évident que des idées ainsi exprimées, quel que puisse être d'ailleurs leur mérite intrinsèque, manquent tout au moins de ce degré de clarté et de précision que nous exigeons, en France, des auteurs qui aspirent à devenir classiques ; et si celles de Skoda ne sont pas mieux connues parmi nous, peut-être en faut-il accuser uniquement cette obscurité de langage, qui rend si difficile la lecture de son ouvrage, même dans la traduction française.

Au surplus, il faut reconnaître qu'il est extrêmement difficile de caractériser par des mots les sensations perçues par le sens de l'ouïe, de donner, par la parole, une idée exacte des nuances que l'oreille perçoit pourtant si nettement, en un mot, *de décrire des sons*. C'est pourtant ce que nous devons essayer de faire à notre tour.

Au point de vue pratique, il nous semble que l'on peut réduire à cinq les variétés fondamentales de sons que l'on peut percevoir à l'aide de la percussion ; variétés que nous désignerons ainsi qu'il suit : 1° *son clair ;* — 2° *son mat ;* — 3° *son tympanique ;* — 4° *bruit de pot fêlé*, ou *hydro-aérique ;* — 5° *bruit*, ou mieux *frémissement hydatique*.

SON CLAIR

SYNONYMIE. — Sonus clarior (AVENBRUGGER) ; — bonne résonnance, — résonnance normale (Auct. plur.) ; — son pulmonal (PIORRY) ; — son plein (SKODA).

Nous désignons ainsi un son, quels qu'en soient d'ailleurs le *ton* et le *timbre*, produit par des vibrations ayant une certaine amplitude et, de plus, se prolongeant pendant un certain temps après le choc qui leur a donné naissance.

On a comparé ce son à celui d'un tambour recouvert d'un tissu fait de laine grossière (AVENBRUGGER), ou à celui que rend un tonneau vide (*auctoribus plurimis*). Ces comparaisons, quoique assez justes, n'en donnent cependant qu'une image imparfaite. Son véritable type est le son fourni par la poitrine d'un animal bien portant percutée vers sa région moyenne ou centrale (*son pulmonal* de M. PIORRY).

Comme conditions physiques de sa production, il faut de l'air ou un fluide élastique quelconque enfermé dans une cavité à parois élastiques, ni trop relâchées, ni trop tendues. Ces conditions sont très-bien réalisées par la poitrine contenant un poumon sain. Le choc qu'on lui imprime, est transmis à l'air contenu dans les vésicules pulmonaires, lequel entre en vibration et produit un son d'autant plus fort et plus clair que ses parois sont plus minces, plus élastiques, et que le choc a été plus fort. Partout où il est perçu, ce bruit indique donc la présence de l'air dans les vésicules pulmonaires, ou, en d'autres termes, la *perméabilité* du poumon au niveau du point percuté.

Nous répétons en terminant que ce son clair est difficile à caractériser par des mots ; c'est, comme le disent très-bien MM. BARTH et ROGER, un son *sui generis*, qu'il importe de bien étudier, en percutant avec soin la poitrine des animaux sains, afin de s'habituer à le reconnaître, à en distinguer les diverses nuances. Ce son, en effet, tout en conservant ses caractères essentiels, n'en présente pas moins des variétés assez nombreuses, suivant les espèces, les races, les individus, les conditions de maigreur ou d'embonpoint, et, chez le même sujet, suivant les diverses régions de la poitrine que l'on explore. C'est par l'exercice qu'on arrive à se rendre compte de toutes ces particularités ; sous ce rapport, quelques bonnes séances de percussion en apprendront plus que les plus savantes dissertations.

SON MAT

Son comme étouffé — *propè suffocatus* (Avenbrugger); — matité (Auct. plur.) ; — son fémoral (Piorry); — son vide (Skoda).

Le son est dit *mat* quand les vibrations, sans expansion, sans amplitude, meurent ou s'éteignent à l'instant même où elles ont été produites. C'est le bruit que produisent les corps non élastiques et privés d'air, les corps *pleins*, comme on les appelle encore, un caillou, par exemple. Le nom de *son vide*, que lui donne Skoda, pourrait donc induire en erreur, si l'on n'était prévenu du sens particulier que cet auteur attache à ce mot; mais il n'y a pas à s'y tromper. « Le son complétement vide, dit-il, *tel que celui fourni par la percussion de la cuisse,* indique, lorsqu'on le perçoit au niveau d'une partie flexible des parois du thorax ou de l'abdomen, *qu'il n'y a pas d'air dans cette partie.* »

On a comparé ce son à celui que donne un *tonneau plein ;* cette comparaison est assez juste, mais on peut s'en faire une idée encore plus exacte en percutant sur les grosses masses musculaires de la croupe du cheval, ou, comme le dit Skoda, en percutant sur sa propre cuisse. C'est pourquoi M. Piorry lui donne le nom de *son fémoral.*

Ce bruit bien caractérisé indique l'absence, au niveau du point où il est perçu, de tout gaz susceptible de vibrer, et la présence d'un corps, solide ou liquide, non élastique et incapable d'entrer en vibration sous l'influence du choc qui lui est transmis. Quant à la question de savoir si le corps qui donne lieu à la matité est solide ou liquide, la nature du son lui-même ne peut rien nous apprendre à cet égard ; c'est par d'autres caractères, tirés des circonstances concomitantes, qu'on peut, ainsi que nous le verrons plus tard, arriver à ce diagnostic, qui, nous pouvons le dire par anticipation, n'est pas toujours facile.

On conçoit, sans presque qu'il soit besoin de le dire, qu'il peut y avoir, entre le son *pulmonal* le plus clair et le son *fémoral* le plus mat, une foule de nuances intermédiaires, et qu'on peut passer de l'un à l'autre par des gradations insensibles, dans lesquelles le son *s'obscurcit* peu à peu, jusqu'à arriver enfin à cette *matité* absolue que donne la percussion de la cuisse. Les débutants devront s'exercer à bien saisir ces nuances, dont l'appréciation exacte est dans beaucoup de cas d'une grande importance, non-seulement au point de vue du diagnostic, mais encore à celui du traitement.

SON TYMPANIQUE (Auct. omn.).

La plupart des auteurs français conçoivent le *son tympanique* comme une exagération, un degré plus élevé, du son clair. D'autres, au contraire, tels que WOILLEZ (cité par BARTH et ROGER), WALSII, auteur anglais (cité par ARAN), SKODA, etc., établissent entre ces deux espèces de bruits une distinction qui nous semble justifiée. A la vérité, on peut reprocher à ce dernier de ne pas indiquer avec une précision suffisante les caractères du son qu'il appelle tympanique ; mais quand M. ARAN demande si « le son d'un tambour ne serait pas par hasard un son tympanique, » quelque paradoxal que cela puisse paraître, nous répondons sans hésiter : Non, le son du *tambour* ne représente pas pour nous un *son tympanique ;* pour nous, comme pour Skoda, il représente plutôt un *son clair ;* et nous allons essayer de justifier notre opinion.

Si l'on frappe un coup de baguette sec sur la peau supérieure d'un tambour ordinaire, — c'est-à-dire muni de ses deux cordes convenablement tendues sur la peau inférieure, — on obtient un certain son, dont l'oreille apprécie bien les qualités diverses, et qui présente, entre autres caractères, celui de se prolonger un certain temps après que la baguette a frappé. Si maintenant on enlève les cordes de l'instrument, et qu'après les avoir enlevées, on frappe comme précédemment, on obtiendra encore un son également fort, également élevé dans l'échelle diatonique, mais ayant un caractère bien différent, que l'oreille la moins exercée reconnaît sur-le-champ et sans la moindre difficulté : ce dernier son paraît plus *sec*, plus *creux*.

A quoi tient cette différence? A ceci : que, dans le premier cas, les cordes tendues sur la peau inférieure continuent à vibrer et prolongent le son encore pendant un certain temps après que la baguette a frappé ; tandis que, dans le second, les vibrations des membranes, non entretenues par celles des cordes, que nous avons enlevées, s'arrêtent presque aussitôt après le choc qui les a ébranlées.

Tel est, suivant nous, le caractère distinctif du son clair et du son tympanique. Dans le premier, les vibrations sonores durent un cer tain temps facilement appréciable à l'oreille ; dans le second, elles s'éteignent presque aussitôt après avoir été produites. — Le premier est représenté par le son du tambour ; — le second, par *le son de la grosse caisse*.

On se fera une bonne idée des caractères de ce son en percutant le flanc droit du cheval, au niveau de l'arc du cœcum, ou bien sur le rumen, dans le flanc gauche du bœuf, ou bien encore, chez le chien, en pratiquant la percussion dans le dernier espace intercostal, au voisinage de l'hypochondre gauche, dans un point qui correspond au sac gauche de l'estomac.

Les conditions physiques de la production de ce bruit ne sont pas encore toutes assez bien connues, pour qu'il soit possible d'en donner une théorie complétement satisfaisante et applicable à tous les cas où l'on peut le constater dans la pratique. On peut cependant dire avec Skoda que « la percussion donne, en général, un son tympanique *toutes les fois que les parois des organes qui contiennent de l'air ne sont pas trop tendues.* » La présence d'un fluide élastique susceptible d'entrer en vibration, et une tension médiocre des parois qui contiennent ce fluide : telles paraissent donc être les deux circonstances nécessaires à la production de la résonnance tympanique. Et effectivement, SKODA fait remarquer que « lorsque cette tension devient trop forte, le son perd presque complétement, — sinon complétement, — son caractère tympanique ; » remarque dont la clinique permet souvent de vérifier la parfaite exactitude.

Quant à sa signification séméiologique, sur laquelle nous aurons à revenir un peu plus tard, il nous suffira de dire ici que la résonnance tympanique d'un point quelconque de la poitrine est toujours un fait non normal, mais duquel on peut conclure cependant que *le poumon n'est pas complétement privé d'air dans la partie correspondante au point où ce son est perçu.*

Il est à peine besoin d'ajouter que ce son peut être plus ou moins bien caractérisé ; qu'il peut être plus ou moins fort et plus ou moins franchement tympanique ; que l'on peut trouver un grand nombre de nuances entre le son clair le plus pur et le son le plus franchement tympanique ; que ces *nuances* ne sont pas toujours faciles à distinguer les unes des autres, mais qu'il faut cependant s'y appliquer et qu'on y arrivera avec de l'attention et par une pratique assidue de la Percussion.

SON DE POT FÊLÉ

Son humorique, — hydro-aérique (PIORRY); — son de cliquetis
métallique (SKODA).

On décrit ce bruit particulier comme « un
son clair, accompagné d'un petit claquement,
d'où résulte un bruit semblable à celui que
rendrait sous le choc du doigt un vase fêlé
(BARTH et ROGER). »

On s'accorde généralement à dire qu'on peut
imiter assez exactement ce bruit « en rassem-
blant la paume de ses deux mains l'une contre l'autre et en frappant ensuite le dos de
l'une d'elles contre son genou (PIORRY, SKODA,
ARAN, etc). »

« Pour manifester ce phénomène d'une manière distincte, il faut, en général, ne frapper
qu'un seul coup, en recommandant au malade
de tenir la bouche ouverte (BARTH et ROGER). »

Ce signe annonce, « dans l'immense majorité des cas, une *caverne pulmonaire*, le plus
souvent tuberculeuse ; mais il ne se produit
pas constamment, et il faut, pour l'obtenir,
que l'excavation ait une certaine étendue,
qu'elle soit superficiellement située, que ses
parois soient minces et souples, et surtout
qu'elle contienne de l'air et du liquide (BARTH

et Roger). » Cependant, ces conditions ne paraissent pas toutes indispensables, et il y a longtemps que l'on a constaté que, chez les personnes dont les parois pectorales sont très-flexibles, notamment chez les enfants, on peut entendre un bruit fort analogue, sinon absolument semblable au bruit de pot fêlé, dans certains cas où il n'y a pas la moindre excavation. A la vérité Skoda assure qu'il « n'a jamais rien vu de pareil ; » mais, en cette circonstance, son témoignage ne saurait prévaloir sur celui de Laennec, Piorry, Aran et d'autres encore, qui tous affirment avoir entendu le bruit de pot fêlé chez des sujets atteints de simple bronchite (Aran), de dilatation bronchique (Piorry), ou même chez des sujets « grêles et lymphatiques, » mais dont la poitrine était tout à fait saine (Laennec). Nous avons nous-même constaté plusieurs fois, chez le chien, un son tout au moins fort analogue au son de pot fêlé. Nous l'avons entendu à la partie la plus antérieure de la poitrine, dans cette région qui répond à la région sous-claviculaire chez l'homme, que nous mettions à découvert en faisant porter le plus possible le membre antérieur en avant. Les animaux chez lesquels nous avons perçu ce signe étaient atteints, soit de bronchite capillaire, soit de pneumonie, avec conservation de la perméabi-

lité du poumon au niveau du point où se produisait le son dont il s'agit ; mais ils n'avaient
point de cavernes en cet endroit. Nous n'avons
jamais rien constaté de semblable chez le cheval, non plus que chez le bœuf.

FRÉMISSEMENT VIBRATOIRE (Auct. omn.).

Voici comment M. Piorry décrit le phénomène très-remarquable dont il s'agit :

« Si l'on tient une montre à répétition de
telle sorte qu'elle repose par son boîtier. sur
la paume de la main gauche, et si alors on
percute légèrement sur le verre avec les doigts
de la main droite, on éprouve une sensation
de vibration due aux oscillations du timbre ;
c'est précisément la même impression que
perçoit celui qui percute des hydatides ren-
fermées en grand nombre dans un kyste commun (échinocoques). On peut encore s'en faire
une juste idée en frappant sur de la gelée de
viande dont la consistance est ferme. »

Suivant Barrier, le frémissement vibratoire
« est un phénomène complexe, résultant de
l'association d'une espèce de bruit humorique
perçu par l'oreille avec un tremblotement vibratoire perçu par le doigt qui percute, et
qu'il faut avoir la précaution de laisser appuyé

sur le plessimètre, après que celui-ci a reçu le choc qui engendre le phénomène. »

Enfin, d'après MM. BARTH et ROGER, on peut en avoir une idée exacte « en secouant dans la paume de la main une acéphalocyste (échinocoque). »

Nous n'avons jamais eu, jusqu'ici, l'occasion de constater le *frémissement hydatique* chez nos animaux ; nous n'avons pourtant pas cru devoir passer ce signe sous silence, à cause de sa valeur diagnostique. Sa présence constitue, en effet, un symptôme tout à fait *pathognomonique* de l'existence d'une tumeur à échinococques dans les points où on le perçoit. Toutefois, son absence ne prouverait pas forcément l'absence d'une semblable tumeur. Des médecins ont, en effet, rencontré des cas où des kystes de cette nature parfaitement constatés n'avaient point donné lieu au frémissement dont il s'agit.

RÉSISTANCE AU DOIGT DES PARTIES PERCUTÉES

Le doigt qui percute, en même temps qu'il provoque un son, juge de la facilité avec laquelle les parois qui reçoivent le choc cèdent à cette impulsion, se laissent déprimer et reviennent ensuite à leur forme première ; et cette sensation d'*élasticité*, de *résistance*, de *dureté*, s'ajoutant à l'impression faite par le son sur l'oreille, éclaire sur l'état physique des organes explorés et contribue pour une bonne part à la perfection du diagnostic.

L'importance de cette sensation tactile ajoutée à la sensation auditive n'avait point échappé à ceux qui les premiers se sont occupés de la Percussion. « Tel est, dit Corvisart, le point de perfection où peuvent atteindre les sens, souvent et dûment exercés, et en particulier celui du toucher, que, même dans les endroits où l'auteur (Avenbrugger) dit qu'une masse charnue et graisseuse rend le son plus obscur, le praticien qui a fait une étude exacte et suivie de la percussion éprouve, *au bout de ses doigts*, une sensation qui équivaut pour lui au son que l'oreille ne peut saisir. Je l'éprouve dans presque toutes les occasions qui se présentent ; et l'interposition de mamelles graisseuses, de muscles pectoraux épais, ne m'empêche point de me convaincre que la poitrine est libre en cet endroit, ou qu'elle est gênée par la présence d'un liquide ou la dégénérescence pathologique des organes qu'elle renferme, malgré la presque nullité de son obtenu dans ces cas. »

De son côté, Laennec fait remarquer qu'il vaut mieux, pour percuter, « que la main de l'observateur soit nue et la poitrine du malade couverte ; » « car le gant diminue la sensibilité du tact, et la sensation d'élasticité que l'observateur perçoit en percutant ajoute souvent à la certitude de son jugement, lorsqu'il n'existe qu'une différence douteuse de résonnance. — Dans tous les cas, ajoute-t-il, la *conscience* du plein ou du vide est toujours beaucoup plus certaine pour l'observateur *qui percute* que pour celui *qui entend seulement* la percussion exercée par un autre. »

Mais c'est surtout M. PIORRY qui a insisté sur la nécessité d'associer toujours ces deux éléments de jugement : la sensation auditive et la sensation tactile.

« Les différences de son que les organes percutés me présentaient les uns par rapport aux autres, m'ont longtemps paru entièrement dépendre du caractère des sons qu'ils fournissent. J'étais surpris de voir les personnes qui assistaient à mes recherches ne pas trouver, lorsque je percutais, la résonnance que je distinguais si bien, et que la nécropsie démontrait être toujours en rapport avec l'état physique des parties sous-jacentes. Je m'expliquai d'abord cette différence par l'habitude que j'avais de ce mode d'exploration. Plus tard, j'en découvris une cause bien plus importante : c'est que, dans l'impression que me donnait la percussion, je confondais deux choses : *le son que l'oreille entendait*, et *le sentiment du degré de résistance que le doigt éprouvait* lorsqu'il frappait sur le plessimètre. Je vis que les médecins et les élèves qui assistaient à ma visite *saisissaient les caractères que j'indiquais tout aussitôt que, se servant de l'instrument, ils percutaient eux-mêmes.* Ils trouvaient, comme moi, que *le doigt qui frappe est un juge non moins exact que l'oreille qui écoute.....*

« Ayant bien constaté ce fait, je m'attachai à bien apprécier la sensation donnée par le doigt dans la percussion médiate. Je reconnus que, non-seulement elle pouvait faire juger de la densité des organes sur lesquels le plessimètre est immédiatement placé, ou de celle des parties séparées de la plaque par des tissus solides, mais encore du degré de densité des parties, lors même que des fluides élastiques étaient interposés entre elles et le plessimètre. Ainsi, le doigt sent très-bien la densité de la peau qu'il percute médiatement, reconnaît celle du foie recouvert par les téguments et les côtes, et juge encore de la dureté de cet organe, bien qu'il soit séparé des parois costales par une lame de poumon rempli d'air. — Il est vrai, dit encore M. PIORRY, que ces dernières différences ne peuvent être bien saisies qu'avec de l'habitude ; mais ce n'est qu'une raison de plus pour expérimenter. »

Nous n'avons rien à ajouter à ces citations, qui prouvent si bien toute l'importance que ces hommes si expérimentés attachaient à cette sensation tactile comme élément de diagnostic. Il faut donc s'attacher à bien distinguer, par un exercice répété, la résistance normale des organes, seul moyen d'apprécier les changements que les altérations morbides dont ils peuvent être affectés apportent à cette résistance.

DE LA SONORITÉ NORMALE DE LA POITRINE

Avant d'appliquer à la pathologie les données qui précèdent, il importe de rechercher quelle est, à l'état de santé, la sonorité normale des différents points de la poitrine. C'est, en effet, le seul moyen de juger des modifications qui peuvent être survenues dans cette sonorité par le fait des maladies des organes qui y sont contenus. Nous avons à l'étudier chez nos divers animaux domestiques.

I. — CHEZ LES SOLIPÈDES

Toute la partie du thorax recouverte par les épaules, c'est-à-dire celle qui répond aux 1re, 2e, 3e et 4e côtes dans toute leur étendue, et à la portion supérieure de la 5e et même de la 6e,

ne peut être percutée, ou du moins ne donne
jamais qu'un son tout à fait mat, semblable à
celui que donne la percussion de la cuisse
(son fémoral de PIORRY), en raison de la masse
des muscles sus-scapulaires et olécrâniens qui
revêtent cette région. Dans le reste de son étendue, la cage thoracique fournit un son qui varie suivant les points, ainsi qu'il suit :

1° Du côté gauche. — **Tout à fait en haut,**
dans la région comprise entre la ligne formée
par le sommet des apophyses épineuses des vertèbres dorsales et une autre ligne parallèle à la
première et répondant à l'insertion costale du
muscle grand ilio-spinal (fig. 12), on n'obtient
qu'un son obscur, qui même devient tout à
fait mat chez certains gros chevaux, fortement
musclés, surtout si, en même temps, ils ont
beaucoup d'embonpoint. La raison en est facile à comprendre : cette première région, qui
correspond à ce qu'on appelle *la gouttière vertébrale* et s'étend, comme on voit, dans toute
la longueur de la poitrine, est occupée en entier par le muscle ilio-spinal, muscle énorme,
dont la présence doit nécessairement amortir
le son du poumon sous-jacent. Cependant,
chez les chevaux de race distinguée, un peu
maigres, et par une percussion assez forte, on
obtient encore une certaine résonnance ; mais
la résistance au doigt est toute spéciale ; c'est

celle des masses musculaires en général, et non

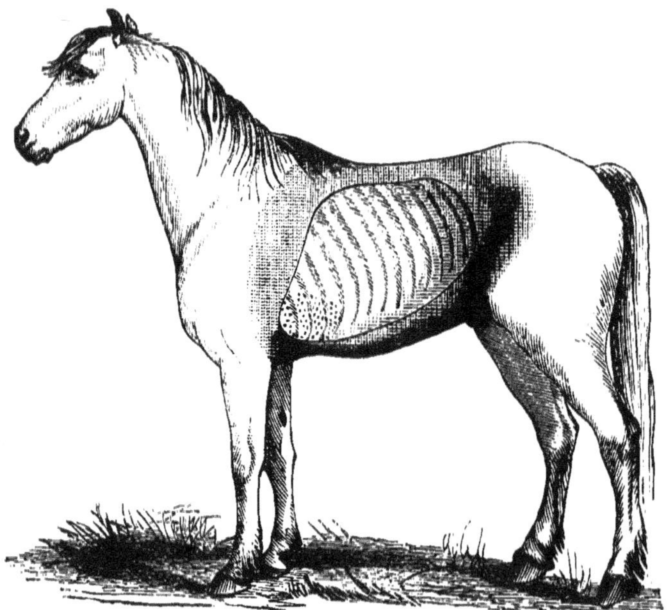

Fig. 12.—*Figure conventionnelle représentant la résonnance normale de la poitrine du cheval (côté gauche) (*).*

la résistance élastique des parois pectorales.

Immédiatement au-dessous, et dans un espace très-limité en largeur, le son devient déjà plus perceptible, sans être encore tout à fait clair.

Il s'éclaircit graduellement, et prend les caractères du *son clair*

(*) A, matité absolue; — B, résonnance faible ou sub-matité; — C, son clair; — D, sub-matité spéciale de la région précordiale.

normal (*son pulmonal* de **M. Piorry**) à partir d'une ligne figurée approximativement par l'insertion du muscle intercostal commun. Il conserve ce caractère, sauf les particularités que nous indiquerons bientôt, *dans toute la partie de la poitrine comprise entre cette ligne en haut, le bord supérieur des muscles pectoraux en bas, le bord postérieur de l'épaule en avant, et la 15ᵉ côte en arrière.*

Toutefois, le son est un peu moins clair, *en avant et en haut*, au niveau des 7ᵉ, 8ᵉ et 9ᵉ côtes, à cause de la présence, en ce point, du muscle grand dorsal, assez épais, chez beaucoup de chevaux, pour amoindrir la résonnance normale due au poumon.

Cette résonnance s'amoindrit également d'une manière très-sensible *en arrière, à partir de la 15ᵉ côte* et fait place graduellement à une matité prononcée, que l'on trouve complète, chez la plupart des animaux, au *niveau des 16ᵉ, 17ᵉ et 18ᵉ côtes*, et dans toute la hauteur de la poitrine.

En arrière du coude, et dans un espace compris entre la veine sous-cutanée thoracique (veine de l'éperon) et le bord supérieur de la portion postérieure du pectoral profond (CHAUVEAU) [sterno-trochinien (GIRARD), grand pectoral (BOURGELAT)], *dans un point répondant aux 5ᵉ, 6ᵉ et 7ᵉ côtes*, on trouve très-généralement un son plus obscur, dû à la présence du cœur en cet endroit. L'obscurité du son dans ce point varie d'ailleurs beaucoup d'un sujet à l'autre : — presque tout à fait clair chez celui-ci ; — plus sourd, avec un léger caractère tympanique chez celui-là ; — presque tout à fait mat chez tel autre. — Cela dépend de ce que l'espèce d'échancrure que le poumon gauche présente en cet endroit est plus ou moins profonde, — parfois presque nulle, d'autres fois très-prononcée, — et que le cœur se trouve ainsi en contact plus ou moins direct avec les parois thoraciques, selon les individus. Il faut être prévenu de cette particularité, afin de ne pas prendre pour une matité pathologique celle qu'on peut rencontrer en ce point.

Enfin, le son devient tout à fait *mat* à la partie inférieure, qu'on peut appeler *la région sternale*, en raison de la forme particulière, en carène, de l'os sternum chez le cheval et des grosses masses musculaires qui s'y insèrent (muscles pectoraux).

2° Du côté droit. — D'une manière générale, la résonnance de la cavité pectorale est la même, à droite qu'à gauche ; aussi, recommande-t-on, avec raison, de percuter alternativement à droite et à gauche, dans les points exactement correspondants, afin de mettre en évidence, par cet examen comparatif, une lé-

gère altération de sonorité qui, sans cela, pourrait passer inaperçue. Toutefois, il existe, sous

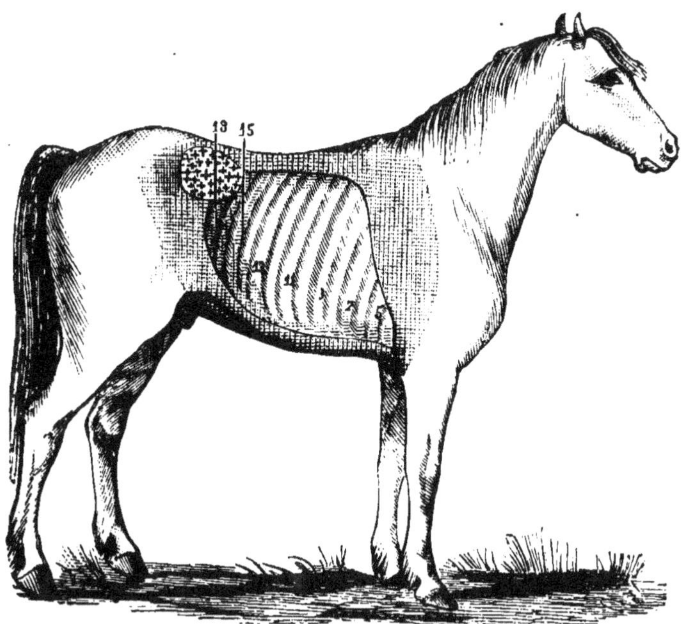

Fig. 13. — *Représentant conventionnellement la résonnance de la poitrine du cheval* (côté droit) (*).

ce rapport, quelques différences qu'on doit bien
connaître, afin de ne pas faire une fausse application du précepte précédent.

a. — **En arrière du coude,** au
niveau des 5e, 6e et 7e côtes (v.
fig. 13), il y a très-généralement

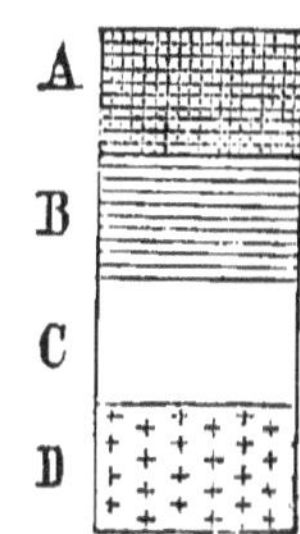

(*) — A, matité; — B, submatité; — C,
son clair; — D, son tympanique de l'arc du
cœcum.

plus de résonnance à droite qu'à gauche, ce qui tient évidemment à ce que le cœur est, du côté droit, moins rapproché des côtes. Toutefois, il est bon de savoir qu'en ce point, le son est presque toujours moins clair, moins franchement *pulmonal*, qu'au centre de la poitrine.

b.—**Dans la région de l'hypochondre,** le *son mat* se fait entendre sur une surface plus grande à droite qu'à gauche, jusqu'au niveau de la 14ᵉ côte, et même quelquefois de la 13ᵉ, et cette matité devient d'autant plus évidente qu'on percute avec plus de force. En même temps, le doigt perçoit la sensation d'une élasticité moindre, d'une fermeté plus grande. Cela est dû à la présence du foie en ce point; d'où il résulte que le son peut être plus ou moins mat, la résistance au doigt plus ou moins grande, et la surface où ces signes sont perçus plus ou moins considérable, suivant les maladies dont l'organe de la sécrétion biliaire peut être le siége et les altérations de texture qu'elles impriment à son tissu. Cela est important à noter.

c. —**En haut et en arrière,** *au voisinage du flanc,* et au niveau des 17ᵉ et 18ᵉ côtes, au lieu du son mat qu'on trouve normalement à gauche dans le point correspondant, on perçoit une résonnance plus ou moins manifestement *tympanique,* jointe à une élasticité plus marquée que partout ailleurs ; ce qui est dû, ainsi que DELAFOND l'avait déjà noté, à la présence de l'arc du cœcum, plus ou moins distendu par des gaz.

Dans tous les points où existe le son clair, pulmonal, dans toute sa pureté, le doigt qui frappe perçoit en outre une sensation d'*élasticité*. Toutefois, il est bon de dire que cette élasticité, très-réelle, très-évidente pour celui qui a acquis une certaine habitude de la percussion chez le cheval, est cependant, en définitive, assez limitée, et n'est pas comparable à celle que l'on constate si aisément chez d'autres animaux, chez le chien par exemple. Le nombre, le rapprochement, la solidité des arcs osseux qui forment les parois de la cage thoracique chez les solipèdes, expliquent bien cette résistance au doigt relativement grande. « Ce n'est qu'une raison de plus, dirons-nous avec M. PIORRY, pour expérimenter » et faire, par un exercice répété, l'éducation de ses sens.

II. — CHEZ LES RUMINANTS

L'épaule du bœuf, déjà plus mobile et moins charnue que celle du cheval, laisse à découvert une plus grande étendue de la poitrine, qui, en avant, est accessible à la percussion jusqu'à la 4ᵉ côte (v. fig. 14).

La *région spinale*, occupée de chaque côté
par le muscle ilio-spinal, et où la matité est en

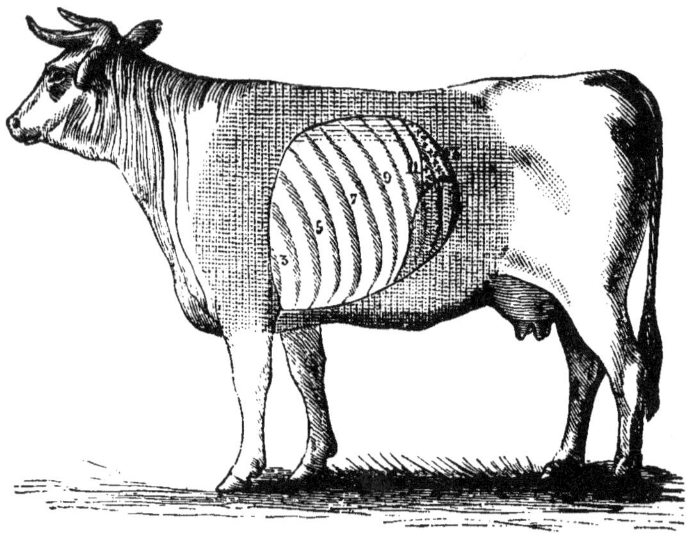

Fig. 14. — *Résonnance normale de la poitrine chez la
vache* (côté gauche) (*).

conséquence complète, offre à peu près la
même étendue que chez le cheval.

Du côté gauche (fig. 14). — La *région précordiale*, qui répond à la partie inférieure des
3e, 4e et 5e côtes, est plus sonore
que chez le cheval, bien que le son
n'y soit pas encore tout à fait clair
et franchement *pulmonal*. Cela tient

(*) — A, matité ; — B, submatité ; — C, son
clair ; — D, son tympanique, dû à la présence du
rumen.

à ce que, dans cette espèce, une lame de poumon assez forte sépare constamment le cœur de la paroi pectorale.

A la *région sternale*, la *matité* s'étend un peu moins haut chez le bœuf que chez le cheval, ce qui est dû, tout à la fois, à la forme aplatie de dessus en dessous du sternum et au moins grand volume des muscles pectoraux.

Dans l'*hypochondre gauche*, on trouve de la matité au niveau des 11°, 12° et 13° côtes et de leurs cartilages de prolongement ; ce qui n'a rien d'étonnant, car, ainsi qu'on le sait, ces côtes, chez le bœuf, appartiennent à la cavité abdominale plutôt qu'à la poitrine ; et l'endroit qui leur correspond est occupé par le rumen, qui contient toujours beaucoup d'aliments. — En remontant le long des mêmes côtes, on arrive au voisinage du flanc. Au-dessous d'elles, se trouve encore le rumen ; mais, en ce point, cet organe contient toujours des gaz en plus ou moins grande quantité. Aussi, la percussion donne-t-elle toujours en cet endroit une forte résonnance, avec ou sans caractère tympanique, suivant l'état plus ou moins grand de distension du viscère sous-jacent.

L'*hypochondre droit* (fig. 15) est occupé par le foie, qui se prolonge fort avant vers la poitrine, jusque sous les 13°, 12°, 11°, 10° et 9° côtes, et où la percussion le délimite par une ligne courbe irrégulière, comme on peut le voir par la figure 15.

Dans tous les autres points, le son est clair,

Fig. 15. — *Résonnance normale de la poitrine de la vache (côté droit)* (*).

franchement pulmonal, mais avec une intensité un peu variable suivant les régions.

Enfin, dans l'espèce bovine, les parois pectorales sont déjà plus dépressibles et la sensation d'élasticité plus facilement appréciable au doigt que dans le cheval.

(*) — A, matité; — B, submatité; — C, son clair.

III. — ESPÈCE CANINE.

La poitrine du chien est remarquable par sa sonorité et son élasticité. De plus, comme l'é-

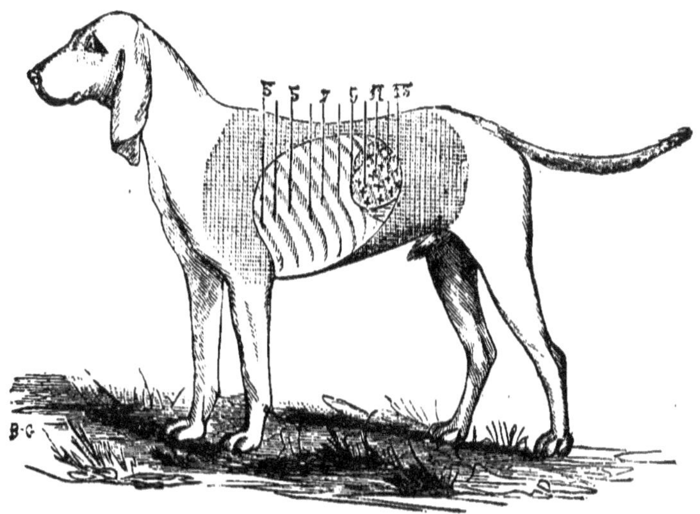

Fig. 16. — *Résonnance normale de la poitrine chez le chien* (*).

paule est très-mobile, on peut facilement, en portant fortement les pattes en avant, découvrir le thorax et le percuter jusque dans le premier espace intercostal, du moins en bas, dans cette partie qui correspond

(*) — A, matité ; — B, submatité ; — C, son clair ; — D, son tympanique dû à la présence du sac gauche de l'estomac.

à la région sous-claviculaire chez l'homme.

Du côté gauche (fig. 16), on trouve, en bas et en arrière, sur une surface peu étendue, limitée, en avant par la neuvième côte, en bas par le cercle cartilagineux, en arrière par la dernière côte et son cartilage, en haut par une ligne droite horizontale, distante du cercle cartilagineux de 3 à 4 centimètres, selon la taille des sujets, un son notablement obscur, que l'on pourrait désigner par le nom de *submatité.*

Au-dessus de cette surface, on en rencontre une autre, plus étendue, qui s'avance jusqu'au huitième espace intercostal, et occupe, dans la région moyenne et postérieure de la poitrine, une hauteur de 65 à 75 millimètres environ, où le son offre très-manifestement le caractère tympanique. Ce *son tympanique normal*, qu'il faut bien se garder de prendre pour un bruit pathologique, dépend de la présence en ce point du sac gauche de l'estomac, contenant presque toujours des gaz, et en contact presque direct avec les parois costales.

Immédiatement au-dessus, et dans un espace très-limité en hauteur, répondant, en longueur, aux treizième, douzième, onzième, et dixième côtes, le son devient presque tout à fait mat ; matité que nous attribuons à la présence de la rate.

Dans tout le reste de son étendue, même au niveau du cœur, qu'il nous a toujours été impossible de limiter, en raison de son petit volume et de l'épaisse lame du poumon qui l'en-

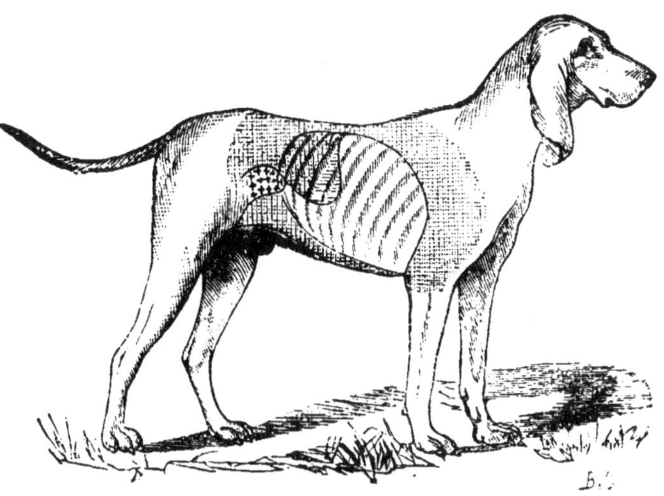

Fig. 17. — *Résonnance normale de la poitrine chez le chien* (côté droit) (*).

veloppe, la paroi thoracique gauche donne un son très-clair, très-pur, très-franchement pulmonal, en même temps qu'une sensation d'élasticité très-prononcée.

Du côté droit (fig. 17), la présence du foie s'accuse par une matité complète, qui s'étend, en

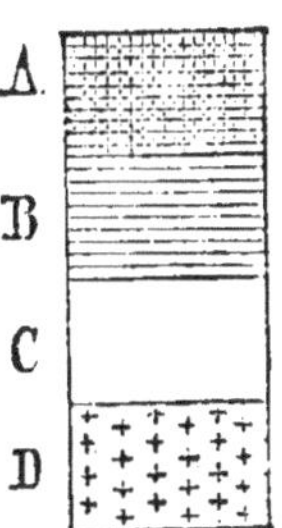

(*) A, matité; — B, matité due à la présence du foie; — C, son clair; — D, son hydroaérique dû à la présence des intestins contenant à la fois des liquides et des gaz.

hauteur, depuis la gouttière vertébrale jusqu'à une petite distance du cercle cartilagineux des côtes, et, d'arrière en avant, de la treizième à la onzième côte. A partir de ce point, le son est très-obscur jusqu'à l'espace intercostal qui sépare la dixième de la neuvième côte. Il s'éclaircit ensuite graduellement jusqu'au huitième espace intercostal, au delà duquel il devient tout à fait clair (v. la fig. 17).

Au-dessous de la limite inférieure du foie, au niveau des douzième et treizième côtes, et, au delà de ce point, dans une étendue variable de la cavité abdominale, nous avons trouvé plusieurs fois un bruit très-manifestement *hydro-aérique*, que nous avons attribué à la présence des intestins, contenant en plus ou moins grande quantité des liquides et des gaz. Nous ne sommes pas encore en mesure de dire si ce bruit est absolument constant ; en tout cas, il ne faut pas le prendre pour un bruit pathologique. Nous l'avons, en effet, entendu chez des chiens jouissant de la meilleure santé.

Partout ailleurs, le son est clair, pur, exactement comme nous l'avons dit pour le côté gauche.

Remarque générale. — Il est en outre à remarquer que, dans une même espèce animale, la poitrine n'est pas également sonore chez

tous les individus. Il y a, au contraire, sous ce
rapport, de nombreuses et parfois de grandes
différences d'un animal à l'autre, et il importe
d'en être prévenu, afin de ne pas prendre pour
un cas pathologique ce qui peut très-bien être
tout à fait physiologique chez l'animal qu'on
examine. Ces différences tiennent à l'âge, à
l'embonpoint et aussi à quelques particularités
d'organisation, à une véritable *idiosyncrasie*,
dont il n'est pas toujours facile de découvrir
la cause.

Ainsi, la poitrine est, en général, plus sonore
chez les sujets très-jeunes ou vieux que chez
les adultes, ce qui paraît tenir, pour le premier
cas, à l'activité plus grande de la respiration,
pour le second, à l'espèce de raréfaction que le
poumon subit avec l'âge, et à la proportion
d'air plus grande relativement à la matière or-
ganique qu'il contient alors.

De même, chez les sujets maigres la poitrine
résonne plus que chez ceux qui sont gras, ce
qui est dû évidemment à ce que chez ces derniers les parois pectorales, doublées d'un épais
pannicule graisseux, faisant en quelque sorte
l'office de matelas, sont moins facilement ébranlées par le choc et transmettent moins bien
les vibrations sonores de l'air contenu dans le
poumon situé au-dessous d'elles.

Chez les sujets de race fine, dont la poitrine

est ample et loge à l'aise un vaste poumon, dont les parois pectorales sont relativement minces, le son est également plus clair et plus pur que dans les conditions opposées, par exemple, que chez ces gros chevaux du Nord, aux formes lourdes et empâtées, aux parois pectorales épaisses et sans élasticité.

Toutefois, — et c'est un fait que nous avons souvent constaté, — on trouve parfois chez des animaux qui semblent être dans des conditions organiques et physiologiques identiques, des différences extrêmement remarquables, et qu'on ne sait comment expliquer. C'est pour ces cas, qui, nous le répétons, ne sont point rares, qu'on est bien obligé d'admettre une idiosyncrasie particulière. Du reste, il n'y a aucune autre conclusion pratique à tirer de ce fait, si ce n'est que, chez ces animaux dont la poitrine est naturellement peu sonore, la percussion est plus difficile et ne rend pas, à beaucoup près, les mêmes services que chez ceux qui sont mieux partagés sous ce rapport.

RENSEIGNEMENTS FOURNIS PAR LA PERCUSSION DANS LES MALADIES DE POITRINE

Les données qui précèdent nous mettent à même d'aborder maintenant l'étude pathologique de la percussion. Nous savons, en effet,

que le son fourni par un point quelconque
est en rapport avec l'état physique des organes sous-jacents ; il est donc naturel d'en conclure que toute modification survenue dans
cet état physique doit se traduire par une modification correspondante du son, et réciproquement, que toute altération dans la sonorité
normale, que nous connaissons, doit accuser
une altération corrélative dans la structure ou
le fonctionnement des organes par lesquels ce
son altéré est produit. — Et, comme c'est le
poumon qui remplit presque en entier la cavité
pectorale, il est facile de comprendre que ce
sont surtout des modifications plus ou moins
considérables du *son clair*, du *son pulmonal*,
que nous aurons à constater dans l'état pathologique. — Ce son, en effet, peut être *augmenté*,
diminué, *aboli* ou *remplacé par d'autres bruits*
sur une étendue plus ou moins grande de la
surface où il se fait entendre à l'état physiologique (v. les fig. 12 à 17). — Examinons chacun de ces différents cas.

EXAGÉRATION DE LA SONORITÉ NORMALE

Le son perçu par la percussion peut être plus
fort, plus éclatant, tout en conservant son caractère naturel de *son clair ;* et cette *résonnance exagérée* peut s'étendre à toute la sur-

face de la poitrine ou être limitée à une région plus ou moins circonscrite.

Dans le premier cas, *l'excès de sonorité* n'est pas toujours un signe de maladie. Il existe, en effet, nous le savons, des différences assez grandes dans la manière dont la poitrine résonne à l'état normal, selon les individus, et nous avons déjà dit qu'il ne fallait pas prendre ces différences individuelles pour un état pathologique. Il peut encore se faire *qu'un côté de la poitrine dans toute son étendue résonne notablement plus que l'autre*, et l'on peut se demander, dans ce cas, lequel des deux côtés présente la résonnance normale? si elle est *affaiblie* du côté qui résonne le moins, ou *exagérée* du côté qui résonne le plus? La réponse à cette question n'est pas toujours facile, et ce n'est pas la percussion seule qui peut la fournir; c'est par l'étude attentive des autres symptômes, par l'examen du flanc, par l'auscultation surtout, qu'on peut arriver à une solution exacte.

L'*exagération générale et pathologique* de la sonorité ne se rencontre guère, en effet, que dans deux circonstances : 1° Dans *l'emphysème pulmonaire généralisé*, et 2° dans le *pneumo-thorax*.

Or, le **pneumo-thorax** simple est extrêmement rare chez les animaux; presque toujours il y a *hydro-pneumo-thorax*, et alors il se dévoile par d'autres signes sur lesquels nous reviendrons plus tard.

L'emphysème généralisé est plus commun, surtout chez le cheval ; mais, dans ce cas, l'animal est *poussif outré ;* le *soubresaut* du flanc est très-prononcé ; assez souvent même on constate une *discordance* manifeste entre les mouvements du flanc et ceux des côtes, quoique en général moins prononcée que dans l'hydrothorax. Enfin, par l'auscultation, on trouve que le *murmure respiratoire est très-affaibli,* parfois *presque aboli,* ce qui, *coïncidant avec l'exagération de la sonorité,* indique bien que l'air, qui distend le poumon, ne circule plus que difficilement dans ses vésicules privées d'élasticité.

Un son clair plus fort qu'à l'état physiologique peut se rencontrer dans quelques parties limitées du thorax. Il est alors plus facile à constater que lorsqu'il est général, parce que les points où la sonorité est restée normale font mieux ressortir ceux où elle est exagérée. Presque toujours alors le timbre du son est modifié, et revêt plus ou moins le caractère *tympanique.*

Ce signe peut exister avec plusieurs maladies aiguës ou chroniques de l'appareil respiratoire, parmi lesquelles les plus fréquentes sont : l'emphysème partiel du poumon, la bronchite aiguë ou chronique, la pneumonie, la pleurésie, la hernie du poumon.

L'emphysème pulmonaire partiel est très-fréquent chez le cheval. Il débute à peu près constamment par l'appendice antérieur et le bord inférieur de l'organe. C'est donc dans les points correspondants que la percussion devrait donner un son plus fort que dans l'état physiologique. Mais l'appendice antérieur, entièrement caché par l'épaule, n'est pas accessible à ce mode d'exploration ; et quant au bord inférieur, il est rare que sa dilatation par l'emphysème donne lieu à une exagération de sonorité suffisante pour permettre *à elle seule* de reconnaître la lésion. Elle peut cependant, en s'ajoutant aux autres signes, — notamment à ceux fournis par l'auscultation et l'inspection du flanc, — contribuer à l'élucidation d'un diagnostic douteux.

Nous n'avons jamais constaté une résonnance bien évidemment exagérée, soit partielle, soit générale, dans le cas de **bronchite simple** *chez le cheval.* Cela a lieu, au contraire, assez souvent *chez le chien ;* mais, alors, le son n'est pas seulement *augmenté ;* il est *altéré* et présente les caractères du son *tympanique.* Nous y reviendrons.

Dans la **pneumonie,** au niveau des parties restées saines, dans la **pleurésie,** au-dessus de l'épanchement, on trouve assez souvent, — mais non constamment, il s'en faut bien, — une sonorité plus forte qu'à l'état normal. Bien plus souvent il y a, sur les limites de la lésion une résonnance tympanique, sur laquelle nous reviendrons bientôt. Dans tous les cas, ces deux maladies s'accusent par d'autres signes plus faciles à saisir, plus constants, et par suite beaucoup plus importants sous tous les rapports ; en sorte qu'il est jusqu'à un certain point permis de négliger celui-là.

Les hernies sous-cutanées du poumon sont excessivement rares. Nous avons cependant entendu raconter par H. RODET qu'un cas de ce genre s'était présenté à l'époque où il était chef de service de clinique à l'École de Lyon. La nature de la lésion fut méconnue par le professeur RAINARD, qui plongea un bistouri dans la tumeur en croyant ouvrir un abcès. Il est évident que, si l'on eût pratiqué la percussion, le son très-clair et très-superficiel qu'on aurait infailliblement obtenu, joint aux autres caractères physiques de la tumeur, aurait permis d'éviter une pareille erreur, dont la gravité n'a pas besoin d'être démontrée.

AFFAIBLISSEMENT DU SON
Submatité.

De même qu'il peut être exagéré, le son peut être **faible** indépendamment de tout état morbide ; car, ainsi que nous l'avons dit précédemment, la poitrine peut être normalement, ou très, — ou peu sonore. — Dans ce dernier cas, le son est faible dans toute l'étendue du thorax, égal des deux côtés dans les points correspondants, qu'il faut avoir soin de percuter comparativement ; il présente, en outre, dans les diverses régions, le degré de force relative que nous avons précédemment fait connaître.

La diminution pathologique du son de percussion peut se faire remarquer dans plusieurs maladies.

1° Dans la congestion pulmonaire, comme, par exemple, chez les *chevaux pris de chaleur* (Anhématosie, H. Bouley). Elle est alors peu prononcée, générale, et coïncide avec une respiration vésiculaire très-faible, une respiration bronchique très-forte, une accélération extrême des mouvements respiratoires, une grande dilatation des naseaux, etc, etc.

2° *Dans* la *pneumonie au premier degré* (engouement inflammatoire du poumon). Elle est plus ou moins étendue, mais toujours partielle, limitée à la partie inférieure d'un seul ou des deux poumons, suivant que la pneumonie est simple ou double, et coïncide assez souvent, mais non toujours, avec le *râle crépitant* (voyez AUSCULTATION) ; elle s'accuse davantage à mesure que la maladie progresse et ne tarde pas à être remplacée par une *matité complète*, quand l'affection est arrivée à sa deuxième période.

3° *Dans la* **pleurésie** *au début*. L'obscurcissement du son est souvent peu marqué, mais le doigt qui percute éprouve déjà une *résistance* notable, plus prononcée que dans le cas de pneumonie due, à n'en pas douter, à la présence d'une petite quantité de liquide dans les parties les plus déclives de la poitrine et à l'exsudation fibrineuse qui se fait à la face interne de la plèvre. Jamais on ne constate de râle crépitant, mais un simple affaiblissement du bruit vésiculaire, coïncidant avec une sensibilité exagérée des parois pectorales, à la percussion et surtout à la pression, dans les points correspondants. Ici encore, et même plus rapidement que dans la pneumonie, la *submatité* ne tarde pas à être remplacée par une matité complète.

4° *Dans la* **phthisie pulmonaire** *au premier degré*, le son peut également être obscurci par la présence de granulations tuberculeuses réunies en grand nombre en un point rapproché de la surface externe du poumon ; toutefois nous devons faire remarquer qu'il est rare qu'on puisse s'en rapporter à ce signe pour diagnostiquer la maladie dont il s'agit à sa première période. Presque toujours, en effet, la phthisie débute par les lobules antérieurs, qui sont cachés par l'épaule, et dont la désorganisation peut être déjà fort avancée avant que les autres parties du poumon accessibles à la percussion ne soient envahies à leur tour. D'autre part, Skoda fait observer avec raison que des tubercules isolés peuvent exister en grand nombre, être disséminés dans toute l'étendue des poumons, sans que leur présence apporte aucun changement dans le son fourni par la percussion. Il résulte de là que le diagnostic de la phthisie pulmonaire au début doit être entouré de grandes difficultés; qu'il peut même rester obscur pendant longtemps, et c'est en effet ce que l'expérience clinique confirme pleinement.

5° L'observation de Skoda, que nous venons de rappeler, s'applique encore plus exactement, s'il est possible, au diagnostic de la **morve** qu'à celui de la phthisie. On sait combien il est fréquent de rencontrer, chez les chevaux sacrifiés pour cause de morve aiguë ou chronique, les poumons farcis d'une innombrable quantité de ces lésions pathologiques désignées sous le nom de *tubercules morveux*. Bien des fois nous avons percuté la poitrine de ces chevaux dans le but de chercher si l'on ne pourrait pas, par ce moyen, reconnaître ces lésions, et *jamais* nous n'avons pu constater une altération de sonorité appréciable.

MATITÉ

C'est à l'air contenu dans les cellules aériennes du poumon que la cage thoracique doit sa sonorité; d'où il suit que chaque fois que l'on constate un *son mat* dans un point où normalement devrait exister un son clair, on est en droit de conclure qu'il n'y a plus d'air dans toute la partie de la poitrine correspondant à la surface *mate*, soit que ce fluide ait été expulsé des vésicules par une altération du tissu propre de l'organe, soit qu'un corps étranger, solide ou liquide, soit venu prendre la place du poumon lui-même, qui se trouve, par ce fait, éloigné de la paroi pectorale.

On devine, d'après ce simple énoncé, combien doivent être nombreuses et variées les conditions pathologiques qui peuvent donner lieu à ce phénomène de la *matité*. Nous allons passer rapidement en revue les principales de ces conditions.

1° Pneumonie au deuxième degré. — Quand la pneumonie est parvenue à sa période d'*hépatisation*, le poumon, au lieu d'un organe léger, souple et spongieux, ne forme plus, dans tous les points envahis par l'inflammation, qu'une masse solide, compacte et privée d'air. Dans toute l'étendue de la surface pectorale qui correspond à l'organe ainsi altéré, la percussion donne un *son mat;* et cette matité est d'autant plus prononcée, la résistance au doigt qui l'accompagne d'autant plus grande, que l'hépatisation est plus complète, le poumon plus complétement privé d'air. — En regard des parties saines, le son reprend sa clarté naturelle, sauf toutefois sur la ligne même de démarcation entre celles-ci et les parties malades, où l'on perçoit parfois une sonorité manifestement *tympanique* (SKODA).

Si l'on marque, sur l'animal vivant, — par des coups de ciseaux donnés aux poils, — la transition du son clair au son mat dans tous les points où on la constate, on dessine ainsi, à la surface du thorax, une ligne plus ou moins irrégulière, tantôt presque droite, tantôt sinueuse, à convexité générale supéro-postérieure, qui marque tout à la fois l'étendue et les limites de la lésion; et, en répétant chaque jour la même opération, on pourra suivre pour ainsi dire pas à pas la marche et les progrès de la maladie, soit qu'elle s'aggrave et envahisse de nouvelles surfaces, soit qu'elle rétrograde et tende vers la résolution.

2° Pleurésie avec épanchement. — La pleurésie est caractérisée anatomiquement par une exsudation fibrino-albumineuse, dont la partie fibrineuse se concrète et s'attache à la plèvre pour former les *fausses membranes*, tandis que l'autre portion, — le sérum, — se rassemble.à la partie la plus déclive de la poitrine et constitue l'*épanchement*.

Ce dernier prend ainsi la place du poumon, qui, en vertu de son poids spécifique moindre, surnage et se trouve refoulé vers les régions supérieures, où un son clair, quelquefois plus fort qu'à l'état normal, annonce sa présence. En même temps, un *son très-mat*, comme celui donné par la percussion de la cuisse (son fémoral), accompagné d'une *forte résistance au doigt*, accuse la présence du liquide dans les parties déclives.

Mieux encore que dans la pneumonie, il est facile de tracer sur le vivant la ligne de démarcation entre le son clair et le son mat; et comme cette ligne n'est autre que la ligne de niveau du liquide épanché, il en résulte qu'elle est *parfaitemment droite et horizontale* et s'étend, d'avant en arrière, dans toute la longueur de la poitrine quand le sujet est en station naturelle, sur ses quatre pieds.

On conçoit aussi, sans qu'il soit besoin de le dire, que cette *ligne de niveau* sera d'autant plus élevée que l'épanchement sera plus abondant, et qu'on pourra juger, par des explorations successives, si cette ligne s'élève ou s'abaisse, et par suite, si le liquide augmente ou diminue dans la cavité pectorale.

Chez le cheval, l'épanchement pleurétique est toujours *double* (1), en raison de la disposition du grand médiastin, percé d'une multitude de trous, qui établissent une communication naturelle entre les deux sacs des plèvres. Il en résulte que, dans la pleurésie, chez cet animal, la matité existe toujours des deux côtés, sur une surface égale, et se termine de la même manière par une ligne horizontale, située à la même hauteur à droite et à gauche.

Chez tous les autres animaux, le médiastin forme une cloison complète ; la pleurésie peut être simple, l'épanchement unilatéral, ou, s'il est double, s'élever inégalement à droite et à gauche. De là des variations dans les signes plessimétriques qui se comprennent d'eux-mêmes, sans qu'il soit besoin de nous y arrêter.

Chez le chien, où la pleurésie est souvent unilatérale, si l'épanchement ne remplit pas en totalité le compartiment qu'il occupe, et si ce

(1) Il y a à cette règle générale quelques rares exceptions, dont il devrait être tenu compte dans une histoire complète de la pleurésie, mais qui peuvent être sans inconvénient négligées ici.

dernier n'est pas cloisonné par de trop nombreuses fausses membranes, il est possible de faire varier la position du liquide, — et par suite la matité, — en donnant au sujet des attitudes diverses. C'est ainsi qu'on pourra percuter l'animal debout, en décubitus sternal, latéral, dorsal ; qu'on pourra élever alternativement son train antérieur et son train postérieur; et toujours on devra trouver la matité dans les points qu'on aura rendus ainsi successivement les plus déclives, et vers lesquels on aura forcé le liquide à s'accumuler.

3° Hydrothorax. — Tout ce qui vient d'être dit de la pleurésie peut s'appliquer exactement à l'**hydrothorax** non inflammatoire, qui diffère sans doute beaucoup de la première au point de vue de la pathologie, mais non à celui des signes de percussion par lesquels il s'accuse, signes que nous avons seuls à examiner ici.

4° Péripneumonie contagieuse. — Il n'est pas de maladie qui *solidifie* le tissu pulmonaire d'une manière plus complète et dans une plus grande étendue que la *péripneumonie contagieuse* de l'espèce bovine; aussi n'en est-il pas qui donne lieu à une *matité* plus grande, plus *fémorale*, et cela, sur une surface parfois considérable. Il est cependant des cas où cette affection se présente sous forme de noyaux pneumoniques restreints, du volume du poing ou un peu plus. Ces noyaux d'hépatisation disséminés sont alors d'autant plus difficiles à découvrir que souvent la santé de l'animal ne semble pas très-sensiblement affectée. On parvient cependant quelquefois, en procédant à l'exploration avec beaucoup de soins et d'attention, à reconnaître une matité circonscrite à leur niveau. — D'autrefois, au milieu de la masse hépatisée, une portion du tissu pulmonaire se mortifie ; une inflammation disjonctive s'établit tout autour et la sépare des parties environnantes, au milieu desquelles elle reste comme emprisonnée dans une sorte de kyste purulent. — Ces espèces de *séquestres pulmonaires* ne peuvent être reconnus par la percussion, qui donne, à leur niveau, un son tout à fait mat, comme les parties voisines hépatisées, au sein desquelles ils séjournent ; — à moins que le fragment séquestré, macéré par le liquide purulent qui le baigne de toute part, ne finisse par se ramollir, et que le kyste ne vienne à s'ouvrir au dehors, auquel cas, cette terminaison, d'ailleurs rare, pourra parfois être reconnue par les signes qui annoncent la formation d'une *caverne pulmonaire* (v. ci-après, *son tymponique*, et, plus loin, *râle caverneux* et *souffle caverneux*).

5° Phthisie tuberculeuse. — Les masses tuberculeuses qui envahissent si souvent le poumon chez le bœuf, peuvent donner lieu à un *son mat*, lorsqu'elles ont un certain volume, — celui d'un œuf d'oie ou d'une orange, au minimum, — qu'elles occupent la face costale de l'organe, et ne sont point cachées par l'épaule. Dans ces conditions, il nous est arrivé plusieurs fois de délimiter très-exactement, sur le vivant, des altérations de cette nature. On y parvient d'autant plus aisément que ces masses sont plus volumineuses et plus compactes. Alors, le son peut être aussi mat et la résistance au doigt aussi prononcée que lorsqu'on percute la cuisse. Dans les conditions opposées, la percussion est très-souvent insuffisante pour faire diagnostiquer la phthisie chez l'espèce bovine. Nous avons déjà dit, en effet, que le poumon peut être parsemé de granulations nombreuses, — même de tubercules du volume d'une noisette et d'une noix, — sans que la sonorité de la poitrine en soit altérée ; nous ajouterons que des masses, même considérables, peuvent être méconnues, lorsqu'elles siégent, comme il arrive souvent, exclusivement dans les appendices antérieurs, recouverts par l'épaule, — ou bien, ce qui n'est pas rare non plus, lorsqu'elles occupent les ganglions du médiastin ou la face médiastine du poumon. Il ne faut jamais perdre de vue ces faits d'observation, dont l'explication est trop naturelle pour qu'il soit nécessaire d'y insister, afin de ne pas demander à la percussion plus qu'elle ne peut donner.

6° Tumeurs intrathoraciques.— Les néoplasies pathologiques qui peuvent se développer dans l'intérieur de la cavité pectorale, soit aux dépens de la plèvre ou des ganglions, soit dans le parenchyme du poumon lui-même, sont rares chez nos animaux domestiques. On en rencontre cependant quelquefois. Les plus communes, abstraction faite des tubercules propres à l'espèce bovine, dont il a été question ci-dessus, sont les *mélanoses*, chez le cheval, et les tumeurs *sarcomateuses*, chez le chien. Quand elles sont assez volumineuses et superficielles, elles donnent lieu, comme les tubercules euxmêmes, à une matité plus ou moins prononcée et étendue. Du reste, il ne faut pas se dissimuler que leur diagnostic est loin d'être toujours facile. En effet, le son mat indique bien que, au-dessous du point où il est perçu, il n'y a pas d'air ; mais il n'indique pas autre chose. On peut donc confondre la matité dépendante d'une des productions morbides dont il est ici question avec celle qui résulterait, chez le cheval, d'une induration du poumon, consé-

quence d'une pneumonie chronique, chez le
chien, d'un épanchement pleurétique remplissant tout un côté de la poitrine. Nous avons,
pour notre compte, rencontré un exemple de
ce dernier cas dans lequel nous n'avons pas
évité l'erreur que nous signalons comme possible : nous avions diagnostiqué, chez un chien,
une pleurésie chronique, et annoncé que le
compartiment gauche de la poitrine, qui donnait partout un son absolument mat, était complétement plein de liquide. L'autopsie montra
que nous nous étions trompé : la poitrine, de
ce côté, était effectivement remplie, mais par des
tumeurs solides, de nature sarcomateuse, qui
avaient envahi le poumon dans sa totalité. C'est
donc à d'autres signes, fournis par d'autres
moyens d'exploration, qu'il faut demander,
en pareil cas, les moyens de porter un diagnostic exact, souvent entouré de très-grandes
difficultés.

RÉSONNANCE TYMPANIQUE

Nous nous sommes efforcé de caractériser
aussi exactement que possible ce que nous appelons le *son tympanique;* nous avons essayé
de le différencier du *son clair* ou *pulmonal;*
nous avons dit aussi, après SKODA, que cette
distinction, — qui n'a pas toujours été suffi-

6.

samment faite par les auteurs français, — nous paraissait importante. Nous devons cependant reconnaître, comme, d'ailleurs, nous l'avons déjà fait plus haut, que cette distinction n'est pas toujours facile à faire dans la pratique. Et dans le fait, si le *son pulmonal pur* se distingue aisément du *son franchement tympanique*, de manière à ce que, pour personne, il n'y ait de confusion possible quand on compare ces deux types, il y a, entre les deux, une foule de nuances intermédiaires, par lesquelles on passe de l'un à l'autre par des transitions insensibles; si bien que la ligne de démarcation qui les sépare est impossible à tracer. Toutefois, et toutes ces réserves faites, nous n'en maintenons pas moins la différence que nous avons précédemment établie, que nous considérons comme importante au point de vue pratique, et nous estimons que l'oreille doit s'habituer à saisir ces nuances par un exercice répété de la percussion, tant chez les animaux sains que chez les malades.

Ce n'est pas que, par lui-même, et indépendamment de tous les autres signes, le son tympanique ait une valeur diagnostique absolue. Il indique que, au-dessous du point où on le perçoit, le poumon n'est pas complétement privé d'air, mais voilà tout; il ne fait connaître ni la quantité absolue d'air encore contenu dans cette partie du poumon, ni la tension élastique de ce fluide; en un mot, le mécanisme de la production de cette espèce de bruit est encore fort obscur. Et cependant il n'est pas moins vrai que, dans beaucoup de cas, la présence ou l'absence du son tympanique peut être d'un grand secours pour le diagnostic. C'est ce que nous allons voir en passant en revue les principales maladies dont il peut être l'un des symptômes.

1° Emphysème pulmonaire.— Suivant DELAFOND, « la résonnance tympanique générale se fait remarquer dans l'emphysème pulmonaire, étendu aux deux poumons (*Pathologie générale*, 2e édition), » et l'on peut dire qu'il exprime ainsi l'opinion de la généralité des vétérinaires. Cela vient de ce qu'on a presque toujours confondu le *son clair exagéré* avec le son tympanique. La vérité est que, dans cette maladie, la sonorité de la poitrine est, en effet, exagérée; que le son est plus *fort*, plus *éclatant* que dans l'état physiologique, et cela, d'autant plus, que les lésions qui caractérisent l'emphysème (dilatation des vésicules ou extravasation de l'air dans le tissu conjonctif interlobulaire) sont plus prononcées; mais que presque jamais, — pour ne pas dire absolument jamais, — il ne prend le caractère *tympanique*, du moins chez le cheval. C'est une remarque que nous avons eu très-souvent l'occasion de faire, et que nous donnons, sans hésitation aucune, comme l'expression exacte des faits. Au surplus, cette remarque n'est pas nouvelle : il y a longtemps que SKODA a fait, chez l'homme, la même observation : « Un poumon sain, anormalement distendu, comme dans l'emphysème vésiculaire, dit-il, donne tantôt un son tympanique, tantôt un son non tympanique. Un emphysème partiel, *entouré par un parenchyme infiltré et privé d'air*, donne, en général, un son tympanique ; mais si le poumon tout entier est emphysémateux, il est rare que le caractère tympanique soit bien distinct. L'emphysème interlobulaire de LAENNEC ne donne *jamais* lieu au son tympanique.» Et plus loin : « Un poumon sain, encore contenu dans le thorax et *fortement insufflé*, de manière à presser partout contre les parois, *donne un son plein, clair, mais non tympanique*, dans tous les points où il se trouve en contact avec les parois thoraciques.» Et ailleurs : « Pour que l'emphysème vésiculaire donne un son tympanique à la percussion, il faut que la portion la plus distendue du poumon soit limitée par une autre portion du poumon *entièrement privée d'air*... A l'exception de ces cas, l'emphysème du poumon *ne donne pas lieu au son de percussion tympanique*, que la cavité thoracique soit agrandie, diminuée, ou qu'elle ait conservé son volume normal. » Voilà donc un fait qui nous paraît désormais bien établi et mis à l'abri de toute contestation.

Nous avons déjà dit ci-dessus que, coïncidemment avec cette exagération *du son clair*, on observait l'affaiblissement du murmure vésiculaire, et que le contraste entre ces deux signes était un excellent caractère diagnostique de cet état morbide. Nous y reviendrons, du reste, à propos de l'auscultation.

2° Pneumothorax. — Nous n'avons observé qu'une seule fois le *pneumothorax*, ou mieux, l'*hydro-pneumo-thorax*, chez le cheval. Le son donné par la percussion, etait *mat* dans toutes les parties de la poitrine occupées par le liquide ; il nous a paru être exagéré, mais sans avoir le caractère franchement *tympanique* dans toute la région supérieure non occupée par l'épanchement. Nous ne nions point, cependant, qu'il ne puisse, dans quelques cas, avoir ce caractère, surtout chez le chien ; mais nous ne pensons pas qu'on puisse faire de ce bruit, comme le font quelques auteurs (Delafond), un signe constant du très-grave accident dont il s'agit. Ici encore nous adoptons volontiers l'opinion de Skoda qui, à ce sujet, s'exprime ainsi : « Dans le pneumo-thorax, les parois du thorax, si elles ne sont pas fortement distendues, fournissent un son tympanique ; mais si leur tension est très-considérable, la percussion donne un son presque constamment non tympanique. »

3° Pleurésie. — Ainsi, voilà deux maladies caractérisées par un *excès* d'air dans la cage thoracique, et qui ne s'accompagnent pas *nécessairement* d'une résonnance tympanique de ses parois ; nous allons en voir d'autres, maintenant, où le son tympanique coïncide *avec une diminution de la quantité d'air contenue dans le poumon*. Telle est, en premier lieu, la *pleurésie*. Cela paraîtra, sans doute, bien contraire aux idées généralement reçues ; rien n'est plus exact, pourtant, et plus conforme à la saine observation. Appuyons-nous, ici encore, sur l'autorité de Skoda qui, le premier, a mis en lumière ce fait important, et bornons-nous, en ce qui nous concerne, à affirmer que nous avons constaté, un très-grand nombre de fois, par l'observation clinique, que sous ce rapport les choses ne se passent pas autrement chez les animaux que chez l'homme.

« Rien de plus opposé, en apparence, aux lois de la physique que cette proposition : *Les poumons fournissent à la percussion un son tympanique lorsqu'ils sont en partie privés d'air, et un son non tympanique, au contraire, lorsque la quantité d'air est beaucoup augmentée.* Rien n'est plus certain cependant que ce fait, et il s'appuie à la fois sur des expériences sur le cadavre et sur ce phénomène constant, que, *lorsque la portion inférieure du poumon est comprimée entièrement par un épanchement pleurétique et sa portion supérieure réduite de volume, le son donné par la percussion de la partie supérieure du thorax est très-distinctement tympanique* (SKODA). »

Nous répétons que nous avons pu très-souvent vérifier la vérité de cette proposition ; mais ce n'est pas dans toute l'étendue de la partie du thorax supérieure à l'épanchement, — c'est immédiatement au-dessus du liquide, dans une zone de quelques travers de doigts à peine, que ce phénomène peut être perçu ; encore, devons-nous ajouter qu'il n'existe pas dans tous les cas. Quand il existe, c'est à la partie antérieure, immédiatement en arrière du long extenseur de l'avant-bras (*long scapulo-olécrânien*, GIR.), qu'on le perçoit le plus distinctement. Ajoutons qu'on chercherait en vain ce signe si, conformément à l'idée que beaucoup s'en font encore, on s'attendait à trouver un bruit très-fort, très-éclatant. C'est, au contraire, *un bruit assez faible*, uu peu *vide* et *sourd*, comme dirait SKODA, mais, en général, *avec un caractère très-*

nettement, très-franchement tympanique, en attachant à cette expression la signification que nous nous sommes efforcé de bien spécifier (v. p. 57 et suiv.)..

4° Pneumonie. — « Une portion quelconque de poumon infiltrée de sérosité, de sang ou de matière tuberculeuse, sans être entièrement privée d'air, fournit à la percussion un son tympanique plus ou moins vide et sourd, suivant la quantité d'air qui s'y trouve contenue (Skoda).» — Au niveau des parties hépatisées du poumon enflammé, « la percussion, nous l'a vous vu, donne un son mat ; mais autour de la partie hépatisée, le poumon peut être, ou bien infiltré, quoique encore perméable à l'air, ou bien non infiltré, et normalement distendu, ou bien anormalement distendu et emphysémateux... Le poumon emphysémateux qui entoure immédiatement les portions hépatisées donne le plus ordinairement *un son tympanique ;* les portions infiltrées, mais encore perméables à l'air, donnent souvent un son tympanique ; les parties saines donnent leur son naturel (Skoda). »

Sous le bénéfice des observations déjà faites plus haut à propos de la pleurésie, le fait avancé par Skoda est très-vrai et peut être aisément vérifié, mais non pas, à la vérité, avec la même facilité chez tous les animaux. Ainsi, chez le *cheval*, il arrive souvent qu'on ne constate pas le son tympanique sur la limite des parties hépatisées, ce qui doit sans doute être attribué à l'épaisseur et au peu d'élasticité des parois thoraciques chez cet animal, car on sait que des parois très-rigides s'opposent à la perception de ce bruit (Skoda). Nous n'avons pas eu bien souvent l'occasion de voir la pneumonie ordinaire chez le bœuf ; mais nous avons vu quelquefois la *péripneumonie contagieuse*, et nous avons pu constater très-manifestement un son tympanique sur la limite de l'hépatisation, au niveau des parties déjà infiltrées, mais encore perméables. Enfin, chez le *chien*, nous avons trouvé cette modification de la sonorité à peu près dans tous les cas de pneumonie où nous l'avons cherchée. C'est même, chez cette espèce et dans cette maladie, un très-bon caractère pour établir le diagnostic dans certains cas douteux. Il arrive, en effet, encore assez souvent, surtout dans la pneumonie qui accompagne ou complique la *maladie du jeune âge*, que l'inflammation pulmonaire ne se traduit ni par une matité prononcée, ni par un souffle bien caractérisé, — ce qui nous a paru tenir à ce que, dans ces cas, les poumons sont plutôt *splénisés* que véritablement hépatisés, et qu'un certain nombre de vésicules malades renferment encore un peu d'ai . — Dans ces cas qui, nous le répétons, ne sont pas rares, la présence d'un son bien franchement tympanique, s'alliant aux autres signes rationnels de la pneumonie, permettra presque toujours d'affirmer l'existence de cette maladie.

5° Cavernes pulmonaires. — Des cavernes considérables et superficielles peuvent également donner lieu à un son tympanique plus ou moins bien caractérisé, lorsqu'elles ne contiennent que de l'air ou de l'air et peu de liquide. Il faut savoir qu'il en peut être ainsi ; mais des cavernes de ce genre communiquent nécessairement avec les bronches ; dès lors, elles ont d'autres signes plus faciles à constater et d'une valeur diagnostique plus grande. Sans donc négliger celui que la percussion peut fournir, il est permis de lui assigner un rang secondaire. Aussi ne nous y arrêterons-nous pas davantage.

Nous nous sommes suffisamment expliqué (p. 61 et 63) sur la signification et la valeur diagnostique du BRUIT DE POT FÊLÉ et du FRÉMISSEMENT HYDATIQUE pour que nous n'ayons pas besoin d'y revenir ici.

BIBLIOGRAPHIE

Si nous écrivions pour des médecins, nous devrions indiquer ici tous les travaux qui ont paru sur la percussion depuis 1761, ou, au moins, tous ceux qui ont une réelle importance; nous adressant surtout aux vétérinaires, il nous a paru que nous pouvions, sans grand inconvénient, nous borner à mentionner, parmi les nombreux écrits des médecins sur ce sujet, ceux que nous avons spécialement consultés, dont nous invoquons l'autorité ou dont nous citons les opinions. Au point de vue vétérinaire, au contraire, nous nous sommes attaché à donner une bibliographie de la percussion aussi complète que nos ressources nous ont permis de la faire.

ANDRRAL. Notes ajoutées à la 4e édition du *Traité d'auscultation* de LAENNEC.

ARAN. Notes ajoutées à la traduction du *Traité de percussion et d'auscultation* de SKODA ; voyez ci-après.

AVENBRUGGER. Inventum novum ex percussione thoracis humani, ut signo obstrusos interni pectoris morbos detegendi ; édition de l'*Encyclopédie des sciences médicales*, septième division. Paris, 1838.

BARTH et H. ROGER. *Traité pratique d'auscultation*, suivi d'un *Précis de percussion ;* 8e édition. Paris, 1874.

BÉHIER ET HARDY. *Traité élémentaire de pathologie in-*

terne, t. I (*Pathologie générale et séméiologie*), 2e édition, 1858.

BOUCHUT. *Nouveaux éléments de pathologie générale, de séméiologie et de diagnostic*, 3e édition, 1875.

H. BOULEY. *Clinique de l'école d'Alfort*, 1844-1845, *Pneumonie*, résumé des observations, in *Recueil de médecine vétérinaire*, année 1846, p. 19 et suiv.

—— Sur la péripneumonie du gros bétail; in *Gazette hebdomadaire de méd. et de chir.*, t, I, année 1853-1854, p. 474, 523 et 543.

——Art. *Emphysème*, in *Nouveau Dictionnaire de médecine, de chirurgie et d'hygiène vétérinaires*, par MM. BOULEY et REYNAL, t. V.

CHOMEL. Art. *Percussion* du *Dictionnaire de médecine* en 30 vol. T. XXIII.

——*Éléments de pathologie générale*, 4e édition. Paris, 1856.

CORVISART. *Nouvelle méthode pour reconnaître les maladies internes de la poitrine par la percussion de cette cavité*, par AVENBRUGGER, ouvrage traduit du latin et commenté par CORVISART, édition de l'*Encyclopédie médicale*, 1838.

DELAFOND. *De l'exploration des organes de la respiration des animaux domestiques*, in *Recueil de méd. vét.*, 1829, p. 634, 683 et 1830, p. 185.

—— *Observations pratiques sur le diagnostic des maladies du poumon et des plèvres par l'exploration immédiate de la poitrine des animaux domestiques*, in *Recueil de méd. vét.*, 1830, p. 485, 533, 627.

—— *Recherches sur le diagnostic des maladies des plèvres*, in *Recueil de méd. vét.*, 1831, p. 65, 349, 405.

—— *Mémoires sur l'emphysème pulmonaire des chevaux* (pousse), in *Recueil de méd. vét.*, 1832, p. 233, 299, 345, 401.

—— *Instruction sur la pleuro-pneumonie contagieuse des bêtes bovines du pays de Bray*, in *Recueil de méd. vét.*, 1840. p. 593, 669, 729.

Delafond. *Traité de pathologie générale vétérinaire*, 1re édition. Paris, 1838 ; 2e édition, 1855.

—— *Traité de la maladie de poitrine du gros bétail*, 1 vol. in-8°. Paris, 1844.

Gleisberg. *Considérations sur l'anatomie pathologique et le diagnostic des maladies de poitrine chez les animaux*, in *Magazin für die Gezammte Thierheilkunde*, 1854, et *Recueil de méd. vét.*, 1854, p. 794 (analyse).

Greaves. *Considérations sur l'hydrothorax*, in *The Veterinarian*, 1862, et *Annales de méd. vét. de Bruxelles*, 1862, p. 611 (analyse).

Hurtrel d'Arboval. *Dictionnaire de méd. chirurg. et hyg. vét.*, 2e édition, 1838, t. IV, art. *Percussion*.

Laennec. *Traité de l'auscultation médiate*, 1re édition, 1819 ; 2e édition, 2 vol. in-8°. Paris, 1826 ; 4e édition, 1838.

Lafosse. *Traité de pathologie vétérinaire*, 3 vol. in-8°. Toulouse, 1858-1868, t. I, p. 185, t. III, 488.

—— *Diagnostic des maladies abdominales*, in *Journal des vétérinaires du Midi*, 1852, p. 41.

—— *De l'exploration de la cavité abdominale*, 2e partie, Percussion, in *Journal des vét. du Midi*, 1858, p. 29, 113, 169.

Leblanc (U.). *De l'exploration des organes de la respiration des principaux animaux domestiques*, in *Journal pratique de méd. vét.*, 1829, p. 469.

—— *Résumé de quelques recherches relatives à l'étude des maladies du cœur des principaux animaux domestiques*, 1 vol. Paris, 1840.

Mailliot. *Traité pratique de percussion*, 1 vol., in-12, 1843.

—— *De la percussion sur l'homme sain*, procédé opératoire, brochure in-8°, 1855.

Massot. *Observation sur un hydrothorax du côté droit de la poitrine d'un cheval guéri par la ponction*, in *Journal prat. de méd. vét.*, 1826, p. 299.

Piorry. *De la percussion médiate et des signes obtenus par* ce moyen d'exploration dans les maladies des organes thoraciques et abdominaux, 1 vol. in-8°. Paris, 1828.

PIORRY. *Du procédé opératoire à suivre dans l'exploration des organes par la percussion médiate*, 1 vol. in-8°. Paris, 1831.

—— *Traité de plessimétrisme*, 1 vol. in-8°. Paris, 1866.

RAINARD. *Traité de pathologie et de thérapeutique générales vétérinaires*, 2 vol., Paris et Lyon, 1841.

RÖLL. *Manuel de pathologie et de thérapeutique des animaux domestiques*, traduction française par MM. DERACHE et WEHENKEL, 2 vol. in-8°. Bruxelles, 1869, t. II, p. 87 et suiv.

SAINT-CYR (F.). *Étude sur la bronchite du chien au point de vue de la pathologie comparée*, in *Journal de méd. vét. de l'école de Lyon*, 1856, p. 5 et 49.

—— *Recherches anatomiques, physiologiques et cliniques sur la pleurésie du cheval*, in *Journal de méd. vét. de Lyon*, 1858, p. 6, 49, 97, 150, 241, 301, 401, 454, 481; et 1859, p. 3, 105, 222, 301, 420, 493, et vol. in-12. Paris et Lyon, 1860.

—— *Observation d'hydro-pneumo-thorax chez le cheval*, in *Journal de méd. vét.*, 1863, p. 49.

SERRES. *De la Pousse*, in *Journal des vétérinaires du Midi*, 1867, p. 495 et 543, et 1868, p. 13.

SKODA. *Traité de percussion et d'auscultation*, traduit sur la 4e édition, avec des notes et remarques critiques, par M. ARAN. Paris, 1854, 1 vol. in-12.

WEHENKEL. *Éléments d'anatomie et de physiologie pathologiques générales*, Bruxelles, 1874, p. 132.

ZUNDEL. *Dictionnaire de méd. et de chir. vét.*, par HURTREL D'ARBOVAL, 3e édit., t. III.

*** *Percussion*, in *Annales de méd. vét. de Bruxelles*, 1870, p. 337.

AUSCULTATION

Définition. — D'une manière générale, l'*auscultation*, — du verbe latin *auscultare*, qui veut dire *écouter*, — peut être définie : l'exploration des organes par le moyen de l'audition. Elle peut être mise en usage sur toutes les parties du corps, et permet de recueillir partout des signes importants pour le diagnostic. C'est ainsi qu'elle peut faire reconnaître un obstacle matériel s'opposant à l'introduction de l'air dans les voies supérieures de la respiration, le bruit d'une pierre dans la vessie, quand le cathéter vient frapper sur elle, la crépitation de certaines fractures, etc., etc. Mais c'est surtout quand on l'applique avec méthode à l'exploration des organes respiratoires contenus dans la poitrine, que l'auscultation rend d'inappréciables services ; aussi est-ce cette dernière que nous aurons particulièrement en vue, et nous définirons l'*auscultation thoracique* un mode d'exploration qui consiste à appliquer l'oreille sur les parois pectorales afin de percevoir les bruits qui se produisent dans les organes de la respiration et de juger, d'après la nature de ces bruits, de l'intégrité de ces organes et des altérations morbides qu'ils peuvent avoir éprouvées.

Pour procéder à cette exploration, l'oreille peut s'appliquer directement, sans intermédiaire, sur les parois thoraciques ; on peut aussi interposer entre celles-ci et l'organe de l'audition un corps bon conducteur du son, par l'intermédiaire duquel les bruits respiratoires sont perçus. De là deux sortes d'auscultation : l'*auscultation immédiate* et l'*auscultation médiate*, qui ont chacune leurs avantages et leurs inconvénients, leurs partisans et leurs adversaires, ainsi que nous le dirons bientôt.

Historique. — Ce mode d'investigation paraît aujourd'hui si naturel, qu'on serait presque tenté de croire qu'il doit être aussi ancien que la médecine, et cela d'autant mieux qu'HIPPOCRATE lui-même semble en avoir eu l'idée. Et cependant, la vérité est qu'il a fallu arriver jusqu'au commencement de ce siècle pour qu'on s'en avisât. C'est à un médecin français, — à LAENNEC, — que revient la gloire de cette découverte, — la plus belle, sans contredit, la plus originale, la plus féconde en résultats, de toutes celles qui ont illustré la médecine contemporaine, et qui assigne à son auteur un rang élevé parmi les hommes de génie qui ont servi et honoré l'humanité. Voici comment Laennec lui-même rend compte des circonstances qui l'amenèrent à faire cette importante découverte :

« Je fus consulté, en 1816, pour une jeune personne qui présentait des symptômes généraux de maladie du cœur, et chez laquelle l'application de la main et la percussion donnaient peu de résultats à raison de l'embonpoint..... Je vins à me rappeler un phénomène d'acoustique fort connu : si l'on applique l'oreille à l'extrémité d'une poutre, on entend très-distinctement un coup d'épingle donné à l'autre bout. J'imaginai que l'on pourrait peut-être tirer parti, dans le cas dont il s'agissait, de cette propriété des corps. Je pris un cahier de papier, j'en formai un rouleau fortement serré dont j'appliquai une extrémité sur la région précordiale, et, posant l'oreille à l'autre bout, je fus aussi surpris que satisfait d'entendre les battements du cœur d'une manière beaucoup plus nette et plus distincte que je ne l'avais jamais fait par l'application immédiate de l'oreille. Je présumai dès lors que ce moyen pourrait devenir une *méthode* utile, et applicable, non-seulement à l'étude des battements du cœur, mais encore à celle de tous les mouvements qui peuvent produire du bruit dans la cavité de la poitrine, et par conséquent à l'exploration de la respiration, de la voix, du râle, et peut-être même de la fluctuation d'un liquide épanché dans les plèvres ou le péricarde (LAENNEC, *Traité de l'auscultation médiate*).»

L'auscultation était trouvée; car, dès ce moment, LAENNEC se mettait en devoir de réaliser son *idée*, et commençait à recueillir cette masse de faits nouveaux qui lui permettaient de publier, trois ans plus tard, son immortel *Traité de l'auscultation médiate*, monument impérissable, élevé par un homme de génie à la gloire de la médecine !

Et non-seulement LAENNEC ouvrait ainsi une voie nouvelle et féconde ; mais, cette voie, il la parcourait lui-même tout entière, avec un si rare bonheur, une si étonnante sagacité, qu'il ne laissait presque rien à faire à ceux qui venaient après lui ; qu'on ne devrait trouver presque rien à ajouter, presque rien à retrancher à l'œuvre sortie complète, achevée, des mains de son auteur. Si bien que, suivant l'expression très-juste de MM. BARTH et ROGER, « ce qu'il faut admirer autant que la découverte elle-même, c'est la perfection à laquelle son auteur l'a portée ; ce sont les ressources qu'il a su en tirer, moissonnant à pleines mains dans ce champ nouveau d'observation, et laissant à peine de quoi glaner à ses successeurs ;... c'est la révolution qu'il a opérée dans le diagnostic des maladies de poitrine ; c'est l'impulsion qu'il a donnée à la science à l'aide de ce puissant levier. — Malgré les travaux accumulés par les observateurs de tous les âges, malgré les efforts d'Avenbrugger, le diagnostic des affections thoraciques, si communes qu'elles enlèvent plus d'un tiers des générations humaines, restait rempli d'incertitude et d'obscurité ; et voilà qu'une éclatante lumière remplace ces ténèbres, et que Laennec, son livre à la main, répond par un cri de triomphe à cette exclamation douloureuse de Baglivi : *O quantùm difficile est curare morbos pulmonum! O quantò difficiliùs eosdem cognoscere!* » (Barth et Roger, *Auscultation.*)

Il est rare que les innovations les plus utiles ne se heurtent pas, dans leurs commencements, à l'indifférence des uns, à la défiance des autres, ou même à une opposition systématique, dont ne savent pas toujours se défendre même les meilleurs esprits. Cette fois, disons-le à l'honneur de la médecine moderne, il n'en fut point ainsi. Dès son début, l'auscultation fut accueillie, on peut dire par l'universalité des médecins de tous les pays, avec autant d'empressement que d'admiration, et l'on vit immédiatement une foule de travailleurs s'appliquer à l'étude de ce nouveau moyen d'investigation, dans le but d'en contrôler les résultats, d'en étendre les applications, d'en modifier les procédés, etc., etc. ; et si, comme nous l'avons dit, tant de recherches, poursuivies avec ardeur pendant près de trois quarts de siècle, n'ont rien changé d'essentiel à l'œuvre du maître, elles n'ont cependant pas été stériles. Non-seulement tous ces travaux ont contribué à répandre, à vulgariser la pratique de l'auscultation, mais ils ont fait connaître quelques signes nouveaux qui avaient échappé à LAENNEC ; ils ont précisé d'une manière plus exacte la valeur de quelques autres, et cette partie de la science, comme les autres, a réalisé, dans ces soixante dernières années, des progrès qui, en somme, ne sont pas sans importance. Il nous serait difficile, sinon impossible, de signaler ici tous ceux qui ont pris part à ce mouvement, tant en France qu'à l'étranger; qu'il nous suffise de citer les noms de ANDRAL, CHOMEL, LOUIS, DANCE, BOUILLAUD, REYNAUD, FOURNET, STAKES, SKODA, ARAN, BEAU, BARTH, ROGER, etc., etc., afin de donner une idée de l'ardeur avec laquelle cette nouvelle branche de la science médicale a été cultivée et du nombre de travaux qu'elle a suscités.

La médecine vétérinaire ne pouvait pas rester étrangère à ce progrès. Les maladies de
l'appareil respiratoire ne sont, en effet, ni
moins fréquentes, ni moins graves chez nos
animaux que chez l'homme, et leur diagnostic,
en l'absence des signes subjectifs que ne
peuvent nous fournir nos malades, était peut-
être encore plus difficile — nous allions dire
plus impossible, — chez eux que dans l'espèce
humaine. — C'est encore à U. LEBLANC et
O. DELAFOND que revient le mérite d'avoir im-
porté chez nous l'*auscultation*, qui ne tarda pas
à prendre, aussi bien dans la pratique que
dans l'enseignement vétérinaire, la grande
place à laquelle elle a droit. C'est ce dont témoignent surabondamment les écrits qui ont été
publiés depuis cinquante ans sur les maladies de
poitrine, notamment par MM. H. BOULEY, LA-
FOSSE, VERHEYEN et tant d'autres que nous aurons l'occasion de citer chemin faisant. Mais,
entre tous ceux qui ont contribué à répandre
parmi nous la découverte de LAENNEC, DELA-
FOND, — il n'est que juste de le reconnaître et
de le proclamer, — mérite d'être placé au
premier rang. Non-seulement il fut des premiers à appeler sur ce précieux moyen de diagnostic l'attention des vétérinaires ; mais on
peut dire sans exagération que la meilleure
part de sa longue et laborieuse carrière scien-

tifique a été consacrée à l'étude de ce moyen ; que nul n'a fait autant que lui, — soit par son enseignement, soit par ses publications aussi nombreuses qu'importantes, — dont on trouvera la liste à l'article *Bibliographie*, — pour en démontrer l'utilité, en propager, en vulgariser les applications, et finalement, faire entrer l'auscultation dans les habitudes de tous les praticiens.

Importance de l'auscultation. — Il serait aujourd'hui pour le moins superflu de chercher à démontrer longuement l'utilité de l'auscultation. Le temps n'est plus où l'on aurait pu avancer, sans s'exposer au reproche d'ignorance, que cette méthode, excellente pour l'homme, ne peut donner, chez nos animaux, que des résultats incertains ou trompeurs. L'expérience a fait justice de ces assertions singulières, qui ne trouvaient leur excuse que dans une connaissance insuffisante de la méthode que l'on croyait juger ainsi ; il est prouvé que l'auscultation donne, chez les animaux, des renseignements de même ordre, ayant la même signification et la même valeur que chez l'homme, et qu'ils peuvent être utilisés avec la même confiance par le vétérinaire qui en a fait une étude suffisante. — Bornons-nous à ajouter que, grâce à l'auscultation, — et à elle

seule, — il est devenu possible de discerner
si les troubles respiratoires sont le résultat
d'une altération matérielle des organes chargés
de cette fonction ou le retentissement sympa-
thique de la souffrance d'un organe éloigné ;
qu'elle nous a débarrassés à tout jamais de ces
expressions vagues de *courbature*, *morfondure*,
toux, et autres semblables, léguées par la vieille
hippiatrique à la médecine vétérinaire, et qui
attestaient l'impossibilité absolue où l'on était
alors d'arriver à un diagnostic *local ;* qu'elle
nous a permis de distinguer, dans l'immense
majorité des cas, la nature, le siége précis,
l'étendue des lésions si nombreuses et si variées
des organes intra-thoraciques ; de suivre,
comme si on les avait sous les yeux, la marche
et les progrès de ces lésions vers la guérison
ou vers la mort ; de reconnaître les complications qui peuvent survenir pendant le cours de
la maladie principale ; de découvrir enfin certaines de ces lésions, alors même qu'elles ne
se traduisent encore par aucun trouble fonc-
tionnel appréciable. En un mot, l'auscultation
a donné « des signes nouveaux, sûrs, faciles à
saisir pour la plupart, et propres à rendre le
diagnostic de presque toutes les maladies des
poumons et des plèvres plus certain et plus
circonstancié peut-être que les diagnostics chi-
rurgicaux établis à l'aide de la sonde ou de

l'introduction du doigt (Laennec). » Il est vrai
que, pour arriver à tirer un semblable parti de
la méthode, il faut la bien connaître; il faut,
comme on l'a dit si justement, faire l'éducation de son oreille, et cette éducation ne se fait
pas en un jour ; mais son utilité est assez grande
pour qu'on s'y applique avec quelque attention.

On a dit quelquefois que la stéthoscopie, tout
en éclairant le diagnostic, n'avait pas eu une
influence bien grande sur la médecine pratique ;
on lui a même reproché d'être plus nuisible
qu'utile, « en paralysant l'activité du médecin,
qui, après avoir constaté les altérations organiques, se croise les bras et contemple la marche d'une maladie qu'il sait d'avance devoir
être inévitablement fatale !.. » Nous déclarons
n'avoir jamais pu comprendre comment un
tel reproche avait pu être formulé par des esprits réfléchis. Quand cette précision plus
grande donnée au diagnostic n'aurait eu pour
résultat que de fournir une base plus sûre au
pronostic, — et l'aveu en est implicitement
contenu dans le reproche, — ne serait-ce donc
rien, pour nous surtout vétérinaires? N'est-ce
rien que d'épargner au propriétaire d'un animal malade des frais de traitement que l'on
sait devoir être inutiles? Mais il n'est pas vrai
de dire que la thérapeutique n'a retiré aucun
bénéfice de la connaissance plus exacte des

maladies que nous avons à traiter. Assurément, les affections de la poitrine n'ont pas perdu entièrement cette gravité si grande qui arrachait à Baglivi, il y a près de deux siècles, la douloureuse exclamation que nous avons rapportée plus haut; mais les faits de la pratique journalière sont là pour attester, de la manière la plus irrécusable, que les bronchites, les pneumonies, les pleurésies elles-mêmes sont traitées avec plus de succès depuis que, mieux connues, elles ne sont plus confondues entre elles, comme elles l'étaient autrefois.

Toutefois, nous ne voulons rien exagérer, et, bien loin d'exalter l'auscultation aux dépens des autres modes d'exploration clinique, nous devons, au contraire, prémunir les débutants contre les entraînements irréfléchis qui pourraient faire accorder à ce mode d'exploration une préférence absolue et exclusive. « La stéthoscopie, disent MM. Barth et Roger, fait défaut dans bien des cas, soit que la disposition des lésions matérielles s'oppose à la production ou à la perception du phénomène physique, soit que leur état complexe se traduise par des bruits multiples, soit que les divers râles ne se présentent point avec des caractères assez distincts. L'auscultation a besoin alors du secours et du contrôle des autres méthodes. Tous les sens, aidés et rectifiés par le raisonnement, doivent concourir à la solution de ce problème si difficile qu'on appelle la maladie; sans ce concours indispensable des sensations et de l'intelligence, le diagnostic ne repose que sur des bases incertaines. Aussi l'auscultation n'est-elle pas responsable des erreurs de ceux qui lui accordent une confiance trop exclusive, ou de ceux qui font un mauvais usage de ses données. » — Nous n'ajouterons rien à cette appréciation, écrite par deux des meilleurs esprits médicaux de notre époque, sinon qu'elle traduit notre pensée beaucoup mieux que nous n'aurions su le faire nous-même.

RÈGLES GÉNÉRALES DE L'AUSCULTATION

« Celui qui ausculte pour la première fois une poitrine saine ou malade n'entend rien bien distinctement, ou bien, s'il discerne quelque bruit, il ne sait à quoi le rapporter ; il manifeste l'embarras qu'entraîne toujours une sensation nouvelle, et par cela même confuse. Mais le premier pas est bientôt franchi, et au bout de quelques jours l'élève verra ses sensations s'éclaircir » (DANCE, *Dict. de méd. en 30 vol.*). Ces réflexions de DANCE sont frappantes de vérité, et le débutant ne devra jamais les perdre de vue, afin de ne point se laisser rebuter par les difficultés qu'il rencontrera au début de ses études. Du reste, ces difficultés seront d'autant plus vite et plus facilement surmontées qu'on s'attachera plus exactement à suivre certaines règles que nous allons résumer aussi brièvement et aussi clairement qu'il nous sera possible dans les paragraphes qui vont suivre.

Position à donner au sujet qu'on ausculte. — Nos *grands animaux*, le bœuf, le cheval, l'âne, sont auscultés *debout* ; il n'y aurait ni avantage ni même possibilité de leur donner une autre attitude. Les seules précautions à prendre consistent à les faire maintenir tranquilles, à écarter les insectes et tout ce qui pourrait provoquer leur agitation pendant qu'on les ausculte. On devra aussi faire porter en avant, par un aide, l'un et l'autre membre antérieur, alternativement, afin de pouvoir explorer le plus loin possible les parties antérieures de la poitrine, qu'on doit toujours examiner avec beaucoup de soin. On ausculte le plus souvent les *petits animaux*, et en particulier le chien, couchés sur une table, à bonne portée de l'oreille de l'opérateur ; et, après avoir examiné un côté, on retourne l'animal pour examiner l'autre. On peut aussi placer le patient sur la table, assis sur son derrière, la partie antérieure du corps restant élevée et soutenue par les pattes de devant. Cette manière est peut-être même préférable, à certains égards, quand l'animal s'y prête. Le vétérinaire, placé derrière le malade, peut, en effet, sans se déplacer et en changeant seulement l'oreille qui écoute, ausculter alternativement les deux côtés du thorax et comparer immédiatement et sans perte de temps les bruits perçus dans les points correspondants, ce qui est très - important. Du reste, dans les petites espèces, on a la facilité de faire varier la position du sujet, en le plaçant, je suppose, alternativement sur l'un ou l'autre côté, sur le dos, sur le sternum ; en élevant tour à tour le train antérieur et le train postérieur ; — et il est souvent utile d'user de cette facilité. C'est ainsi, par exemple, qu'on s'assurera de la présence d'un liquide, en forçant celui-ci de s'accumuler dans un point déterminé du thorax.

Procédés d'auscultation. — Nous avons déjà dit (p. 116) que l'auscultation pouvait être *médiate* ou *immédiate ;* nous devons dire ici avec quelques détails en quoi consistent ces deux procédés et quel est celui qui mérite la préférence.

Auscultation médiate. — L'*auscultation médiate* est celle dans laquelle les bruits qui se produisent dans la poitrine sont recueillis et transmis à l'oreille à l'aide d'un corps intermédiaire, d'un instrument particulier, auquel LAENNEC a donné le nom de *stéthoscope*, — de στῆθος, *poitrine*, et σκοπέω, *j'examine*. Depuis LAENNEC, on a essayé un grand nombre de combinaisons pour varier, soit la forme, soit la matière de cet instrument ; mais de toutes ces modifications, il n'en est que deux qui offrent pour nous un véritable intérêt : ce sont : 1° l'instrument primitif, le *stéthoscope de Laënnec ;* 2° celui qui l'a remplacé dans la pratique usuelle, le *stéthoscope de Louis*. Ce sont, en conséquence, les deux seuls que nous décrirons ici.

Le **stéthoscope** de LAENNEC (fig. 18), adopté par son auteur après de nombreux essais comparatifs, consiste en « un cylindre, A, de bois de 16 lignes (37 mill.) de diamètre, long de 1 pied (325 mill.,) percé dans son centre d'un canal B*aa*, de trois lignes (environ 7 mill.) de diamètre, et brisé au milieu à l'aide d'un tenon garni de fil, qui est arrondi à son extrémité et long d'un pouce et demi (40 mill.). Les deux pièces dont il se compose sont évasées à leur extrémité à un pouce et demi (40 mill.) de profondeur, B*b*, de manière que l'une puisse recevoir exactement le tenon, et l'autre un obturateur, C, de même forme. Le cylindre ainsi disposé est l'instrument qui convient le mieux pour l'exploration de la respiration et du râle. On le

convertit en un simple tube à parois épaisses
pour l'exploration de la voix et des battements

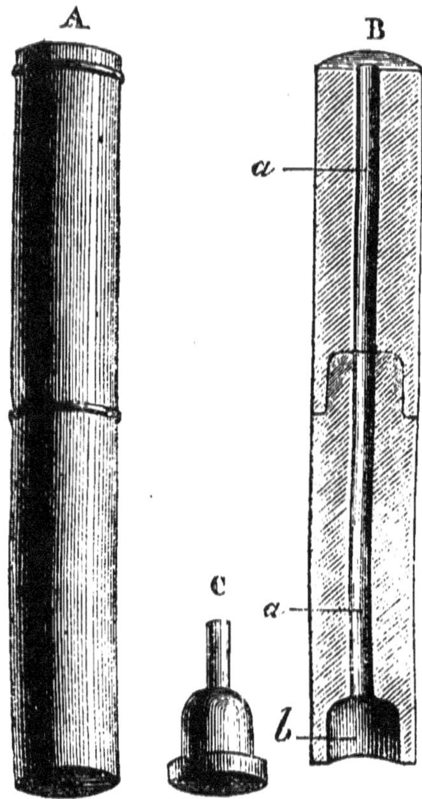

Fig. 18. — *Stéthoscope de Laënnec* (*).

du cœur, en introduisant dans l'entonnoir ou

(*) A, stéthoscope complet ; — B, stéthoscope fendu suivant sa longueur, pour montrer le canal central *aa*, et l'excavation *b* destinée
à recevoir l'embout C.

pavillon *b* de la pièce inférieure l'obturateur C,
qui se fixe à l'aide d'un petit tube de cuivre qui
le traverse et entre dans la' tubulure du cylindre jusqu'à une certaine profondeur. » (LAEN-
NEC, *Auscultation*). »

Il faut croire que cet instrument remplissait
assez bien le but en vue duquel il avait été
construit, puisque c'est avec son aide que
LAENNEC a fait toutes ses observations, et
nous avons dit plus haut à quel degré de perfection cet homme de génie a porté sa découverte ; toutefois, on lui a reproché d'être trop
long, trop lourd, et partant incommode, et aussi
de n'embrasser, par le bout qui doit se mettre
en contact avec la poitrine, qu'une surface trop
étroite. Enfin, on a reconnu que l'obturateur
n'avait qu'une utilité pour le moins contes-
table. Il a donc été à peu près généralement
abandonné pour l'instrument suivant.

Le **stéthoscope** de LOUIS (fig. 19) est un tube
creux, ayant la forme générale d'un tronc de
cône très-allongé, en bois léger — cèdre,
ébène, etc. — ou en corne de buffle, de 14 à
17 centimètres de longueur sur 8 à 10 de diamètre à son extrémité auriculaire et de 35 à
40 millimètres à son extrémité évasée ou base,
destinée à s'appuyer sur la poitrine. Le bout
auriculaire se termine par une plaque circulaire, perpendiculaire à son axe, de 45 à 50

millimètres de diamètre, et sur laquelle doit reposer l'oreille.

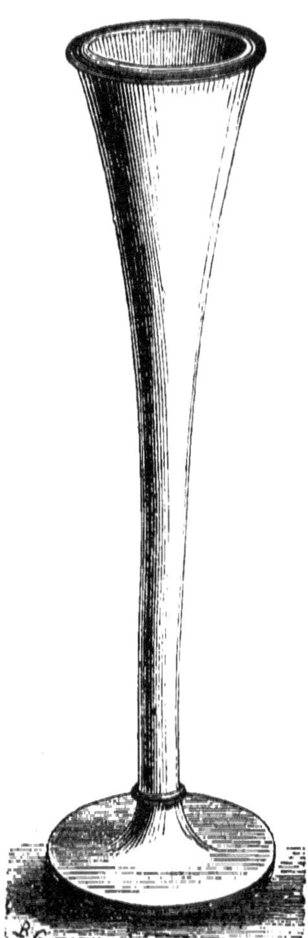

Fig. 19. — *Stéthoscope de Louis.*

Pour se servir de cet instrument, il faut le prendre comme une plume à écrire, entre le pouce et les deux premiers doigts, à peu de distance de sa base; appliquer celle-ci bien perpendiculairement sur la surface à explorer, de manière à ce qu'elle appuie et presse également par tout son pourtour ; le maintenir avec les doigts dans une immobilité complète ; coller son oreille sur la plaque circulaire de l'extrémité opposée, de manière à ce que le conduit auditif soit juste en face du tube central , et écouter avec attention. Il est facile de comprendre que, lorsque ces prescriptions ont été bien

remplies, l'air enfermé dans l'intérieur du stéthoscope est tout à fait isolé, sans communication avec l'air extérieur. Cette condition
est *essentielle ;* autrement, l'air extérieur, en
s'introduisant dans l'intérieur du tube, produit
une sorte de bourdonnement, qui masque ou
dénature les bruits intra-pectoraux, et nuit
considérablement, soit à leur perception nette,
soit à leur exacte appréciation. — Il est également nécessaire de couvrir la poitrine de nos
animaux d'un linge peu épais, en toile ou en
coton, avant d'y appliquer l'instrument, sans
quoi, le froissement des poils, à peu près inévi-
table dans les mouvements de la respiration,
produit un bruit d'une autre nature, une sorte
de crépitation sèche, qui peut aussi donner
lieu à des erreurs. Enfin, c'est pour la même
raison que les doigts qui tiennent le stéthoscope doivent être maintenus parfaitement immobiles pendant tout le temps que dure l'exploration.

Auscultation immédiate.— Celle-ci se pratique avec l'oreille seule, appliquée sans intermédiaire sur les parois thoraciques. Les règles
de son emploi peuvent se résumer de la manière suivante :

De même et plus encore que précédemment,
il sera très-utile de couvrir la poitrine d'un linge

ou d'un tablier, d'abord, par mesure de propreté, ensuite pour éviter le bruit résultant du froissement des poils, et cette crépitation dont nous avons parlé plus haut ; en troisième lieu, pour prévenir la titillation irritante que produisent les cheveux de l'opérateur sur la peau de l'animal qu'on ausculte. « Il y a des chevaux qui sont très-sensibles à cette titillation et le témoignent par un trémoussement continuel des peauciers, extrêmement incommode (1). » Voilà pourquoi nous avons, depuis longtemps, l'habitude de recouvrir avec un linge quelconque la poitrine des animaux que nous auscultons, et nous répétons que cette précaution nous paraît extrêmement utile, sinon indispensable. L'oreille s'appliquera exactement, de manière à isoler de l'air extérieur l'air contenu dans le conduit auditif, et éviter le bourdonnement dont nous avons déjà parlé à propos du stéthoscope ; nous ne saurions trop insister sur ce point. La pression exercée par la tête sera légère, de manière à ne pas gêner l'expansion du thorax. Ce danger n'est guère à redouter chez les grandes espèces, le bœuf, le cheval; mais il n'en est pas de même chez le chien, et il faut y faire attention. D'ailleurs, il est certain qu'on entend moins bien quand on appuie avec force que

(1) **H. Bouley**, Communication inédite.

lorsqu'on presse légèrement ; il y a donc tout
avantage à s'habituer de bonne heure à remplir cette condition, même en auscultant le
bœuf et le cheval. Enfin, il faut que la tête suive
exactement tous les mouvements d'ampliation
et de resserrement de la cage thoracique, sans
aucun frottement de la part des surfaces en
contact.

Comparaison des deux méthodes. — Comme
la plupart des inventeurs, Laennec ne compre-
nait sa découverte que complète, telle qu'il
l'avait instituée, au moyen du cylindre ; il
considérait l'auscultation immédiate, par la-
·quelle il avait pourtant lui-même commencé,
comme une méthode extrêmement imparfaite, et allait jusqu'à dire « qu'on ne peut
en obtenir aucune donnée utile et applicable
à la pratique. » Aussi incommode pour le médecin que pour le malade, dit-il, « le dégoût
seul la rend à peu près impraticable dans les
hôpitaux ; elle est à peine proposable chez la
plupart des femmes, et, chez quelques-unes
même, le volume des mamelles est un obstacle physique à ce qu'on puisse l'employer......
Par ces motifs, je ne crains pas d'affirmer que
les médecins qui se borneront à l'auscultation
immédiate n'acquerront jamais une grande
sûreté de diagnostic » (Laennec). Le temps n'a pas

ratifié ce jugement de l'illustre inventeur. Ainsi que le font remarquer avec beaucoup de justesse MM. Barth et Roger, « ce n'est pas dans le stéthoscope que réside le mérite de l'auscultation, et l'instrument n'ajoute rien à l'excellence de la méthode. Qu'on étudie les phénomènes sonores qui se passent dans les corps vivants au moyen de l'application directe de l'oreille, ou avec l'intermédiaire d'un corps conducteur, les résultats sont identiques. » D'où il suit qu'en principe, et pour les résultats généraux, les deux méthodes se valent et peuvent être placées sur la même ligne ; mais en fait, et lorsqu'on descend dans les détails de l'application, on trouve que chacune a certains avantages et quelques inconvénients qui doivent faire préférer tantôt l'une, tantôt l'autre.

Ainsi, l'auscultation immédiate a ce premier et notable avantage que, n'exigeant aucun instrument, elle est pour ainsi dire constamment à la disposition du praticien, qui peut l'utiliser partout et à tous les instants. — A un autre point de vue, l'oreille appliquée directement sur le thorax perçoit, non-seulement les bruits qui se passent directement au-dessous d'elle, mais encore ceux qui lui sont transmis par l'intermédiaire des parties osseuses de la tête en contact avec les parois thoraciques ; de là il résulte que les sons, arrivant au centre auditif d'un plus grand nombre de points, paraissent plus forts et sont plus facilement perçus. — De là aussi cette autre conséquence que l'examen complet de la poitrine peut être fait beaucoup plus rapidement qu'avec le stéthoscope.

Celui-ci, en effet, ne transmet à l'oreille que les sons qui se produisent directement au-dessous de sa partie évasée ; ils doivent donc être et sont en effet sensiblement plus faibles ; mais en revanche ils sont mieux localisés, et permettent de circonscrire plus exactement les lésions qui leur donnent naissance. Cet avantage, peu sensible tant qu'il s'agit des grands animaux, dont la poitrine est vaste et chez lesquels l'oreille seule permet de délimiter les lésions avec une exactitude très-suffisante ; cet avantage, disons-nous, devient très-sérieux chez les petites espèces, notamment chez les chiens des petites races, dont la poitrine est recouverte presque tout entière par la tête de l'auscultateur, et où l'on n'entend plus, dès lors, qu'un mélange confus de bruits les plus divers, partant de tous les points des poumons, au milieu desquels il est fort difficile de se reconnaître. Le stéthoscope fait immédiatement cesser cette confusion ; il permet d'analyser aisément le phénomène acoustique, et donne à chaque bruit son siége exact et sa signification réelle. — Il peut en outre se placer sans peine dans des points où l'oreille s'appliquerait difficilement ; il peut, par exemple, s'insinuer pour ainsi dire au-dessous des grosses masses musculaires de l'épaule, et permet, de cette manière, d'ausculter, même chez nos grands animaux, les parties antérieures des poumons, dont l'exploration offre tant d'intérêt. — **Par** contre, il est des points, comme les régions ilio-spinale et sterno-costale chez le cheval et le bœuf, où l'auscultation immédiate est seule applicable ; d'autres, comme la région moyenne de la poitrine, où les deux méthodes peuvent s'appliquer à peu près indifféremment.

En résumé, il n'y a pas de préférence exclusive à formuler entre les deux méthodes d'auscultation, médiate et immédiate. — Toutes deux sont bonnes et utiles ; toutes deux doivent être étudiées, connues, et employées tour à tour, suivant les exigences des cas, par le praticien qui veut asseoir son diagnostic sur les meilleures bases.

Préceptes généraux. — Quelle que soit celle de ces deux méthodes que l'on mette en usage, il est quelques règles générales, applicables aussi bien à l'une qu'à l'autre, qui doivent être observées.

1° La première condition à rechercher, c'est le silence autour de celui qui ausculte. On a bien dit que celui qui a une grande habitude de ce

moyen d'exploration peut s'isoler assez complétement par la pensée pour ausculter même au
milieu du bruit des conversations particulières, du remuement, des allées et venues qui se
font dans une salle d'hôpital. Cela est vrai ;
mais il faut une grande habitude, et, même
pour celui qui l'a acquise, c'est toujours une
condition défavorable, moins peut-être parce
que les bruits extérieurs empêchent les bruits
respiratoires d'arriver à l'oreille que par ce que
ceux-là empêchent de prêter à ceux-ci une suffisante attention. Nous recommanderons donc à
ceux qui commencent de rechercher le silence
comme une condition absolue, de profiter surtout du calme de la nuit pour se livrer à cette
étude. Alors, non-seulement rien ne vient dis-
traire l'attention de l'observateur, mais le malade lui-même, plus tranquille, n'étant plus
inquiété par les insectes, ou distrait par les
mouvements et bruits divers qui se passent
autour de lui, respire d'une manière plus régulière, plus égale, plus naturelle, et l'on saisit incomparablement mieux les moindres
nuances des bruits normaux ou anormaux de
la respiration.

2° Pour bien juger de la nature et des caractères de ces bruits, il ne suffit pas de poser son
oreille sur la poitrine ; il faut la maintenir
pendant un certain temps appliquée sur le

même point, et écouter avec attention au moins pendant cinq ou six respirations complètes. C'est le seul moyen de savoir si les bruits perçus sont accidentels et passagers ou constants, d'en reconnaître les différents caractères, d'en saisir les nuances, souvent fort importantes. La précipitation, en pareil cas, outre qu'elle témoigne d'une étude insuffisante de ce moyen d'exploration, peut conduire à des erreurs non moins fatales au malade qu'à la réputation du médecin. C'est ici surtout qu'il faut savoir « se hâter lentement ».

3° Lorsqu'on examine un malade pour la première fois, il est absolument indispensable de *procéder à un examen complet*, c'est-à-dire portant sur toute la surface de la poitrine. On s'exposerait, en effet, aux plus graves erreurs si on se bornait à une exploration incomplète, si on s'arrêtait, par exemple, dès qu'on croit avoir constaté dans un point quelque signe considéré, à tort ou à raison, comme pathognomonique. Lorsque le diagnostic est bien établi, et qu'il ne s'agit plus que de constater les progrès de la maladie dans un sens ou dans l'autre, on pourra se borner à rechercher les changements survenus dans les signes les plus importants, par l'auscultation des régions où les explorations antérieures ont démontré leur existence. Encore, sera-t-il bon de revenir de temps à autre, tous les trois ou quatre jours par exemple, à un examen complet, afin de ne pas s'exposer à méconnaître, ou à laisser passer, sans y prendre garde, les complications qui peuvent surgir inopinément, et contre lesquelles le véritable praticien doit toujours être en garde.

4° Il importe également, dans ces explorations, d'*ausculter comparativement les points correspondants* des deux côtés de la poitrine. Nous dirons bientôt que ces *points correspondants* ne donnent pas toujours rigoureusement les mêmes bruits à l'état physiologique ; la comparaison que l'on peut en faire à l'état pathologique n'en est pas moins fort utile ; seule, elle permet, dans bien des cas, de reconnaître des altérations légères qui, sans cela, passeraient inaperçues. Il ne faut donc jamais la négliger.

5° On recommande beaucoup à celui qui veut ausculter de prendre une position commode ; d'éviter surtout de trop baisser la tête, cette attitude faisant affluer le sang au cerveau, ce qui nuit singulièrement à la netteté de l'ouïe. Cela est très-vrai ; mais cet inconvénient n'est pas toujours facile à éviter chez nos grands animaux, qu'il faut nécessairement ausculter dans l'attitude debout qui leur est naturelle, et chez lesquels on est bien obligé de baisser plus ou moins la tête pour ausculter les régions inférieures de la poitrine. Dans ces cas, quand les sujets sont de petite taille, nous n'hésitons pas à nous mettre à genou sur la litière, et nous évitons ainsi, en grande partie du moins, cet afflux de sang vers la tête si nuisible à la perfection des perceptions auditives.

6° Chez certains sujets, surtout quand les parois pectorales sont très-douloureuses, les mouvements des côtes sont très-bornés, la poitrine se dilate à peine et l'air ne pénètre qu'en petite quantité et fort imparfaitement dans les cellules aériennes ; les bruits sont faibles, difficilement perceptibles ou même tout à fait nuls. DELA-FOND recommande, en pareil cas, « de faire marcher, trotter et même galoper les animaux pendant un certain temps, » ce qui, en accélérant la respiration, augmente la dilatation de la poitrine, et rend les bruits plus facilement perceptibles. Ce précepte n'est guère applica·ble que chez les sujets atteints ou suspectés de maladies chroniques, de phthisie ou d'emphysème pulmonaire par exemple. Il peut alors rendre de bons services. Mais dans toutes les maladies aiguës, le moyen conseillé par DELA-FOND est, ou tout à fait inexécutable, ou dangereux pour le malade. Nous avons depuis longtemps l'habitude, en pareil cas, de faire fermer complétement pendant quelques instants les naseaux du malade par les mains d'un aide, et ce moyen, qui ne nous a jamais offert le moindre inconvénient, nous a rendu souvent les plus grands services. Dès que le besoin de respirer se fait vivement sentir, nous faisons lâcher les naseaux ; l'animal, pour obéir à ce besoin, dilate largement la poitrine ; l'air s'y précipite et pénètre abondamment dans toutes les vésicules restées perméables ; et souvent on entend alors très-distinctement des bruits caractéristiques, qu'on avait cherchés vainement dans les inspirations et expirations ordinaires.

On peut encore arriver au même but en disant à un aide de faire tousser l'animal pendant qu'on ausculte. — C'est également un moyen que nous employons fort souvent et qui nous a rendu des services : — les grandes inspirations qui précèdent et suivent l'effort de la toux forcent l'air à pénétrer en plus grande quantité et plus profondément dans les poumons et font apparaître des bruits auparavant imperceptibles. De plus, on se donne ainsi la facilité d'ausculter la toux elle-même, et nous verrons plus tard combien cela est utile dans bien des cas.

Quand l'élève se sera bien pénétré des règles qui viennent d'être exposées et de leur importance, il pourra aborder l'étude de l'auscultation proprement dite, en commençant par celle des bruits normaux de la respiration, dont la connaissance est indispensable à l'appréciation des phénomènes pathologiques.

DES BRUITS NORMAUX DE LA RESPIRATION

Lorsqu'on applique l'oreille, nue ou armée du stéthoscope, sur la poitrine d'un animal bien portant et qui respire d'une manière naturelle, et qu'on écoute avec attention, on entend un bruit léger, mais très-distinct, doux, égal, que l'on a comparé à celui d'un soufflet dont la soupape ne ferait aucun bruit, ou mieux à celui que fait entendre un homme qui, pendant un sommeil profond, mais paisible, fait de temps en temps une grande inspiration (Laennec).

Chez le cheval, quand la respiration est tout à fait normale, ce bruit, très-doux, très-moelleux, et qui donne à l'oreille la sensation d'une très-fine crépitation (Bondet), se perçoit très-nettement *pendant toute la durée de l'inspiration*, — mais de l'inspiration seule ; — *l'expiration est complétement, absolument silencieuse.*

Chez la plupart des autres animaux, chez le chien par exemple, outre le *bruit d'inspiration,* qui offre à peu près les mêmes caractères que chez le cheval, on perçoit, *pendant l'expiration,* un murmure moins fort et plus bref et qui offre manifestement un caractère un peu *soufflant*.

Tel est le *bruit* ou *murmure respiratoire naturel*, le *bruit de la respiration normale*, ausculté
sur la poitrine, avec lequel il est très-important
de bien familiariser son oreille. Pour cela, il
faut l'entendre; il faut ausculter avec attention
et plusieurs fois la poitrine de nos divers animaux en bonne santé; car, si la description
qui précède est exacte et suffit pour celui qui
le connaît déjà, elle ne peut cependant en donner qu'une idée imparfaite à celui qui ne l'a
jamais entendu. C'est donc, je le répète, par la
pratique, et par la pratique seule, qu'on arrivera à le bien connaître. Ce qu'il importe surtout de bien noter ici, c'est que, *chez le cheval,
ce bruit thoracique est tout entier* INSPIRATOIRE,
*tandis qu'il est à la fois inspiratoire et expiratoire
chez la plupart des autres animaux, chez lesquels,
toutefois, le murmure* INSPIRATOIRE *est toujours
plus fort, plus prolongé que celui* d'EXPIRATION,
*lequel offre en outre un timbre légèrement souf-
flant, que ne présente pas, au même degré tout au
moins, le bruit d'inspiration.*

Si maintenant nous appliquons l'oreille sur
la trachée, nous constaterons un bruit beaucoup plus fort, plus rude, moins moelleux,
ayant un timbre nettement soufflant; bruit
dont la force augmente progressivement depuis la base de l'encolure, où nous supposons

que l'oreille a été tout d'abord appliquée, jusqu'au niveau du larynx, où il acquiert son
maximum d'intensité. On constate, en outre,
que ce bruit est double : l'un qui s'entend pendant l'*inspiration*, plus fort, plus rude, plus prolongé, continu, et perceptible pendant toute la
durée de ce premier temps de la respiration ;
— l'autre, qui accompagne l'*expiration*, moins
fort, souvent saccadé ou interrompu chez le
cheval, toujours plus bref, et n'occupant que
le premier tiers, quelquefois le premier quart
seulement de ce temps de la respiration, dont
la fin est silencieuse. Un étude attentive de ce
double bruit *laryngo-trachéal* permet en outre
de reconnaître qu'il offre la plus grande analogie de timbre avec le bruit *thoracique d'expiration*, chez les animaux chez lesquels ce dernier est nettement perceptible.

Tels sont les bruits normaux de la respiration dans ce qu'ils ont d'essentiel, de fondamental. Ces bruits, et plus particulièrement
celui que l'on perçoit par l'auscultation du thorax, peuvent cependant offrir, même dans l'état
le plus physiologique, quelques modifications,
quelques nuances, sur lesquelles il importe de
fixer un instant l'attention.

**Modifications physiologiques du bruit res-
piratoire.** — Ces modifications dépendent de

l'*espèce*, de la *race*, de l'*âge* des animaux que l'on ausculte ; de l'activité plus ou moins grande de la respiration sous l'influence de l'*exercice* et du *repos*, et enfin des *régions* de la poitrine sur lesquelles l'oreille peut être appliquée.

Espèces. — Nous avons déjà dit que, *chez le cheval*, le murmure de la respiration ausculté sur les parois pectorales était très-doux, très-pur, un peu faible, mais bien distinct cependant, et qu'il se faisait entendre dans l'*inspiration seule ;* ce dernier caractère est important, et nous n'hésitons pas à considérer comme pathologique, dans cette espèce, *tout bruit d'expiration nettement perceptible.* Il n'en est pas de même chez les autres espèces. — *Chez le bœuf,* le bruit respiratoire naturel, généralement plus fort et un peu plus rude que chez le cheval, est souvent perceptible dans les deux temps de la respiration, du moins dans certaines régions que nous spécifierons plus loin ; mais le *bruit expiratoire* est toujours plus faible, plus soufflant et surtout beaucoup moins prolongé que celui d'inspiration. — *Chez le mouton et la chèvre,* ce bruit est également très-net, mais moins fort et moins rude que chez le bœuf. — *Chez le chien,* il est à la fois très-fort et très-pur ; moins moelleux cependant que chez le cheval ; il se compose, comme chez le bœuf, de deux bruits, l'un d'inspiration, doux et prolongé, l'autre d'expiration, rapide et un peu soufflant, surtout dans certaines régions que nous indiquerons tout à l'heure ; il est d'ailleurs si facile à entendre et si net que c'est par cette espèce que nous conseillerons aux débutants de commencer l'étude de l'auscultation.

Races. — Règle générale, le murmure respiratoire est à la fois plus fort et plus pur, *chez les animaux de race distinguée*, dont la poitrine est ample et loge à l'aise de vastes poumons, dont les parois thoraciques sont relativement minces, et dont toutes les fonctions, — la respiration comme les autres, — s'exécutent avec puissance et facilité. — Il est plus faible *chez ceux de races communes*, à parois pectorales épaisses, chargées de muscles, de graisse et de tissu conjonctif et dont les poumons, moins amples, semblent en outre moins élastiques. Nous devons dire, toutefois, que nous avons rencontré à cette règle d'assez nombreuses exceptions ; souvent nous avons été étonné de trouver chez d'énormes chevaux de trait, à formes empâtées, un murmure respiratoire remarquablement distinct, tandis que, chez certains chevaux très-fins, de race barbe ou tarbéenne, nous étions surpris de ne trouver qu'un murmure affaibli et beaucoup moins nettement perceptible.

Embonpoint. — De ce qui vient d'être dit, il résulte implicitement que chez les animaux chargés d'embonpoint le murmure respiratoire est plus faible, toutes choses égales d'ailleurs, que chez ceux qui sont *maigres;* c'est effectivement ce qui a lieu, et l'on donne avec raison aux commençants le conseil de s'exercer d'abord à l'auscultation, autant que possible, chez des animaux *jeunes, de race distinguée et un peu maigres.*

Age. — De toutes les influences qui peuvent faire varier les caractères du bruit respiratoire à l'état physiologique, chez une espèce donnée, celle de l'*âge* est incontestablement la plus importante. Elle n'avait point échappé à LAENNEC : « Chez les *enfants*, dit-il, la respiration est très-sonore, et même bruyante ; elle s'entend aisément à travers des vêtements épais et multipliés. Il n'est même pas besoin, chez eux, d'appuyer fortement le cylindre pour empêcher le frottement ; le bruit qui pourrait en résulter est couvert par l'intensité de celui de la respiration..... Ce n'est pas seulement par cette intensité que la respiration des enfants diffère de celle des adultes. Il y a encore dans la nature du bruit une différence très-sensible, qui, comme toutes les sensations simples, est impossible à décrire, mais que l'on reconnaît facilement par la comparaison. Il semble que, chez les enfants, l'on sente distinctement les cellules aériennes se dilater dans toute leur ampleur; tandis que, chez l'adulte, on croirait qu'elles ne se remplissent d'air qu'à moitié, ou que leurs parois, plus dures, ne peuvent se prêter à une si grande distension. Cette différence de bruit *existe principalement dans l'inspiration.* »

Ces caractères particuliers de la respiration chez les enfants, à laquelle LAENNEC a donné le nom de *respiration puérile*, se retrouvent également chez les *jeunes animaux*, où ils ont été signalés par LEBLANC et DELAFOND dès 1829. Le premier de ces auteurs a proposé de donner à ce mode de respiration le nom de *respiration juvénile*, qui a été adopté en médecine vétérinaire.

Le bruit respiratoire est donc moins fort chez les animaux *adultes* que chez les jeunes; moins fort également chez les *vieux* que chez les adultes : ceci, comme règle générale, car on peut trouver des animaux adultes et même vieux qui ont la respiration naturellement bruyante, juvénile. Alors, elle est presque toujours en même temps un peu rude.

Repos et exercice. — C'est généralement quand ils sont *reposés* qu'on ausculte les animaux, aussi bien en santé qu'en maladie, et nous avons déjà dit qu'il était bon de profiter, dans la mesure du possible, du calme et du silence de la nuit, pour procéder à cette explo·

ration. On devine cependant que l'*exercice*, en accélérant le rhythme de la respiration, en augmentant l'amplitude des mouvements des côtes, doit avoir pour conséquence d'augmenter dans le même rapport l'intensité des bruits qui se passent dans la poitrine ; aussi, profite-t-on de cette circonstance pour rendre plus facilement perceptibles certains bruits normaux ou anormaux que l'on a intérêt à étudier de plus près.

Régions. — Quand on explore avec soin, par l'auscultation, la poitrine d'un animal bien portant quelconque, dans toute son étendue, on constate aisément que le bruit perçu par l'oreille n'offre pas exactement les mêmes caractères dans tous les points ; qu'il y a, au contraire, suivant les régions, des différences assez sensibles, qu'une oreille exercée reconnaît aisément, et qu'il importe de s'habituer à distinguer, si l'on ne veut pas s'exposer à tirer des conclusions erronées de l'examen stéthoscopique de la poitrine. Ce sont ces modifications que nous allons étudier avec quelques détails

A. — **Chez le cheval** (v. fig. 20). 1° Toute la partie de la poitrine qui répond aux cinq premières côtes est recouverte par le scapulum et les masses musculaires énormes qui s'attachent à cet os. — Il en résulte que, chez les solipèdes, cette première région, — *région* *scapulaire*, — n'est pas auscultable, parce que les masses musculaires qui la couvrent ne laissent aucun bruit arriver distinctement à l'oreille appliquée à leur surface. C'est là un désavantage réel, car un assez bon nombre de maladies de poitrine débutent par les lobules antérieurs des poumons, et elles ne peuvent être positivement reconnues par l'auscultation tant qu'elles restent limitées à cette première région. Il faut le savoir et en prendre son parti.

2° Il en est de même de la *région inférieure*, ou *sternale*, ayant pour base anatomique le sternum et les gros muscles dits pectoraux, et limitée en haut par la ligne supérieure d'insertion du muscle grand pectoral, et en arrière par le cercle cartilagineux des côtes. Dans toute cette région, il n'y a plus de poumon, et conséquemment aucun bruit ne se fait plus entendre.

3° La *région supérieure*, correspondant à ce qu'on appelle en anatomie les *gouttières verté-brales*, et occupée tout entière par le muscle ilio-spinal, est à peu près dans le même cas : chez beaucoup de chevaux communs, gras et fortement musclés, la respiration, dans toute cette *région ilio-spinale*, est absolument *silencieuse*. Cela, du reste, n'a pas un grand inconvénient pratique, car il est très-rare que la portion du poumon qui lui correspond ne soit pas saine, même dans les maladies anciennes et

étendues de cet organe. Ajoutons d'ailleurs
que, chez bon nombre de chevaux fins, surtout
s'ils sont en même temps un peu maigres, le

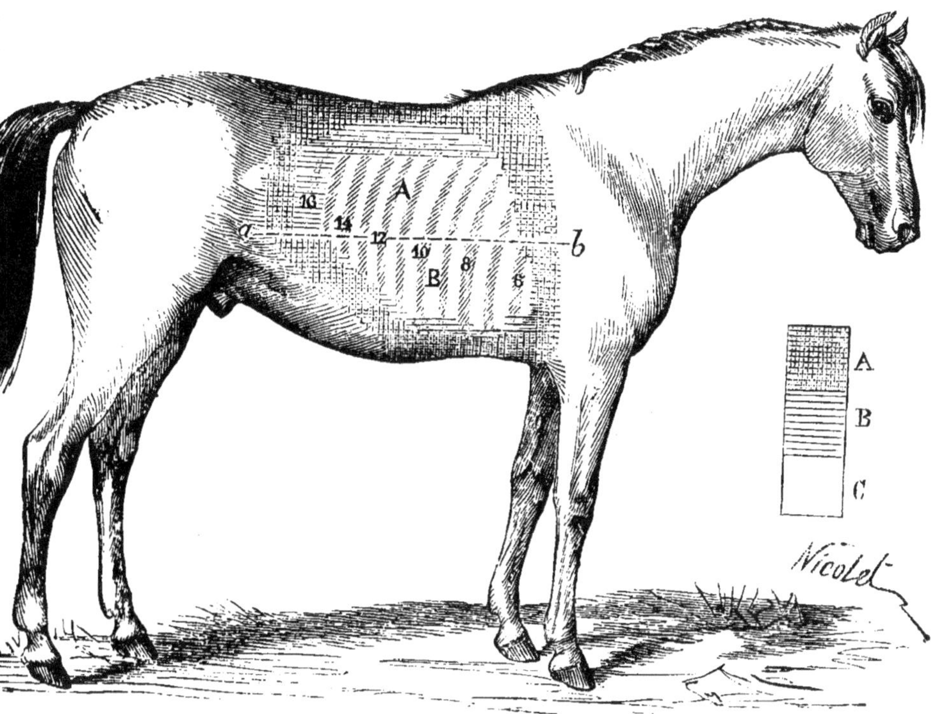

Fig. 20. — *Figure conventionnelle pour l'étude de la respiration normale chez le cheval,* côté droit.

murmure respiratoire est encore assez nettement perceptible, quoique faible, dans toute
cette troisième région.

(*) **A,** respiration silencieuse ; — **B,** respiration faible ; — **C,** respiration forte.

9.

4° La ligne d'insertions du muscle intercostal commun en haut, le bord postérieur des muscles scapulo-olécrâniens en avant, la dernière côte et le cercle cartilagineux des côtes en arrière, et enfin le bord supérieur du muscle grand pectoral en bas, limitent une quatrième région, la plus étendue et la plus importante de toutes au point de vue de l'auscultation. Pour la facilité de l'étude, on peut la diviser en deux zones par une ligne horizontale, *ab*, menée d'avant en arrière à peu près vers le milieu de la hauteur du thorax. Dans toute cette région, le poumon n'est séparé de l'oreille que par l'épaisseur même des parois pectorales ; aussi le bruit respiratoire y est-il nettement perceptible partout, mais avec une intensité variable selon les points. Dans la *zone supérieure* (A, fig. 20) il est perçu très-distinctement avec une bonne intensité moyenne depuis le bord postérieur de la région scapulaire, correspondant à la 6° côte, jusqu'à la 14° à droite et la 15° à gauche. A partir de ce point, il diminue de force et cesse de se faire entendre au niveau de la 16° à droite et de la 17° à gauche. La présence du foie dans le côté droit explique cette légère différence.

Dans la *zone inférieure* (B, fig. 20), le murmure respiratoire acquiert son maximum d'intensité dans la partie antérieure et supérieure de cette zone, depuis le milieu de la poitrine jusqu'à la veine sous-cutanée thoracique, et depuis la 4º jusqu'à la 7º ou 8º côte environ, espace où l'on peut même percevoir quelquefois, chez certains sujets, surtout quand la respiration a été accélérée par l'exercice, un très-léger bruit d'expiration. Il diminue de force à mesure qu'on se porte en arrière, et cesse de se faire entendre, à droite, au niveau de la 14º côte, à gauche, au niveau de la 15º, à peu près. — Au-dessous de la veine de l'éperon, ce bruit s'affaiblit rapidement à mesure que l'on descend et qu'on se porte en arrière ; il disparaît complétement, en bas, au niveau des muscles pectoraux, et, en arrière, un peu en avant et au-dessus du cercle cartilagineux des côtes, c'est-à-dire sur la limite de la région sternale.

Enfin, du côté gauche de la poitrine, à la partie antérieure et moyenne de cette zone inférieure, et dans un espace large à peu près trois fois comme la paume de la main, correspondant aux 4º, 5º, 6º et 7º côtes (v. fig. 21), l'oreille perçoit très-nettement, outre le bruit respiratoire, d'ailleurs fort affaibli, un double bruit très-différent par son timbre, très-régulièrement rhythmé, dont on peut donner une idée par les syllabes *tic-tac* répétées à intervalles égaux : ce sont les *bruits du cœur*, dont le premier coïncide avec un *choc*, qui

soulève légèrement la tête à chaque contraction cardiaque. Ces bruits obscurcissent un
peu le murmure de la respiration, mais ne

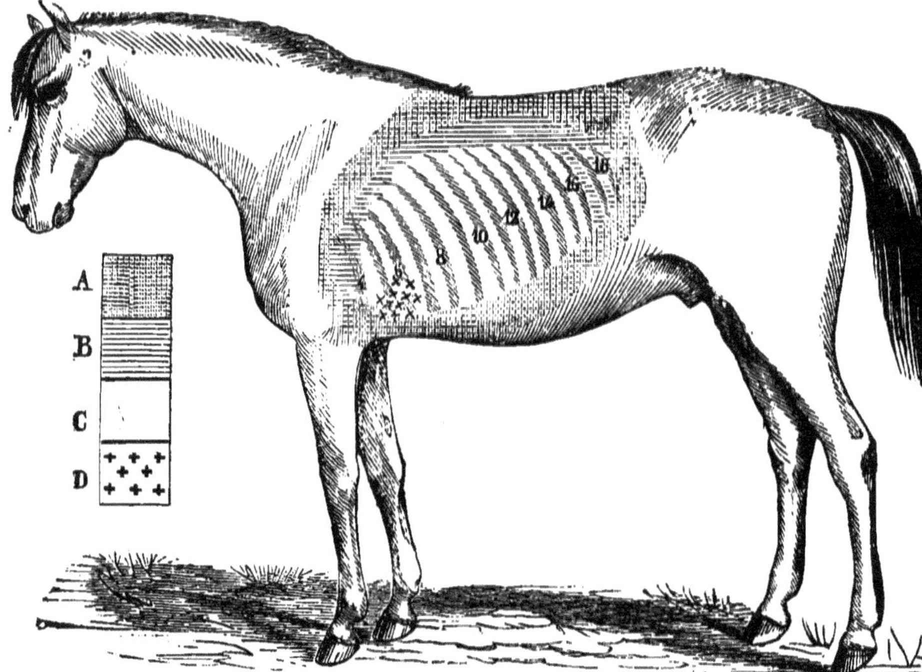

Fig. 21. — *Figure conventionnelle pour l'étude de la respiration normale chez le cheval*, côté gauche (*).

l'empêchent pas d'être perçu. Avec un peu
d'habitude on parvient aisément, non-seulement à distinguer ces deux bruits, mais encore

(*) A, respiration nulle; — B, respiration faible; — C, respiration
forte; — ,D bruits du cœur.

à les isoler, à faire abstraction de l'un d'eux, de manière à ce que celui sur lequel on concentre exclusivement son attention, — soit le bruit respiratoire, soit le *tic-tac* du cœur, — soit le seul entendu.

B. **Chez le Bœuf** le bruit normal de la respiration peut, en général, être perçu assez distinctement, quoique faiblement, dans la *région scapulaire*, au niveau de la fosse sous-épineuse, à travers le muscle sous-épineux, moins épais que chez le cheval. Il peut l'être également dans la partie antérieure de la *région ilio-spinale*, au niveau des 7°, 8°, 9° et 10° côtes. A partir de cette dernière, il diminue rapidement et cesse de se faire entendre au niveau de la 12°, quelquefois de la 11°.

Dans la région moyenne, dont les limites sont à peu près les mêmes que chez le cheval, le murmure respiratoire est très-fort, très-superficiel et un peu rude, depuis la 4° côte jusqu'à la 8° à peu près; et, dans tout cet espace, le murmure est perceptible, non-seulement dans l'inspiration, mais encore dans l'expiration, plus faible et surtout plus bref à la vérité dans ce dernier temps, ainsi que nous l'avons déjà indiqué. — En arrière de la 8° côte, quelquefois de la 7°, le murmure devient exclusivement *inspiratoire;* en même temps, il diminue d'intensité à mesure qu'on se porte en arrière;

il disparaît complétement à partir de la 12ᵉ côte,
quelquefois de la 11ᵉ, toujours un peu plus tôt
à droite qu'à gauche, à cause de la présence
du foie. Dans la zone inférieure de cette région
et du côté gauche, on entend aussi les bruits
du cœur et l'on perçoit le choc de cet organe
contre les parois thoraciques, au niveau des 4ᵉ,
5ᵉ et 6ᵉ côtes, un peu moins nettement toutefois que chez le cheval, à cause d'une lame du
poumon qui s'interpose, ici, entre le cœur et
la paroi pectorale.

Rien de particulier à signaler pour la *région
inférieure* ou *sternale*.

C. — **Chez le Chien** le bruit de la respiration est très-fort, et peut être ausculté dans
toute l'étendue de la poitrine, même le long
des gouttières vertébrales, à travers le muscle
ilio-spinal, — même à travers l'épaule, dans
les fosses sus- et sous-épineuses. Dans la moitié
antérieure au moins de la poitrine, il se fait
entendre pendant les deux temps de la respiration (toujours notablement plus bref dans l'expiration); il acquiert son maximum d'intensité
au niveau des 5ᵉ, 4ᵉ, 3ᵉ et 2ᵉ côtes, — que l'on
peut facilement mettre à découvert dans leur
partie inférieure en faisant porter le membre
en avant par un aide; — et le bruit d'expiration acquiert souvent en ce point un caractère
manifestement *soufflant*, même chez le chien

très-bien portant. — C'est aussi en ce point, c'est-à-dire à la partie inférieure du thorax, entre la 2ᵉ et la 4ᵉ côte, que l'on peut ausculter les bruits du cœur, très-forts dans cette espèce, malgré l'épaisse lame de poumon qui entoure l'organe, et perceptibles des deux côtés de la poitrine à peu près indifféremment.

Tels sont les caractères essentiels du murmure respiratoire naturel chez nos principaux animaux domestiques ; essayons maintenant de nous rendre compte du siége et du mode de production de ce murmure, devenu si important depuis les travaux de LAENNEC.

THÉORIE DES BRUITS NORMAUX DE LA RESPIRATION.

LAENNEC ne s'explique nulle part, dans son immortel ouvrage, d'une façon bien formelle relativement au siége et au mode de production des bruits de la respiration ; il dit seulement (p. 45, t. I, de la 2ᵉ *édition*) que ces bruits « présentent des caractères différents dans le tissu pulmonaire, dans le larynx, la trachée et les gros troncs bronchiques ; » d'où l'on a conclu que, dans l'opinion de LAENNEC, ces bruits étaient dus aux *frottements* de l'air contre les parois de ces diverses parties des voies respiratoires ; qu'ils se produisaient dans le lieu même où on les auscultait ; qu'ainsi, il y avait un bruit *laryngien* dans le larynx, *trachéal* dans la trachée, *bronchique* dans les bronches, *pulmonaire* ou *vésiculaire* dans les cellules aériennes des poumons ; et cette opinion a été adoptée, sans modification bien importante, par la plupart de ceux qui se sont occupés d'auscultation jusqu'à nos jours, notamment par ANDRAL, FOURNET, SKODA, DELAFOND, BARTH et ROGER, etc.

Cependant, BEAU avait émis, dès 1834, une autre théorie, qu'il a soutenue et développée depuis avec beaucoup de vigueur et de talent dans diverses publications, et notamment dans un mémoire publié en 1840 dans les *Archives générales de médecine*, et plus récemment (1856) dans son *Traité expérimental et clinique d'auscultation.* — Suivant ce médecin, tous les sons que l'on peut entendre en auscultant l'appareil respiratoire auraient une origine unique ; ils seraient tous engendrés *dans le larynx*, par le passage de l'air à travers l'orifice rétréci de la glotte. Ce bruit, qui, au point même où il se produit, a les caractères d'un *souffle* (souffle glottique), se modifierait en se propageant dans les diverses régions de l'arbre aérien, de manière à devenir de moins en moins fort et soufflant, à mesure qu'on l'ausculte dans un point plus éloigné de son lieu de production. En d'autres termes, suivant BEAU, tous les bruits divers qu'on a l'habitude de désigner sous les noms de *bruits laryngien*, *trachéal*, *bronchique*, *vésiculaire*, ne seraient en réalité qu'un seul et même bruit, — *le bruit glottique*, — ausculté en différents lieux et modifié par la distance.

Cette interprétation vraiment originale reçoit, il faut le dire, un appui des plus sérieux d'une expérience très-curieuse du Dr SPITTAL, d'Édimbourg (1839), dont nous empruntons la relation à MM. BARTH et ROGER.

Expérience Ire. — « SPITTAL prit la trachée-artère d'un agneau, qui a, comme on sait, trois divisions bronchiques, dont la première est située au-dessus de la grande bifurcation. Au bout supérieur de cette trachée, il adapta une sonde à œsophage (A), de grosseur ordinaire ; cette sonde y était fixée par son extrémité arrondie, et sur les côtés de celle-ci était un orifice oblong, d'environ un demi-pouce (12^{mm},5) et d'un quart de pouce de largeur (environ 6^{mm}). A la première ramification bronchiale, il attacha, par son extrémité métallique, une sonde à œsophage (B), plus petite, pour donner passage à l'air ; l'extrémité arrondie de cette sonde (B) était percée de plusieurs trous, fermés tous, sauf un seul qu'on pouvait diminuer et agrandir à volonté, par un bouchon en forme de coin. Il lia une vessie de cochon,

longue de dix pouces et large de cinq, à l'une
des grosses bronches de la bifurcation, et, à
l'autre, il laissa attaché le poumon correspondant. L'appareil étant ainsi disposé, on fit arriver, par la sonde A, l'air d'un condensateur. La
vessie se gonfla la première, puis le poumon ;
et finalement l'air sortait par la sonde B quand
ces organes avaient été assez distendus pour
faire équilibre par leur élasticité à la force de
l'air venu du condensateur. En auscultant avec
le stéthoscope sur le point de la trachée où l'air
sortait de la grosse sonde A, on entendait un
souffle très-prononcé, qui se prolongeait, un
peu plus faible, dans tout le reste de la trachée
et dans la grande bifurcation, et qui paraissait
plus faible encore si on appliquait le stéthoscope sur le poumon. Ce bruit avait le caractère
des bruits trachéal, bronchique et vésiculaire.
— On passa ensuite la vessie à travers un anneau
métallique, et, en faisant varier les dimensions
de sa cavité, on modifiait la nature du bruit :
il ressemblait parfaitement au souffle caverneux quand elle n'avait qu'un pouce et demi
ou deux pouces de diamètre, et au souffle amphorique quand elle était beaucoup plus vaste.
— « Dans cette expérience, ajoute M. Spittal,
« toutes les variétés du murmure respiratoire
« étaient produites artificiellement, ou du
« moins *le bruit paraissait vésiculaire* sur le

« poumon, trachéal et bronchique sur la tra-
« chée-artère et les bronches, *caverneux et am-*
« *phorique dans la vessie, suivant qu'on en chan-*
« *geait les dimensions ;* et comme il n'y avait
« point dans le poumon et la vessie de courant
« d'air, tel du moins que celui de la respiration
« habituelle, on doit en conclure que les bruits
« n'étaient que la réflexion du bruit formé
« à l'extrémité arrondie de la grosse sonde
« œsophagienne. » (BARTH et ROGER, *Ausculta-*
tion.)

Quelque favorable à la théorie de BEAU que
soit cette expérience, elle ne résout pas cependant toutes les difficultés.

Il y a longtemps déjà que LAENNEC avait fait
remarquer que « la respiration la plus bruyante
à l'oreille nue ne se fait pas entendre pour cela
avec plus de force dans l'intérieur de la poitrine. » — « Je connais, peut-on lire dans son
beau livre, un homme asthmatique par suite
d'une dilatation des ventricules du cœur, et
dont la respiration peut habituellement être
entendue à vingt pas de distance. Le murmure
vésiculaire produit par l'inspiration et l'expiration dans l'intérieur de la poitrine est moins
fort chez lui que chez la plupart des hommes. »
Les faits de cette nature ne sont pas rares ;
nous en avons rencontré nous-même plusieurs
exemples chez des chevaux atteints de cor-

nage. Ils prouvent évidemment qu'il n'y a pas, comme le voudrait la théorie de BEAU, relation nécessaire, dépendance absolue, entre le bruit pulmonaire et le bruit laryngien. C'est ce que démontrent d'une manière encore plus évidente les expériences nombreuses qui ont été instituées dans le but d'éclairer ce point de doctrine et dont il nous suffira de citer quelques-unes.

Expérience II. — « Nous avons coupé, dit DELAFOND, la trachée en travers, près de son entrée dans la poitrine, à plusieurs chevaux, et sorti cette extrémité coupée en dehors de la plaie, afin qu'il fût bien certain que l'air ne pût pénétrer que par le bout du conduit accessible à l'air ; et le murmure respiratoire a persisté à se faire entendre, mais cependant d'une manière moins distincte qu'avant l'expérience. » (DELAFOND, *Pathologie générale*.)

RACIBORSKI, MM. BARTH et ROGER, TRASBOT et BERGERON ont répété nombre de fois, en la variant, cette expérience, qui prouve, selon nous, avec évidence, qu'il se produit dans le poumon lui-même, pendant l'acte de la respiration, un bruit indépendant de celui qui se forme au niveau de la glotte. — C'est ce que démontrent également, et plus complétement s'il est possible, les expériences plus récentes de MM. BONDET et CHAUVEAU. Nous allons reproduire quelunes de ces expériences, qui nous serviront, quand nous aurons à interpréter le mécanisme de ces bruits.

Expérience III. — « Sur un chien de moyenne taille, que nous avions eu soin de faire courir avant l'opération, afin de rendre la respiration plus active et plus perceptible, M. Trasbot pratiqua une section transversale de la trachée, à deux ou trois centimètres de la glotte, et aussitôt l'*expiration* disparut ; l'*inspiration*, au contraire, continuait à s'entendre dans la poitrine, son intensité était à peine diminuée. Ce résultat très-net fut constaté par les élèves qui assistaient à l'expérience. » (Bergeron, *Gazette des hôptiaux*, n° du 16 mars 1869.)

Expérience IV. — Sur un vieux cheval légèrement poussif, on constate, « à l'auscultation de la trachée, au début de l'inspiration, un souffle bref et fort ; au début de l'expiration, un autre souffle moins accentué, mais plus long. — L'oreille appliquée sur les parois de la poitrine ne perçoit rien pendant l'expiration ; mais on entend dans l'inspiration le murmure respiratoire habituel, murmure léger, comme chez tous ces animaux, mais très-net.

« On pratique un trou à la membrane crico-trachéale, et, par cette ouverture, la glotte est explorée avec le doigt. Les mouvements exécutés par les cartilages aryténoïdes sont presque insensibles, leur rapprochement pendant l'expiration est à peine marqué. Si le doigt est porté dans la glotte inter-aryténoïdienne, de manière à la rétrécir le plus possible (l'animal supporte assez bien ce contact), aussitôt les bruits de la trachée se modifient considérablement.

« Le bruit d'expiration se dédouble en deux temps : bref et retentissant au début du mouvement, il reprend avec moins de force dans la dernière partie de l'expiration, et ce dernier temps est immédiatement suivi du bruit d'inspiration, toujours très-fort et plus prolongé qu'avant l'introduction du doigt.

« Quant à l'auscultation de la poitrine pendant ce rétrécissement artificiel de l'ouverture glottique, elle ne permet pas de reconnaître la moindre modification dans les phénomènes stéthoscopiques ; l'expiration est toujours silencieuse, et le murmure inspiratoire a conservé son intensité primitive.

« Ces premiers faits constatés, on coupe la trachée en travers entre le premier et le deuxième cerceau, et l'on tire le bout inférieur hors de la plaie à l'aide de deux érignes de manière à en rendre l'ouverture parfaitement béante. Comme cette ouverture s'est un peu rétrécie par suite de la contraction de la membrane charnue, on coupe en travers cette membrane et la muqueuse qui la recouvre sur une longueur d'un décimètre environ.

« Après cette opération, l'auscultation pratiquée sur la trachée *ne laisse plus entendre de souffle d'inspiration, et le souffle expiratoire qui persiste est incomparablement plus faible et plus bref.*—En rétrécissant plus ou moins la trachée, on fait reparaître à volonté des souffles, inspiratoires et expiratoires, dont l'intensité est en rapport avec le degré du rétrécissement.

« Sur la poitrine , le *murmure inspiratoire*, bien loin d'avoir diminué, *semble avoir pris plus de force et plus de netteté*. Toujours rien à l'expiration. — Les rétrécissements pratiqués à l'ouverture de la trachée paraissent diminuer l'intensité du murmure d'inspiration ; quant aux souffles si intenses qu'ils produisent dans la trachée, on ne les entend plus en auscultant la poitrine. » (BONDET et CHAUVEAU, *Gazette hebdomadaire.*)

Expérience V. — *Cheval âgé , de grande taille, blessé au genou ; respirations,* 12 *par minute ; circulation à* 50.

« *Auscultation.* — Sur la trachée, on distingue un bruit d'inspiration long, très-doux et très-faible ; le bruit expiratoire est court, mais plus fort, un peu rude ; ce bruit d'expiration succède immédiatement au bruit d'inspiration.

« Sur la poitrine, on note un bruit d'inspiration un peu long, et remarquablement fort pour un animal de cette espèce; par moment on peut entendre un bruit léger à l'expiration, très-court, mais pourtant assez net.

« On coupe le nerf récurrent du côté gauche : rien n'est changé dans les bruits respiratoires, ni dans la succession des mouvements du cœur et de la respiration.

« On coupe le récurrent du côté droit : *Les bruits de la poitrine n'ont pas changé; le bruit d'expiration de la trachée a seul augmenté* d'intensité ; il est aussi plus long. Le nombre des respirations est toujours le même : 12 à 13 par minute. Circulation à 50.

« On coupe le pneumogastrique droit. — Aussitôt le bruit d'inspiration disparaît dans le côté droit de la poitrine ; il se fait de ce côté un silence absolu. Du côté gauche, les bruits sont considérablement affaiblis, mais distincts cependant. Sur la trachée, les deux bruits (inspiratoire et expiratoire) sont devenus plus forts ; l'expiration est plus longue. — On compte 9 respirations par minute et 60 pulsations.

« On sectionne le pneumogastrique gauche. — Abolition absolue des bruits de la poitrine. — Sur la trachée, le souffle inspiratoire est devenu énorme ; celui de l'expiration, très-fort aussi, mais moindre cependant, se dédouble en deux temps. Respirations, 10; pulsations, 90 par minute. » (BONDET et CHAUVEAU, *Gazette hebdomadaire.*)

De ces expériences, il résulte bien clairement que les bruits normaux de la respiration sont au nombre de deux, distincts par leur origine : l'un *supérieur*, qui prend naissance au niveau de la glotte, se propage tout le long de la trachée-artère et peut retentir, plus ou moins, suivant les conditions individuelles, jusque dans la poitrine; l'autre inférieur, qui se produit dans le thorax lui-même, et ne s'entend que dans l'inspiration. Elles montrent bien l'indépendance, l'autonomie de ces deux bruits, puisque nous voyons la section transversale de la trachée abolir le bruit trachéal sans modifier le bruit pulmonaire (Expériences II, III et IV), tandis que la section des deux pneumogastriques exagère le bruit trachéal jusqu'à le rendre *énorme*, en même temps qu'elle abolit instantanément et *absolument* le bruit pulmonaire (Expérience V).

Demandons-nous maintenant à quelle cause physique on doit rapporter la production de chacun de ces deux bruits.

Lorsqu'un fluide quelconque, gaz ou liquide, circule à plein canal dans des tubes parfaitement calibrés, c'est-à-dire présentant partout un égal diamètre, on sait qu'il ne donne lieu à la production d'aucun bruit. Mais si, par contre, la colonne fluide vient à rencontrer dans son parcours un point *rétréci*, ou bien si, en sortant du tube calibré, elle pénètre tout à coup dans un espace *élargi*, à ce moment même elle entre en vibration, et donne lieu à la production d'un *son*, dont la force est d'autant plus grande et la tonalité d'autant plus élevée que la colonne fluide est animée d'une plus grande vitesse et le passage plus étroit. C'est ce qu'on connaît en physique sous le nom de *veine fluide vibrante*. — C'est par ce mécanisme que MM. Bondet et Chauveau expliquent la formation des deux bruits respiratoires dont nous venons de reconnaître l'existence et l'indépendance.

Pour le *bruit supérieur*, nulle difficulté. L'ouverture de la glotte est, on le sait, de beaucoup inférieure au diamètre des cavités nasales qui la précèdent, aussi bien qu'à celui de la trachée qui lui fait suite. Il y a donc en ce point, et en ce point seulement, toutes les conditions voulues pour la formation d'une veine fluide vibrante, soit pendant l'inspiration, soit pendant l'expiration. C'est donc avec raison que Beau attribue « au retentissement du bruit qui se produit à la glotte les bruits trachéaux et bronchiques. » Ces derniers n'ont pas d'autre origine ; et l'observation clinique, aussi bien que l'expérimentation physiologique, le prouve de la manière la plus évidente, en démontrant que tout ce qui exagère, diminue ou supprime le bruit glottique exagère, diminue ou supprime du même coup et dans la même proportion les bruits trachéal et bronchique.

Mais le bruit intra-thoracique, que l'expérience démontre non moins péremptoirement être indépendant du précédent, où et comment se forme-t-il ? — Si l'on réfléchit à la manière dont se terminent les derniers ramuscules bronchiques (v. p. 10, fig. 3) ; si l'on se rappelle que les alvéoles pulmonaires forment à l'extrémité de chaque *bronchiule* une petite ampoule sphérique, d'un diamètre très-petit à la vérité, mais très-sensiblement supérieur à celui du conduit cylindrique dont elle est la terminaison, on trouvera aisément dans cette disposition la condition suffisante de la production d'un *son*. L'air appelé dans le poumon par l'inspiration passe d'un canal très-étroit, la bronchiule, dans une cavité plus large, l'alvéole pulmonaire ; il doit donc se former, au point d'embouchure, une veine fluide vibrante et par conséquent un *murmure ;* murmure très-léger à la vérité, mais qui, en s'ajoutant à la multitude des murmures semblables produits de la même manière dans les alvéoles voisins, peut devenir et devient en effet très-nettement perceptible.

Cette interprétation donnée par MM. BONDET et CHAUVEAU de ce que LAENNEC, avec l'intuition du génie, avait appelé le *bruit* ou *murmure* VÉSICULAIRE *du poumon* nous paraît tout à fait rationnelle ; elle reçoit d'ailleurs une éclatante confirmation de ce fait que l'*on voit cesser instantanément et complétement ce bruit vésiculaire à la suite de la double section des nerfs pneumogastriques* (Expérience V). Que se passe-t-il, en effet, à la suite de cette expérience ? « La portion fine et étroite de la petite ramification s'élargit tout à coup par le fait de sa paralysie ; et, au lieu de ces ramuscules étroits présentant à leur point d'embouchure une sorte de collet, véritable rétrécissement, nous avons un tube se continuant avec la vésicule sans partie rétrécie ; cette dernière se transforme en un véritable *infundibulum,* au lieu de constituer comme auparavant une ampoule dans laquelle l'air avait à pénétrer par un goulot (BONDET). » Le murmure vésiculaire doit donc cesser, puisque n'existent plus les conditions essentielles à la formation d'une veine fluide vibrante, et il cesse en effet.

En résumé, les bruits normaux de la respiration sont de deux sortes : l'un supérieur, *glottique ;* l'autre inférieur, pulmonaire, ou mieux *vésiculaire*, pour lui conserver le nom qu'il a reçu de LAENNEC.

Le premier se forme exclusivement par le passage de l'air à travers l'orifice rétréci de la glotte ; il se propage en s'affaiblissant à mesure qu'on s'éloigne de son point d'origine, dans la trachée, dans les bronches, et parfois jusque dans le poumon ; il est perceptible dans les deux temps de la respiration.

Le second se produit dans le poumon lui-même, au point d'embouchure des dernières ramifications bronchiques dans les alvéoles pulmonaires ; il ne se produit et ne peut être entendu que dans l'inspiration.

Chez le cheval, — sauf de très-rares exceptions, — le murmure perçu par l'auscultation du thorax est exclusivement *vésiculaire*, et l'expiration est toujours silencieuse.

Chez la plupart des autres animaux, ce qu'on appelle le murmure respiratoire normal est un bruit complexe, formé par l'association, dans des proportions qui peuvent varier à l'infini, — selon les espèces, les individus, les points où l'on ausculte, etc., — de deux bruits différents : le *murmure vésiculaire* et le *souffle glottique*, lequel se propage, en s'affaiblissant, jusque dans la cavité thoracique. C'est ce dernier qui est seul perçu, chez tous les animaux, au début de l'expiration, et auquel quelques auteurs ont donné, quand il arrive à un certain degré d'intensité, le nom de *respiration bronchique normale*.

Telle est, suivant nous, l'idée qu'il faut se faire du murmure respiratoire naturel, murmure avec lequel, nous le répéterons, il importe de bien familiariser son oreille avant d'aborder l'étude de l'auscultation dans les cas pathologiques.

DE QUELQUES BRUITS ACCIDENTELS NON PATHOLOGIQUES.

Nous devons encore, avant d'aborder cette étude, signaler à l'attention des débutants quelques bruits accidentels, qui ne se passent point dans l'appareil respiratoire, qui ne sauraient être par conséquent considérés à aucun titre comme l'indice d'une lésion quelconque de cet appareil, mais qui doivent être bien connus, afin, précisément, de ne pas leur attribuer une signification qui pourrait être cause d'erreurs de diagnostic regrettables.— Ce sont : le *bruit rotatoire*, la *crépitation du tissu conjonctif*, le *bruit qui accompagne la déglutition*, les *borborygmes*, et, chez les ruminants, la *crépitation du rumen*.

Bruit rotatoire. — MM. Barth et Roger décrivent ainsi qu'il suit le bruit dont il s'agit : « Parfois, en mettant l'oreille sur la poitrine à nu, on entend un bruit assez semblable au roulement lointain d'une voiture pesante et que l'on pourrait prendre un instant pour celui de la respiration ; mais ce bruit, que l'on attribue à la contraction fibrillaire des muscles thoraciques, et que l'on appelle *rotatoire*, se reconnaît ordinairement à un caractère de permanence que n'a point le bruit vésiculaire. » — Quelle que soit sa nature, la cause de ce phénomène n'est pas encore parfaitement connue et sa théorie nous semble difficile à donner ; mais on en aura une idée très-exacte en appliquant la paume de sa main sur l'oreille, de manière à recouvrir en entier le conduit auditif. On parvient assez facilement, avec un peu d'habitude, à faire abstraction de ce bruit, à l'éliminer pour ainsi dire, de manière à ne plus l'entendre quand on pratique l'auscultation. Il est cependant parfois assez fort et assez persistant, — surtout dans certains cas où la respiration est difficile, comme lorsqu'il y a un épanchement considérable dans la poitrine, — pour devenir gênant. Il importe de ne pas le confondre avec le murmure respiratoire, et l'on y parviendra, comme le disent MM. Barth et Roger, en constatant qu'il est permanent, qu'il ne se lie point aux mouvements alternatifs d'ampliation et de resserrement de la cage thoracique.

2° Crépitation du tissu conjonctif. — Au moment même où l'on applique son oreille sur la poitrine, on perçoit parfois, — surtout chez le bœuf, quelquefois aussi, mais plus rarement chez le cheval, — une crépitation sèche, plus ou moins abondante, tout à fait semblable au bruit que l'on produit quand on presse légèrement avec la main sur une partie emphysémateuse, et qui ne se fait plus entendre dès que la tête, exactement collée aux parois thoraciques, en suit tous les mouvements sans se déplacer, et en exerçant une pression toujours égale. Ce bruit, qui pourrait être confondu avec le *râle crépitant*, auquel il ressemble beaucoup, doit en être soigneusement distingué, à cause de l'erreur de diagnostic à laquelle cette confusion pourrait conduire. Il est dû au froissement du tissu conjonctif, — toujours abondant et souvent un peu sec dans l'espèce bovine, — au moment où la tête s'applique sur la poitrine. On le distinguera aisément du *râle crépitant pulmonaire* en remarquant qu'il ne se produit qu'au début de l'exploration ou lorsque la tête se déplace ou exécute quelques mouvements ; qu'il est indépendant de la respiration, et ne s'entend plus dès que la tête suit bien les mouvements des côtes, en pressant toujours également.

3° Bruit de déglutition. — « Ce bruit, dit

Delafond, consiste en un son clair, un peu argentin, comparable à celui d'un liquide qu'on laisserait tomber par jets dans un grand vase métallique muni d'un goulot. » Il se fait très-bien entendre, mais avec un caractère plus bruyant, quand on ausculte les animaux pendant qu'ils boivent. Il peut aussi se produire quand ceux-ci déglutissent tout simplement la salive qui, à certains moments, remplit leur bouche. On reconnaîtra qu'il s'agit d'un bruit purement accidentel, d'abord à sa grande inconstance, ensuite à ce qu'il n'a absolument aucune relation avec les mouvements de la respiration.

4° **Borborygmes**. — Il arrive très-souvent, quand on ausculte la poitrine, que l'on entend des bruits très-forts, des espèces de gargouillements, dont le timbre, souvent métallique, et la tonalité, tantôt grave, tantôt aiguë, varient beaucoup ; qui tantôt semblent se rapprocher, tantôt s'éloigner de l'oreille, et se succèdent de manière à imiter assez bien, dans certains cas, le roulement du tonnerre. Ces bruits n'ont évidemment aucun rapport avec ceux de la respiration ; ils se passent très-manifestement dans les intestins, bien qu'ils semblent parfois se produire tout à fait sous l'oreille. Ils sont dus au déplacement de gaz plus ou moins abondants à travers une masse liquide ; en un mot, ce sont des *borborygmes*. Ils ne peuvent jamais, à moins d'une inattention peu excusable, être pris pour des bruits pathologiques de la respiration ; mais ils peuvent être assez nombreux, assez bruyants et assez persistants pour masquer tout à fait, pendant un certain temps, les bruits respiratoires, et devenir très-gênants pour l'observateur. Il n'y a qu'une chose à faire en pareil cas : attendre et saisir un moment plus favorable pour ausculter l'animal. — Ajoutons que, dans un cas, dont l'observation très-remarquable a été publiée dans le *Recueil de méd. vét.* (année 1850, p. 318) ou ces bruits intestinaux étaient manifestement localisés *dans la poitrine*, M. H. BOULEY a pu, d'après ce caractère, diagnostiquer sur le vivant une hernie diaphragmatique, dont l'autopsie a confirmé l'existence.

5° **Crépitation du rumen**. — Chez le bœuf, lorsqu'on applique l'oreille dans la région des hypochondres, et même plus haut, en arrière de la douzième côte, surtout du côté gauche, on peut entendre, suivant DELAFOND, « une forte crépitation, dont l'existence et la force ne coïncident ni avec l'élévation et l'abaissement des côtes, ni avec la manifestation du murmure respiratoire dans les autres points de la poitrine. Ce bruit est particulièrement perçu lorsque l'animal a fait son repas, et notamment

lorsqu'il a mangé des fourrages verts. Sa production est due, à n'en pas douter, à un déga-
gement gazeux qui s'opère dans les aliments
renfermés dans le rumen ; car sa manifestation
correspond précisément aux régions où la percussion donne de la matité, et où le murmure
respiratoire ne se fait pas entendre. »

Nous n'avons jamais eu l'occasion de constater cette *crépitation* particulière du rumen ;
elle est cependant importante à connaître, car
DELAFOND assure « avoir vu plusieurs vétérinaires qui, après avoir ausculté ce bruit le
long des hypochondres, avaient diagnostiqué
l'existence de la péripneumonie contagieuse,
par cela même qu'ils avaient confondu cette
crépitation des aliments avec le râle crépitant
humide, tandis que les animaux étaient en
bonne santé. » On évitera facilement cette
erreur si on se rappelle que la péripneumonie
contagieuse du bœuf, comme la pneumonie
ordinaire du cheval, envahit le poumon graduellement, en progressant d'avant en arrière,
et qu'elle aurait déterminé des lésions considérables et facilement reconnaissables dans les
parties antérieures, avant d'atteindre les points
où se perçoit cette crépitation spéciale ; et aussi
par cette autre considération décisive que, dans
les points où elle est perçue, chez le bœuf, *il
n'y a point de poumon.*

Delafond signale encore, comme se passant dans les mêmes régions, un autre bruit « comparable au frottement de la lime ou de la scie, ou mieux de deux planchettes rugueuses pressées et frottées l'une contre l'autre. » Il ajoute que « ce frottement est passager et ne coïncide nullement avec le murmure respiratoire qui se développe pendant l'inspiration et l'expiration. On l'entend particulièrement lorsque l'animal rumine. Il se manifeste cependant aussi dans les intervalles de la rumination, mais alors il est beaucoup plus rare. » L'auteur que nous citons « pense devoir attribuer ce frottement aux contractions qu'exécute le rumen pour déplacer les matières alimentaires qu'il renferme. » Du reste, comme il « ne se produit point régulièrement en même temps que l'inspiration et l'expiration, » ce bruit ne saurait « être confondu, ni avec le *frottement bronchique*, ni avec le *frottement pleural*. »

Lorsque les commençants se seront bien pénétrés, par l'auscultation suffisamment répétée des sujets sains, des considérations que nous venons de développer relativement aux phénomènes physiologiques de la respiration normale, ils pourront aborder avec fruit l'étude pathologique de l'auscultation.

PHÉNOMÈNES PATHOLOGIQUES

Les signes que l'auscultation peut fournir au diagnostic des maladies de poitrine sont importants, nombreux et variés. Tantôt ils consistent en une simple modification du murmure respiratoire naturel, qui peut être plus ou moins altéré dans son intensité, dans ses caractères ou dans sa durée ; tantôt ce sont des bruits nouveaux, tout à fait étrangers à la respiration normale, qui s'ajoutent aux bruits physiologiques, les modifient, les altèrent plus ou moins ou même les remplacent complètement. Pour en faciliter l'étude, les auteurs qui se sont occupés d'auscultation ont classé ces phénomènes en un certain nombre de catégories plus ou moins naturelles, qui ont varié suivant les idées de ceux qui ont proposé ces classifications. Dans un ouvrage élémentaire comme celui-ci, il serait trop long et peu utile de faire connaître avec détail les diverses classifications qui ont été proposées et d'en discuter la valeur ; nous nous bornerons à indiquer ici les bases de celle que nous nous proposons de suivre, et que nous résumerons dans le tableau synoptique ci-après.

Les signes que l'auscultation de la poitrine

des animaux malades permet de recueillir peuvent consister : 1° en *une modification pathologique du murmure respiratoire*, qui peut être altéré, soit dans son intensité, soit dans ses caractères intrinsèques ; — 2° en des bruits anormaux auxquels, depuis LAENNEC, on donne le nom de *râles* ; — 3° en des sons d'une autre nature, que beaucoup d'auteurs considèrent comme de simples modifications du murmure respiratoire, mais qui en diffèrent assez pour que nous ayons cru devoir les en séparer tout à fait et en faire une catégorie spéciale sous le nom commun de *souffles* ; — 4° en d'autres bruits pathologiques, qu'il est impossible de faire rentrer dans l'une ou l'autre des catégories précédentes, et qui diffèrent trop entre eux pour qu'il soit possible de désigner cette quatrième catégorie par un nom générique.

Le tableau suivant résume la classification que nous avons adoptée et dont nous venons d'indiquer les bases.

TABLEAU :

TABLEAU DES SIGNES FOURNIS PAR L'AUSCULTATION.

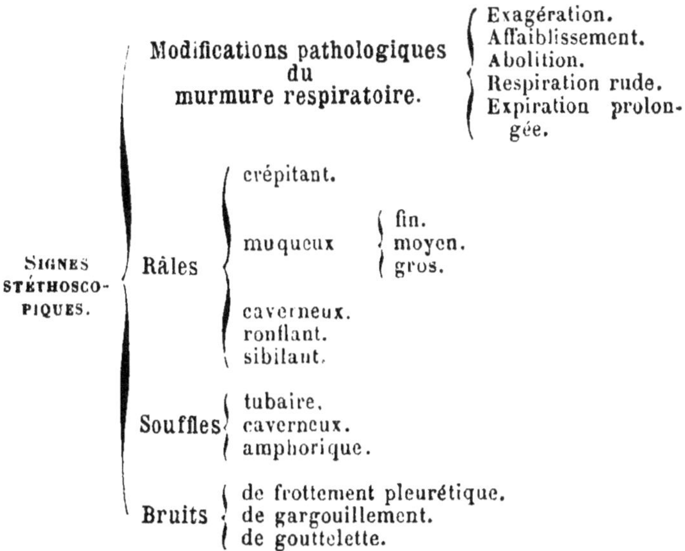

Tels sont les différents signes que peut fournir l'inspection du thorax par l'auscultation. Nous allons les passer en revue dans l'ordre qui vient d'être indiqué, en nous attachant à faire connaître aussi exactement que possible leurs caractères et leur signification.

MODIFICATIONS PATHOLOGIQUES DU MURMURE RESPIRATOIRE.

Pendant le cours de certaines maladies, le murmure naturel de la respiration peut être *exagéré, diminué* ou *aboli;* il peut offrir à l'oreille un caractère particulier de *rudesse;* il peut enfin être modifié de manière à ce que le bruit d'*expiration*, que l'on n'entend pas ou qu'on entend à peine dans l'état normal, égale ou même surpasse en intensité et en durée le bruit d'inspiration.

EXAGÉRATION DU MURMURE RESPIRATOIRE.

SYNONYMIE : respiration forte; — exagérée ; — juvénile; — supplémentaire; — hypervésiculaire.

On désigne ainsi un murmure respiratoire d'une force, d'une intensité plus grande que dans l'état physiologique.

Tantôt le bruit, bien qu'exagéré, conserve d'ailleurs son caractère doux et moelleux, tantôt il est, en outre, un peu rude. — Dans le premier cas, l'inspiration seule, ordinairement, est un peu plus bruyante, et c'est alors que la respiration mérite vraiment le nom de *respiration juvénile* ou *hypervésiculaire;* dans le second, l'exagération porte à la fois sur les deux temps, ou même sur l'*expiration* principalement, et la modification a alors une signification pathologique plus prononcée. — Tantôt l'intensité exagérée du bruit respiratoire est *générale,* c'est-à-dire qu'elle occupe toute l'étendue des deux poumons ; tantôt, et plus souvent, elle est *partielle,* limitée à un seul poumon, ou même à une partie plus ou moins considérable d'un de ces organes, le murmure conservant son intensité normale ou pouvant être plus ou moins affaibli dans d'autres points. Dans ce dernier cas, la respiration est dite *supplémentaire*.

Signification pathologique. — *L'exagération générale du bruit respiratoire portant uniquement sur le premier temps, avec conservation de la douceur, du moelleux habituel*, en d'autres termes, *la respiration juvénile ou hypervésiculaire* n'est pas un phénomène pathologique. On l'observe normalement, dans toutes les espèces, sur un certain nombre d'animaux chez lesquels elle paraît dépendre de l'organisation particulière du poumon. Elle se produit toujours *après l'exercice*, et, en général, *après tous les actes qui ont eu pour conséquence d'imprimer momentanément à la respiration une activité plus grande*.

La *force exagérée et générale du bruit respiratoire portant à la fois sur les deux temps de la respiration, mais surtout sur le deuxième,* peut être également la conséquence d'une accélération physiologique de la fonction, comme on le remarque, par exemple, à la suite d'une course rapide ; mais c'est souvent aussi un phénomène vraiment pathologique, comme cela a lieu surtout dans cet état morbide si commun pendant l'été chez les chevaux qui font un service pénible à **des allures** rapides, et qu'on appelle le *coup de chaleur*, l'*anhématosie*. On remarque toutefois que, dans ce cas, ce n'est pas le bruit *vésiculaire*, mais bien le bruit *bronchique*, le *retentissement du bruit glottique* (BEAU), qui est exagéré.

S'il est quelquefois difficile de décider si la respiration forte, quand elle est générale, est, ou non, un phénomène pathologique, il n'en est pas de même de son augmentation partielle : il suffit de comparer entre elles les diverses régions du thorax, notamment les régions correspondantes à droite et à gauche, pour s'assurer s'il y a véritablement exagération du bruit physiologique dans un point donné.

L'intensité accrue du bruit respiratoire dans un point limité du thorax est toujours un phénomène pathologique. A la vérité ce phénomène n'a pas par lui-même une signification précise et nettement déterminée ; il signifie seulement que la partie du poumon où il est perçu fonctionne avec plus d'activité qu'à l'état normal ; mais il indique par cela même que quelque autre partie ne fonctionne plus ou fonctionne très-imparfaitement, et que la première *supplée* par un surcroît d'activité à l'inaction de la seconde. Il résulte de là que la respiration *supplémentaire* ne sert au diagnostic que d'une manière indirecte ; elle n'indique ni le siége ni la nature de la maladie dont l'organe pulmonaire peut être affecté. Mais elle indique *qu'il y a maladie;* elle met sur la trace de celle-ci, que d'autres symptômes plus positifs permettront de caractériser. — C'est ainsi que le murmure respiratoire est très-manifestement exagéré, — *dans la pleurésie* au-dessus du niveau du liquide épanché : — *dans la pneumonie*, au-dessus des points hépatisés ou congestionnés; — dans la *phthisie tuberculeuse*, au voisinage des parties envahies par les tubercules, etc., etc. Ce phénomène, bien constaté, a donc une réelle importance; il doit toujours éveiller l'attention du clinicien, et l'engager à explorer avec grand soin la cavité thoracique dans toute son étendue.

DIMINUTION DU MURMURE RESPIRATOIRE.

SYNONYMIE: respiration faible.

L'intensité ou la force du murmure respiratoire peut être plus ou moins diminuée, au point que, dans certains cas, il faut ausculter avec une grande attention pour percevoir le bruit d'expansion du tissu pulmonaire. — La diminution peut, du reste, être tantôt *générale*, tantôt plus ou moins *localisée;* — tantôt *permanente et fixe*, tantôt *passagère* et *mobile.*

La *faiblesse générale* de la respiration n'est

pas toujours pathologique ; on peut la constater quelquefois chez certains sujets dont les poumons sont parfaitement sains. Elle tient alors, soit à l'épaisseur des parois thoraciques, soit à une disposition particulière des organes respiratoires dont il est difficile d'indiquer la nature. Elle est permanente et se lie à une sonorité normale ou un peu diminuée de la poitrine à la percussion.

Le murmure respiratoire est également affaibli dans toute l'étendue de la poitrine dans le cas d'*emphysème vésiculaire généralisé du poumon*. Dans ce cas, il y a en même temps *augmentation de la sonorité normale* (v. PERCUSSION, p. 86 et 102) et irrégularité plus ou moins marquée des mouvements respiratoires, dont l'*expiration* surtout est généralement *entrecoupée, soubresautante* (v. PNÉOGRAPHIE). Presque toujours on constate en même temps, par l'auscultation, quelques bruits anormaux, notamment des *râles sibilants* plus ou moins forts.

Bien plus souvent la *diminution du murmure respiratoire* est *partielle*, limitée à un espace circonscrit d'un seul ou des deux poumons. C'est surtout dans les parties inférieures de la poitrine que l'on constate cette modification ; mais on peut la rencontrer aussi dans d'autres régions. Elle s'accompagne presque toujours d'une diminution de la sonorité dans les points correspondants, et, par contre, d'une exagération du bruit vésiculaire dans les autres parties du thorax.

Signification pathologique. — *Toutes les circonstances qui mettent obstacle à la libre pénétration de l'air dans les alvéoles pulmonaires entraînent comme conséquence une diminution proportionnelle du murmure respiratoire.* C'est ainsi que, dans l'**emphysème**, les cellules aériennes, dilatées outre mesure et destituées par ce fait de leur élasticité naturelle, ne peuvent plus suivre qu'imparfaitement les mouvements d'ampliation du thorax, n'admettent plus qu'une faible quantité d'air dans leur intérieur à chaque inspiration, et ne font plus entendre qu'un murmure respiratoire affaibli ; — c'est ainsi que, par une cause contraire, dans la **congestion** du poumon, les vésicules, comprimées par la turgescence des vaisseaux capillaires qui les enserrent, ne peuvent plus se dilater que d'une manière incomplète, et le même effet est produit. — De même, dans la **phthisie pulmonaire**, des granulations tuberculeuses développées en grand nombre dans un point circonscrit peuvent comprimer et mettre hors de service beaucoup de vésicules, et rendre en ce point le bruit vésiculaire moins fort. De même encore, dans la **pleurésie au début**, ce bruit sera moins nettement perçu, d'abord à cause du peu d'ampleur de l'inspiration, rendue douloureuse par l'inflammation pleurale, ensuite à cause de l'épanchement qui se produit bientôt et éloigne le poumon de la paroi thoracique. De même enfin, dans certains cas de **bronchite**, la présence dans une grosse bronche de mucosités abondantes peut rendre momentanément difficile l'accès de l'air dans les parties du poumon où cette bronche se distribue et y obscurcir plus ou moins le bruit respiratoire; etc., etc.

Diagnostic raisonné. — C'est par l'analyse exacte du phénomène, de ses caractères, de son siége, de son étendue, de sa constance ou de sa mobilité, ainsi que par la considération des circonstances accessoires et des symptômes concomitants, qu'on arrivera à donner à celui que nous étudions sa valeur et sa signification véritables. — Il ne faut pas oublier, en effet, que le phénomène acoustique n'est qu'un des éléments du problème, à la solution duquel toutes les méthodes d'investigation doivent concourir (BARTH et ROGER).

Ainsi, par exemple, la faiblesse du bruit respiratoire s'observe-t-elle chez un cheval dont la santé générale paraît bonne? coïncide-t-elle avec une sonorité exagérée des points correspondants du thorax? Il y a *emphysème pulmonaire.* — La constate-t-on, chez un animal de l'espèce bovine, dans les parties antérieures des deux poumons? coïncide-t-elle avec un affaiblissement marqué de la sonorité, avec une expiration rude et prolongée? Il y a *phthisie pulmonaire probable.* — La diminution du bruit vésiculaire se montre-t-elle comme symptôme d'une maladie aiguë, avec fièvre prononcée? Occupe-t-elle la partie inférieure et antérieure de la poitrine, avec matité ou submatité évidente en ce point, et respiration supplémentaire dans les régions supérieures? Il y a *pneumonie* ou *pleurésie* commençantes, qu'il faudra différencier par d'autres signes. — Que si l'affaiblissement du bruit respiratoire survient brusquement pendant le cours d'une maladie aiguë ou subaiguë, avec conservation de la résonnance normale ; si en outre cet affaiblissement est passager, et si le bruit vésiculaire se montre de nouveau avec sa force normale après une quinte de toux, on en conclura qu'on a affaire à un *catarrhe bronchique*, l'oblitération partielle et momentanée d'un rameau bronchique donnant lieu au symptôme observé.

Du reste, les maladies que nous venons de passer en revue ont encore bien d'autres symptômes stéthoscopiques, plessimétriques, pnéographiques et rationnels ; et nous répéterons que c'est par l'étude et la comparaison de tous ces symptômes, et non d'après un seul, quelle que puisse être d'ailleurs son importance, que le diagnostic différentiel doit être établi.

ABOLITION DU MURMURE RESPIRATOIRE.

Synonymie : absence du bruit respiratoire ; — silence ; — respiration nulle ou silencieuse.

Dans certaines maladies, le murmure vésiculaire peut être *complètement aboli* dans une étendue plus ou moins grande d'un seul ou des deux poumons. Parfois il est remplacé dans ces points par des bruits anormaux, râles ou souffles, dont nous ferons connaître plus loin les caractères et la signification ; d'autres fois rien ne le remplace : le *silence* est complet, absolu. Nous ne nous occuperons dans cet article que de ce dernier cas.

Signification. — L'absence du bruit vésiculaire indique toujours que, dans le point où ce signe est constaté, le poumon ne respire plus. Il résulte de là que cette absence ne peut jamais être générale ; car l'abolition totale de la respiration, c'est l'asphyxie, c'est-à-dire la mort.

Quant à l'abolition partielle, elle peut être le résultat de causes diverses : de l'obstruction d'une bronche d'un certain calibre, qui ne permet plus à l'air d'arriver jusqu'aux cellules pulmonaires ; — de l'oblitération de celles-ci par des produits morbides, ayant envahi le parenchyme ; — de la présence dans les plèvres d'autres produits morbides, — gaz, liquides, tumeurs solides, — qui prennent la place du poumon, le refoulent loin des parois costales, le compriment et empêchent ses fonctions.

Nombreuses et variées sont donc les maladies qui peuvent avoir ce résultat. Parmi les plus ordinaires et les plus importantes à connaître, nous citerons : la *pleurésie avec épanchement*, la *pneumonie lobaire à la période d'hépatisation*, la *phthisie pulmonaire*, le *pneumo-thorax*, certains cas de *bronchite*, les *corps étrangers dans les bronches*, certaines *tumeurs de la plèvre.*

1° La **pleurésie avec épanchement** est sans aucun doute la maladie dans laquelle la respiration silencieuse s'observe le plus souvent et de la manière la plus complète ; et cela est facile à comprendre : en même temps que le liquide épanché se rassemble dans les parties inférieures de la poitrine, il refoule vers le haut le poumon, qui surnage en vertu de sa légèreté spécifique ; l'absence de poumon dans les parties déclives explique le silence de la respiration, laquelle reparaît au-dessus du niveau du liquide avec les caractères de la respiration supplémentaire. — *Chez le cheval,* où les deux plèvres communiquent par les ouvertures dont est criblé le grand médiastin, le murmure vésiculaire disparaît en même temps, et jusqu'à la même hauteur, des deux côtés de la poitrine. *Chez tous les animaux,* la région silencieuse est séparée par une ligne horizontale de celle où la respiration continue à se faire entendre et cette dernière région se resserre peu à peu, à mesure que l'épanchement fait des progrès *et vice versâ. Chez les petits animaux,* il est possible, au début, en variant les attitudes qu'on leur donne, de faire varier les points où ne se fait plus entendre le bruit vésiculaire. *Chez tous,* enfin, la percussion donne un son absolument mat dans toute l'étendue de la région silencieuse. — Ajoutons que parfois on entend, au niveau supérieur de l'épanchement, un *souffle* plus ou moins pur, sur lequel nous reviendrons plus loin, mais que, dans la plupart des cas, ce souffle manque, et le silence est complet, absolu.

2° Dans la **pneumonie avec hépatisation**, les alvéoles pulmonaires, remplis par une exsudation fibrineuse qui ne tarde pas à se solidifier, sont devenus imperméables à l'air, et la respiration est nulle au niveau des points hépatisés. Ordinairement, à ce niveau, on observe un beau souffle tubaire ; mais il n'est cependant pas très-rare, dans la pneumonie du cheval, que ce souffle fasse défaut ou ne se montre que dans les grandes respirations. La même remarque a été faite chez l'homme, et « le plus ordinairement, alors, on a trouvé à l'autopsie l'altération anatomique désignée sous le nom de *splénisation*, c'est-à-dire un état de mollesse et de flaccidité qui fait ressembler le tissu pulmonaire à celui de la rate » (BARTH et ROGER). Nos observations personnelles, en ce qui regarde le cheval, s'accordent complètement avec celles des deux médecins précités.

3° Dans la **phthisie pulmonaire**, le développement des granulations tuberculeuses met nécessairement hors de service un grand nombre de vésicules et doit sans doute modifier la nature des bruits respiratoires ; toutefois, nos observations, en ce qui concerne l'espèce bovine, s'accordent pleinement avec cette assertion de SKODA, que « des tubercules *isolés*, quelque abondants qu'ils puissent être, ne s'opposent pas *nécessairement* à la production du bruit vésiculaire. » Mais on conçoit que, lorsqu'il existe de grosses masses tuberculeuses crues ou crétacées, — et l'on en trouve encore assez souvent chez les vieilles vaches phthisiques, dont les dimensions atteignent celles d'un pain de deux livres, — la respiration doit nécessairement être nulle, à leur niveau, et c'est en effet ce que nous avons constaté.

4° Dans certaines **bronchites catarrhales**, où la sécrétion muqueuse est à la fois très-abondante et très-tenace, et l'expectoration difficile, il peut se faire que les produits de sécrétion s'accumulent dans une bronche d'un assez gros calibre, au point de la boucher complètement, et d'intercepter l'accès de l'air dans toutes les vésicules qui sont sous la dépendance de la bronche obstruée. De là l'abolition du murmure respiratoire dans le territoire pulmonaire correspondant. Mais cette abolition n'est que momentanée; une quinte de toux, en expulsant les mucosités, désobstrue la bronche, permet à l'air d'arriver jusqu'aux vésicules, et le murmure reparaît. De plus, comme les vésicules, momentanément inactives, contiennent cependant de l'air, la percussion donne un son clair, même dans les points où la respiration est actuellement silencieuse.

5° Quelquefois, des **corps étrangers** peuvent accidentellement tomber dans la trachée et de là dans une bronche, qu'ils oblitèrent plus ou moins complètement. Il en résulte encore l'abo-

lition du bruit respiratoire dans tout le territoire du poumon auquel se distribue la bronche
obstruée. Le silence peut être complet et permanent, si le corps étranger, enchatonné dans
le point qu'il occupe, ne jouit d'aucune mobilité ; il sera au contraire temporaire et mobile
si le corps peut être déplacé par les efforts de
la respiration et de la toux. Dans l'un et l'autre
cas, et pour la même raison que ci-dessus, la
percussion donnera une sonorité normale au
niveau des parties silencieuses.

6° La présence de gaz dans la cavité pleurale,
soit qu'ils proviennent du dehors, par une plaie
de la poitrine, ou de l'intérieur du poumon,
par une fistule de cet organe, soit qu'ils aient
été fournis directement par la plèvre malade,
— en d'autres termes le **pneumo-thorax**, quelle
qu'en soit la cause, — a pour conséquence
l'affaissement du poumon et son éloignement
des parois thoraciques en proportion directe
avec la tension élastique des gaz répandus
dans la cavité séreuse. De là, une gêne de la
respiration et un affaiblissement du bruit vésiculaire, qui peut aller jusqu'au *silence absolu*.
Mais, dans tous les cas, la sonorité de la poitrine, bien loin d'être diminuée, est notablement
augmentée, et le son peut prendre parfois, mais
non toujours, un caractère plus ou moins ma-

nifestement tympanique (v. PERCUSSION). Du reste, le *pneumo-thorax* est fort rare chez nos animaux domestiques.

7° Des **néoplasies** variées, — fibrômes, sarcômes, carcinômes, mélanoses, masses tuberculeuses, — peuvent se développer sur la plèvre, prendre un accroissement assez considérable pour refouler le poumon loin des parois costales, et abolir la respiration, en même temps qu'elles donnent lieu à une matité absolue dans le point correspondant. Ces tumeurs de la plèvre sont très-rares chez les animaux ; nous en avons cependant rencontré un bel exemple chez le chien ; mais nous avouons aussi avoir commis, à cette occasion, une erreur de diagnostic : l'absence complète de tout bruit respiratoire et la matité absolue nous firent diagnostiquer une pleurésie chronique avec vaste épanchement occupant tout le côté gauche de la poitrine ; l'autopsie démontra qu'il n'y avait pas une goutte de liquide, mais que ce côté de la cavité thoracique était exactement rempli par d'énormes tumeurs cancéreuses, et que le poumon correspondant, refoulé vers la gouttière vertébrale, était réduit à une sorte de moignon du volume du poing à peu près, absolument imperméable et destitué de toute fonction physiologique. — L'erreur de diagnostic

nous paraît assez difficile à éviter en pareil cas ;
heureusement ces cas sont rares, ainsi que
nous l'avons **dit** plus haut, et l'erreur, si on la
commet, ne peut pas avoir de conséquences
bien fâcheuses. Cependant, elle pourrait conduire peut-être à tenter une opération (thoracentèse) pour le moins inutile. Il est donc bon
de faire tout son possible pour l'éviter, en prenant en considération les autres symptômes
concomitants, la marche de la maladie, etc.

8° Enfin, il ne serait pas impossible que des
tumeurs développées dans le médiastin et en-
globant dans leur épaisseur les nerfs pneumogastriques produisissent l'abolition plus ou
moins complète du murmure respiratoire, par
suite de la compression exercée sur ces nerfs.
Ce qui nous le fait supposer, c'est l'expérience
de MM. BONDET et CHAUVEAU dont nous avons
parlé plus haut (voyez expérience V, p. 167), et
dans laquelle on voit le bruit vésiculaire cesser
complètement à la suite de la section de ces
deux nerfs. Mais ce cas doit être rare, et nous
avouons n'avoir jusqu'ici aucun moyen de le
diagnostiquer, s'il venait à s'offrir à notre observation.

Telles sont les maladies les plus ordinaires
qui peuvent donner lieu à l'abolition complète
du murmure naturel de la respiration.

RESPIRATION RUDE.

SYNONYMIE : Respiration dure ; — respiration râpeuse ; — respiration bronchique forte.

Dans certaines circonstances, le bruit respiratoire acquiert un caractère remarquable de sécheresse et de rudesse, comparable jusqu'à un certain point au bruit que fait la lime ou même la râpe qui mord le bois. La *respiration rude* présente d'ailleurs un certain nombre de nuances, qui la relient, d'une part à la respiration juvénile, d'autre part au souffle tubaire, tout en conservant, dans les nuances moyennes, une physionomie qui lui est propre.

C'est ordinairement l'*expiration* qui présente cette rudesse ; cependant on l'observe assez souvent dans les deux temps de la respiration ; et même, dans quelques cas, d'ailleurs assez rares, c'est l'inspiration seule qui offre ce caractère. On constate alors qu'elle a un timbre un peu soufflant qu'elle ne possède pas dans les circonstances ordinaire. Ceci indique clairement que la *respiration rude* est une modification du bruit supérieur ou laryngien, et non du bruit inférieur, du véritable murmure vésiculaire ; aussi lui donne-t-on encore quelquefois le nom de *respiration bronchique forte*.

Elle peut être perçue parfois dans toute
l'étendue de la cage thoracique ; mais bien plus
souvent elle est localisée. Son *maximum d'intensité* existe en général en arrière de l'épaule,
un peu au-dessus du coude, à peu près vers le
milieu de la hauteur de la poitrine, c'est-à-dire
au niveau des grosses divisions bronchiques.
— Le bruit respiratoire est encore plus fort et
plus rude à la base de l'encolure, au point où
la trachée pénètre dans le thorax, point qu'il
ne faut pas négliger d'ausculter quand on procède à un examen méthodique et général de la
cavité pectorale.

Signification. — C'est dans le larynx, nous
le savons, que se produit le bruit dit *bronchique;*
c'est donc en cet endroit que prend naissance
la *respiration rude*, qui n'est, ainsi que nous
venons de le dire, qu'une modification du bruit
supérieur. Aussi, toutes les circonstances capables de rendre plus difficile le passage de l'air
à travers la glotte peuvent-elles donner lieu à
ce mode de respiration. Il n'en est pas moins
vrai que l'état particulier des canaux dans lesquels ce bruit retentit peut aussi influer sur ses
qualités. Si donc, comme cela est incontestable, la rudesse de la respiration peut être un
symptôme d'une maladie ayant son siége au
larynx, il n'est pas moins vrai qu'elle peut aussi

dépendre d'affections diverses siégeant dans les parties inférieures des voies respiratoires et dans le poumon lui-même. Parmi ces dernières, nous citerons particulièrement la *congestion pulmonaire*, la *bronchite*, la *pneumonie*, la *pleurésie*, la *phthisie tuberculeuse* et l'*emphysème pulmonaire*.

1° Nous avons vu plus haut que dans cette *congestion pulmonaire* qui porte chez le cheval le nom de *coup de chaleur* ou **anhématosie**, on entendait dans toute la poitrine une *respiration forte*, souvent très-bruyante ; mais, par une étude attentive, on peut aisément se convaincre que cette respiration n'est pas *vésiculaire ;* que celle-ci est, au contraire très-faible, souvent difficile à percevoir ; que le bruit perçu, manifestement *soufflant*, est exclusivement *bronchique*. Aussi, bien que dans ce cas la rudesse ne soit pas en général très-prononcée, est-ce au type *rude* que nous rattachons ce mode de respiration, dans lequel on notera, comme symptômes concomitants, une énorme dilatation des naseaux, une accélération considérable des mouvements du flanc et une diminution notable de la résonnance thoracique.

2° La **bronchite aiguë** à sa période d'augment nous paraît être, de toutes les maladies, celle dans laquelle la *respiration rude* existe le plus constamment et au plus haut degré. Cela est dù sans doute, d'une part à la congestion de la muqueuse, qui rétrécit les canaux bronchiques et rend moins facile la circulation de l'air ; d'autre part, à la sécheresse et peut-être au dépoli des surfaces de ces canaux, ce qui doit modifier le timbre des bruits qui se propagent dans leur intérieur. Toujours est-il qu'à une période plus avancée de la maladie, quand les bronches s'humectent et que la toux devient grasse, la respiration devient moins rude, en même temps qu'apparaissent d'autres symptômes, des *râles* muqueux, ronflants ou sibilants, plus caractéristiques.

3° Il n'est pas rare de constater, *au début de la* **pneumonie** chez le cheval, comme signes stéthoscopiques exclusifs, en même temps qu'un grand affaiblissement du bruit vésiculaire, une rudesse prononcée du bruit bronchique, aussi bien dans l'inspiration que dans l'expiration. Si alors il n'existe ni *jetage rouillé*, ni *plainte* à l'orifice des naseaux, ce qui arrive quelquefois, on peut se trouver assez embarrassé pour décider immédiatement si c'est à une pneumonie ou à une bronchite qu'on a affaire ; d'autant plus que c'est ordinairement la pneumonie catarrhale, celle qui commence par les petites bronches pour se propager ensuite au tissu pulmonaire, qui débute ainsi. L'erreur, du reste, en supposant qu'on la commette, n'est ni bien considérable, ni de bien longue durée, la marche de la maladie ne tardant pas, en général, à éclairer le diagnostic.

4° La *respiration rude* se montre encore dans la **pneumonie** *à la période de résolution*. Elle succède alors au souffle tubaire, et disparaît elle-même peu à peu, à mesure que sont résorbés les produits inflammatoires qui encombraient le poumon, pour faire place à la respiration normale.

5° Dans la **pleurésie** déjà un peu ancienne, au huitième ou douzième jour tout au moins, on peut entendre, au niveau supérieur de l'épanchement, tantôt une respiration simplement supplémentaire, tantôt une respiration plus ou moins *rude*, tantôt un véritable souffle. — La rudesse du murmure respiratoire n'a pas, d'ailleurs, une bien grande importance, soit pour le diagnostic, soit pour le pronostic, dans cette maladie.

6° Il n'en est pas de même, au dire des médecins, pour ce qui concerne la **phthisie tuberculeuse.** « *La respiration rude*, disent MM. BARTH et ROGER, lorsqu'elle existe depuis un temps assez long comme phénomène prédominant, doit faire penser à la phthisie pulmonaire commençante ; et, quand elle est bornée au sommet de la poitrine d'un côté seulement, *elle est l'indice presque certain* de tubercules à l'état de crudité. » Nous ne mettons pas en doute cette assertion de deux médecins aussi compétents ; nous dirons seulement qu'il nous paraît bien difficile d'accorder à ce signe une si grande valeur diagnostique chez nos animaux domestiques, et notamment chez le bœuf, où la phthisie est si commune. Nous sommes bien loin, toutefois, de lui refuser toute importance ; nous croyons, au contraire, qu'il doit toujours être pris en sérieuse considération. Le diagnostic de la phthisie au début est entouré de si grandes difficultés qu'il ne faut négliger aucun des signes qui peuvent l'éclairer ; et la *rudesse bien caractérisée et persistante de la respiration, localisée dans les lobes antérieurs des poumons*, est certainement un de ces signes.

7° Ce même signe existe quelquefois dans l'**emphysème vésiculaire**, pour le moins aussi commun chez le cheval que la phthisie chez le bœuf. Mais il s'en faut bien que ce soit un phénomène constant ; et comme, lorsqu'il existe, il dépend plutôt, de l'avis de tous les auteurs, de la bronchite concomitante que de l'emphysème lui-même ; comme il y a, pour le diagnostic, des signes plus constants et plus sûrs que la *rudesse du murmure respiratoire*, nous n'attachons pas, en définitive, une grande importance à ce symptôme.

EXPIRATION PROLONGÉE.

Nous avons vu que, dans l'état de santé, l'inspiration produit seule, chez le cheval, un murmure perceptible, et que, chez les autres animaux, le bruit d'expiration est toujours plus faible, et surtout beaucoup plus bref que celui d'inspiration. Dans certaines maladies, les choses se passent autrement : le *bruit expiratoire augmente en force et en durée au point d'égaler et même de surpasser, sous ce double rapport, le bruit inspiratoire*. Tel est le phénomène auquel on donne le nom d'*expiration prolongée*.

C'est au docteur JACKSON, de Boston, que l'on doit la connaissance de ce signe stéthoscopique, qui avait échappé à l'attention de LAENNEC. « Dans l'état naturel, dit-il, quand le tissu pulmonaire conserve sa souplesse et sa perméabilité normales, le bruit respiratoire se compose à la fois de celui qui est causé par le passage de l'air dans les bronches (nous savons qu'il faudrait dire dans le larynx) et par son entrée dans les vésicules pulmonaires ; et, comme ce dernier prédomine, il est seul entendu. Mais du moment où l'infiltration tuberculeuse commence, les vésicules deviennent chaque jour plus rares ; l'expansion vésiculaire diminue, et le bruit que l'air fait en traversant les bronches restant le même, il domine tous les jours davantage et finit par être seul perçu. »

Signification. — On voit, après cela, qu'il y a, entre ce signe stéthoscopique et celui qui précède, de nombreux points de contact ; aussi se produit-il à peu près dans les mêmes circonstances et a-t-il presque la même signification. Il est cependant deux maladies, l'*emphysème* et la *phthisie pulmonaire*, pour le diagnostic desquels les médecins s'accordent à lui reconnaître une valeur spéciale.

« C'est surtout dans certains cas d'emphysème et de phthisie pulmonaire à la première période, disent MM. BARTH et ROGER, que l'*expiration prolongée* se montre d'une manière permanente. — Les détails consignés dans d'autres chapitres nous dispensent d'insister sur le diagnostic différentiel de ces deux affections ; contentons-nous de rappeler que, dans l'**emphysème**, l'expiration prolongée est presque toujours perçue dans une grande étendue de la poitrine et des deux côtés ; qu'elle est fréquemment accompagnée d'un rhunchus sibilant et d'un sifflement de la respiration entendu à distance, et que l'altération de la respiration porte plutôt sur la durée que sur le timbre. Dans les **tubercules,** au contraire, l'expiration prolongée est surtout remarquable par sa rudesse et son ton peu élevé ; il n'y a coïncidence ni de sifflement à distance, ni de râle sonore dans la poitrine, et enfin le phénomène morbide reste, pendant un certain temps, borné au sommet du thorax.

« On peut dire, comme conclusion, que l'*expiration prolongée* est l'indice de deux maladies seulement : l'**emphysème pulmonaire** ou les **tubercules** *à la période de crudité ;* et comme ce phénomène, quand il dépend de l'emphysème du poumon, coïncide avec d'autres signes stéthoscopiques, il en résulte que, s'il existe seul et s'il a un caractère de rudesse, *il devra faire soupçonner une phthisie pulmonaire au premier degré*. Il en sera l'*indice presque certain* s'il est perçu d'une manière évidente au sommet de la poitrine seulement. Dans certains cas, l'expiration prolongée est le premier ou le seul signe physique de la tuberculisation, et elle offre alors une précieuse ressource pour le diagnostic » (BARTH et ROGER, *Traité pratique d'auscultation*, 8ᵉ édition).

Ce signe n'a pas été suffisamment étudié en médecine vétérinaire, ni par nos prédécesseurs, ni par nous-même, pour qu'il nous soit possible de dire s'il possède, chez nos animaux, particulièrement pour le diagnostic de la phthisie chez le bœuf, la grande valeur que lui reconnaissent les médecins. Nous n'ajouterons donc rien à ce qui précède, nous bornant, pour le moment, à appeler sur ce phénomène stéthoscopique, un peu trop négligé, la sérieuse attention de ceux de nos confrères qui sont en bonne position pour l'étudier et le mettre à profit.

DES RALES.

On désigne, en auscultation, depuis LAENNEC, sous le nom de *râles*, « tous les bruits contre nature que le passage de l'air, pendant l'acte respiratoire, peut produire, soit en traversant des liquides qui se trouvent dans les bronches ou dans le tissu pulmonaire, soit à raison d'un rétrécissement partiel des conduits aériens. »

Cette définition n'offre peut-être pas toute la rigueur désirable ; nous la conserverons cependant, faute d'une meilleure, et nous nous attacherons à faire connaître les caractères de ces bruits avec assez de précision pour que ceux qui les connaissent déjà puissent aisément les reconnaître, et pour faciliter leur étude à ceux qui ne les connaissent pas encore.

Les **râles**, ceux du moins qui ont des caractères différentiels bien marqués et une signification pathologique bien précise, sont d'ailleurs assez peu nombreux pour qu'on

12.

puisse se dispenser de les classer, de les distribuer en catégories, qui multiplient les détails, sans ajouter beaucoup à la facilité de l'étude. Disons seulement qu'en tenant compte de leur mode de production, on a pu les diviser en deux groupes : les **râles bulleux**, formés par le passage de l'air à travers un liquide plus ou moins visqueux et constitués par des bulles gazeuses plus ou moins volumineuses et plus ou moins nombreuses qui éclatent sous l'oreille de l'observateur, et les **râles sonores** ou **musicaux**, formés par des vibrations de l'air dans les tuyaux aériens et produisant un *son* plus ou moins grave ou aigu. — Tous ces râles sont au nombre de cinq : *râles crépitant,* — *muqueux,* — *caverneux,* — *ronflant,* — *sibilant,* — que nous allons étudier dans cet ordre.

RALE CRÉPITANT.

Synonymie : — Râle vésiculaire ; — crépitation pulmonaire.

Caractères. — Le *râle crépitant* donne la sensation de bulles très-fines, très-nombreuses, toutes égales, qui se crèvent successivement sous l'oreille de l'auscultateur. Laennec le comparait au bruit que fait une pincée de sel finement pulvérisé que l'on jette sur un charbon ardent ou sur un morceau de fer rougi au feu, et cette comparaison est assez juste. On peut aussi en prendre une assez bonne idée en froissant entre ses doigts une mèche de cheveux près du conduit auditif ; cependant, chez le cheval, les bulles sont en général un peu plus grosses et un peu moins sèches.

Ce râle ne se fait entendre *que dans l'inspiration* exclusivement. Son siége anatomique est évidemment l'intérieur même des vésicules pulmonaires. Il est produit par le passage de l'air dans ces vésicules lorsqu'elles « contiennent un liquide à peu près aussi ténu que l'eau, et qui n'empêche pas le fluide atmosphérique d'y pénétrer » (LAENNEC). Il est *fixe*, c'est-à-dire qu'il ne se déplace pas après les efforts de la toux, qu'il persiste dans le point qu'il occupe tant que durent les conditions pathologiques auxquelles se lie sa production. Il est à peu près *permanent*, du moins chez le chien ; c'est-à-dire qu'on l'entend *dans toutes les inspirations*, et, nous le répétons, toujours dans le même endroit, jusqu'à ce qu'il disparaisse d'une manière définitive pour faire place à d'autres bruits. — Il n'en est pas tout à fait de même chez le cheval : dans cette espèce, il arrive souvent qu'on ne l'entend pas dans les inspirations ordinaires ; pour obtenir sa manifestation, il faut empêcher l'animal de respirer pendant un instant, ou bien le faire tousser. Généralement alors, dans les grandes inspirations qui succèdent à la toux, ou que détermine le besoin impérieux de respirer provoqué par l'occlusion des naseaux, on le perçoit avec une ampleur, une abondance et une netteté remarquables. Ici encore, il est *fixe*, c'est-à-dire qu'à une deuxième, à une troisième exploration, on le retrouvera dans les mêmes points où une première fois on avait constaté sa présence.

A ces caractères, il est facile de distinguer le *râle crépitant* des autres bruits anormaux avec lesquels on pourrait le confondre ; on le reconnaîtra bien mieux encore quand on l'aura entendu une fois ; aussi répéterons-nous, ce que nous avons déjà dit en d'autres termes, que l'auscultation doit s'apprendre surtout auprès des malades, autant que possible sous la direction d'un maître exercé.

Signification. — « Cette espèce de râle, dit LAENNEC, est une des plus importantes à connaître ; il est le signe pathognomonique de la **péripneumonie** *au premier degré ;* il cesse de se faire entendre dès que le poumon a acquis une dureté hépatique, et reparaît lorsque la résolution se fait. » — Tous les auteurs qui se sont occupés d'auscultation ont adopté cette signification donnée au râle crépitant par l'illustre médecin français ; tous, à l'exception de SKODA.

« Pour moi, dit le médecin de Vienne, je considère le râle crépitant de LAENNEC, le râle à bulles fines et égales, comme indiquant à la fois la présence de liquides dans les petits tuyaux bronchiques et dans les cellules aériennes ; mais il ne nous fournit aucun renseignement sur l'espèce particulière de maladie qui a donné lieu à cette production de liquide. »

Il est bien vrai, *en principe*, que la crépitation pulmonaire n'indique pas autre chose que la présence d'un liquide dans les alvéoles du poumon (mais non dans les petites bronches, comme le dit SKODA) ; il est également vrai que la *congestion*, l'œdème et l'*apoplexie* du poumon peuvent *quelquefois*, comme LAENNEC lui-même l'avait reconnu le premier, donner lieu à cet épanchement d'un « liquide presque aussi ténu que l'eau » dans l'intérieur des alvéoles, et, par suite, à la production d'un râle crépitant ; mais il n'est pas moins certain que ces lésions sont extrêmement rares chez l'homme, comparées à la fréquence de la pneumonie, et plus rares encore chez les animaux. En sorte que, *en fait*, le râle crépitant reste bien réellement, quand il est bien caractérisé, « le signe presque pathognomonique de la **pneumonie** (BARTH et ROGER, ARAN, etc.).

M. SKODA nous paraît plus près de la vérité lorsqu'il ajoute : « Je n'ai pas rencontré cons-

tamment cette crépitation dans la pneumonie. »
Il est certain que, chez le cheval tout au moins,
les pneumonies dans lesquelles on ne constate
de râle crépitant à aucune de leurs périodes
ne sont pas très-rares. — Donc, de l'absence
de ce râle, on ne serait pas autorisé à conclure
à la non-existence de la pneumonie ; mais par
contre, *si l'on constate chez un animal, quel qu'il
soit, une crépitation bien nette,* vu l'extrême rareté
des autres maladies où ce phénomène peut être
constaté, *on pourra affirmer sans crainte d'erreur
qu'il y a chez cet animal une inflammation aiguë du
poumon.*

Ce signe caractérise d'ailleurs deux périodes
distinctes de cette maladie : *le début* et *la période de résolution.*

Au début, alors qu'il y a seulement *congestion,*
il existe déjà un peu de sérosité dans les alvéoles ; mais ceux-ci ne sont pas encore solidifiés par l'organisation inflammatoire ; l'air y
pénètre encore en traversant ce liquide ténu
dont parle LAENNEC : de là le bruit particulier
que nous étudions. — Comme symptômes concomitants, signalons, indépendamment de l'*état
fébrile* généralement élevé, la *plainte* que l'animal fait entendre pendant l'expiration, et le
jetage rouillé plus ou moins abondant qui s'écoule par les naseaux. — Cette crépitation du
début de la pneumonie est en général de courte

durée chez le cheval : deux jours, un jour, quelquefois moins de douze heures. Puis elle disparaît et fait place au *souffle tubaire*, indiquant que la maladie passe à la période d'*hépatisation*.

Au déclin, quand l'inflammation se *résout*, que les produits inflammatoires se liquéfient et se résorbent, que les cellules pulmonaires, longtemps obstruées par ces produits, redeviennent perméables à l'air, celui-ci, en pénétrant dans leur intérieur, y rencontre des liquides qu'il agite ; de là la production du même râle, auquel, en raison de l'époque de son apparition, ou mieux de sa *réapparition*, on donne le nom de *râle crépitant de retour, — rhunchus crepitans redux. — Sa présence est un signe certain* que la maladie entre dans sa phase décroissante, et bientôt on en est assuré par la décroissance de la température fébrile et la diminution de fréquence du pouls qui, en général, devient en même temps un peu mou. Il persiste souvent un peu plus longtemps qu'au début de la maladie. D'abord mêlé au souffle tubaire ou alternant avec lui, il le remplace bientôt tout à fait, et finit lui-même par disparaître pour faire place à la respiration vésiculaire, laquelle offre d'abord un caractère de rudesse assez prononcé qui s'efface graduellement.

RÂLE MUQUEUX.

SYNONYMIE: — Râle sous-crépitant; — Râle bronchique humide.

Caractères. — Le *râle muqueux* est un bruit anormal dont on peut avoir une idée assez exacte en le comparant au bruit que l'on fait en soufflant avec un chalumeau dans un liquide doué d'une certaine viscosité, un liquide albumineux, une solution un peu concentrée de mucilage par exemple. Il est formé par des bulles plus ou moins volumineuses, « les unes de la grosseur d'une aveline, les autres de celle d'un noyau de cerise ou même d'un grain de chènevis (LAENNEC) ; » mais toujours plus grosses, moins nombreuses, plus humides, et surtout beaucoup moins égales entre elles, que celles du râle crépitant.

Ce râle se fait entendre à peu près indifféremment *dans les deux temps de la respiration*, tantôt de préférence dans l'inspiration, tantôt plutôt dans l'expiration, mais jamais dans l'inspiration exclusivement. Il peut être ausculté sur une vaste surface, quelquefois dans toute l'étendue de la poitrine, surtout chez le chien. Chez le cheval, il a presque toujours son maximum d'intensité à la base de l'encolure, au niveau des grosses divisions bronchiques.

Ce bruit se produit évidemment *dans les bron-*

ches; il est dû au passage de l'air à travers les mucosités ou autres liquides qui se trouvent accumulés dans ces conduits. — Il est quelquefois assez fort pour pouvoir être entendu à distance.

Il n'est ni *fixe* ni *permanent;* c'est-à-dire qu'il se déplace facilement de manière à être perçu dans un court espace de temps dans des points différents, quelquefois fort éloignés ; qu'il peut cesser de se faire entendre pendant un certain temps, pour se montrer ensuite, soit dans le même endroit, soit sur d'autres points, avec les mêmes caractères ou avec des caractères un peu différents. Il alterne ainsi, tantôt avec le bruit vésiculaire presque pur ou plus ou moins rude, tantôt avec d'autres râles, particulièrement avec les râles ronflant et sibilant. Ces variations, ces alternatives, peuvent se produire spontanément, mais bien plus souvent elles ont lieu à la suite d'une quinte de *toux* qui, en déplaçant ou expulsant les mucosités bronchiques, fait disparaître momentanément ou varier quant à leur siége les conditions physiques de la production du râle.

Le *râle muqueux* peut être plus ou moins *abondant* suivant la quantité des bulles qui se forment dans un temps donné, quantité que l'oreille apprécie très-exactement. « Tantôt, en effet, comme le dit très-bien LAENNEC, l'espace du tissu pulmonaire correspondant à celui que couvre le stéthoscope, — ou l'oreille, — paraît plein de bulles qui se touchent; tantôt, au contraire, on n'entend que quelques bulles çà et là, éloignées les unes des autres par des espaces dans lesquels la respiration se fait sans mélange de râles ou ne se fait pas du tout, suivant la nature de l'affection pulmonaire existante. »

L'oreille n'apprécie pas moins bien la *consistance du liquide* déplacé par l'air, et le *volume des bulles* auxquelles ce déplacement donne lieu. — A ce dernier point de vue, le râle muqueux peut être *à grosses, à moyennes* ou *à petites bulles,* ou, comme on dit encore, *gros, moyen, fin.* Ses qualités, sous ce rapport, dépendent en très-grande partie des dimensions des tuyaux bronchiques où il se forme. — Nous devons nous arrêter un instant sur chacune de ces variétés.

Râle muqueux à petites bulles; — râle sous-crépitant fin (BARTH et ROGER). — Le râle muqueux à petites bulles a son siége dans les bronches d'un petit calibre, — capillaires ou presque capillaires. — Il pourrait être facilement confondu avec le râle crépitant, dont les bulles sont pourtant plus fines, plus égales, moins humides, « et frémissent plutôt qu'elles ne bouillonnent à la surface d'un liquide (LAENNEC). » Il y a en outre entre les deux ces différences importantes : que le *râle muqueux fin* se fait entendre dans les deux temps de la respiration, quoique généralement avec plus d'abondance dans l'inspiration ; qu'il s'accompagne très-souvent du râle sibilant, et enfin qu'il peut être ausculté sur une plus grande surface que le râle crépitant. Toutefois, le diagnostic entre ces deux râles peut être dans certains cas difficile ; mais alors l'erreur commise ne serait ni bien grande, ni bien grave : l'inflammation se propageant presque toujours, en pareil cas, des fines bronches aux alvéoles pulmonaires.

Râle muqueux à bulles moyennes ; — râle sous-crépitant moyen (BARTH et ROGER). — Ce râle se produit dans les bronches intermédiaires ; il est formé de bulles inégales, dont la grosseur semble varier entre celle d'un noyau de cerise et celle d'un petit pois. Il offre d'ailleurs tous les caractères que nous avons indiqués dans la description générale, et est si bien caractérisé qu'il semble difficile de le confondre avec aucun autre ; aussi, ne nous y arrêterons-nous pas davantage.

Râle muqueux à grosses bulles ; — râle gros sous-crépitant (BARTH et ROGER). — Celui-ci

se passe dans les grosses bronches et la trachée. Les bulles qui le constituent, toujours
volumineuses, de la grosseur d'une aveline à
celle d'une noix ou davantage, sont plus ou
moins nombreuses et plus ou moins *visqueuses;*
elles donnent parfois très-exactement à l'oreille
la sensation d'un liquide épais, presque pâteux,
qui *barbotte sur l'âtre;* d'autres fois, celle d'un
liquide clair en ébullition.

Déjà LAENNEC avait signalé la ressemblance
de ce râle avec le râle caverneux, dont il ne
diffère qu'en ce que le dernier « est plus gros
et se fait dans un espace circonscrit, où la toux
et la respiration caverneuses se font ordinairement entendre aussi. » SKODA a insisté davantage sur cette ressemblance; il nie même la
valeur des caractères différentiels indiqués par
LAENNEC : « La limitation d'un râle à un espace
circonscrit est, dit-il, un signe très-incertain.
Si des excavations occupaient la totalité du
poumon, comment reconnaîtrait-on le caractère caverneux? et comment distinguer les
râles abondants qui se développent quelquefois
dans des tuyaux bronchiques larges et superficiels d'avec les râles caverneux? » Il est certain
que la distinction de ces deux espèces de bruits
anormaux est parfois assez difficile pour que
l'oreille la plus exercée puisse s'y tromper;
cependant elle est possible le plus souvent, et

nous croyons devoir, à l'exemple de tous les auteurs français, conserver le râle caverneux de LAENNEC, au moins à titre de variété des râles bulleux. Nous reviendrons ci-après sur cette importante question.

Signification. — Compris comme nous l'avons fait dans tout cet article, le râle muqueux indique la présence dans les bronches d'un liquide que l'air peut agiter en traversant ces conduits. Le nombre des bulles est en rapport avec l'abondance du liquide ; leur timbre avec sa consistance ou sa viscosité ; leur volume avec celui des canaux où elles se forment : le râle à grosses bulles se produisant dans les grosses bronches et la trachée, le râle muqueux moyen dans les bronches moyennes, le râle sous-crépitant fin dans les bronches capillaires ou presque capillaires. Mais le râle par lui-même n'apprend rien sur la nature ni sur l'origine du liquide qui lui donne naissance; ce peut être du mucus, du sang, du pus, de la matière tuberculeuse ramollie, etc. Aussi, un assez grand nombre de maladies différentes peuvent-elles, en principe, donner lieu aux diverses variétés de ce phénomène stéthoscopique. Parmi ces maladies, nous citerons : la *bronchite aiguë* et *chronique*, l'*hémoptysie*, certaines formes de *congestion* et d'*apoplexie pulmonaires*, certains cas de *dilatation bronchique*.

Mais comme ces trois dernières maladies sont extrêmement rares chez nos animaux domestiques, il en résulte que le *râle muqueux* est, en fait, le symptôme presque pathognomonique de la *bronchite* aiguë ou chronique.

Dans la **bronchite aiguë**, ce symptôme n'apparaît pas dès le début de la maladie. A ce moment, la sécrétion de la muqueuse est tarie, les surfaces sont sèches ; c'est la respiration rude et quelquefois les râles ronflants ou sibilants que l'on rencontre. — Plus tard, à la *période d'état*, quand la toux devient grasse, que les surfaces s'humectent par la sécrétion du mucus devenue plus abondante, les conditions physiques de la formation de bulles plus ou moins grosses par le passage de l'air à travers ces mucosités existent, et le râle se produit. Il persiste dès lors, alternant avec les râles sonores, jusqu'à la guérison.

D'après son extension et l'abondance des bulles, on peut juger, — non avec une rigueur mathématique, mais assez approximativement, — de l'extension de la phlegmasie ; de même que d'après le volume des bulles on peut apprécier son siége, dans les grosses, les moyennes et les petites bronches. — *Chez le cheval*, la *bronchite capillaire* est relativement rare ; presque toujours, quand elle existe, elle se propage aux alvéoles du poumon, et se complique de pneumonie(pneumonie catarrhale, quelquefois pneumonie lobulaire); aussi, n'est-il pas très-commun de trouver, chez lui, le râle *sous-crépitant fin;* ou bien, lorsqu'il existe, il n'est pas facile de le distinguer du râle crépitant légitime ; mais, comme nous le disions plus haut, l'erreur dans ce cas n'a pas une bien grande importance, puisque les deux maladies confinent l'une à l'autre, comme les symptômes par lesquels elles s'expriment. — *Chez le chien*, au contraire, la *bronchite capillaire* est fréquente, et non toujours facile à différencier de la pneumonie, dont elle a presque tous les symptômes rationnels et beaucoup de signes stéthoscopiques. Cependant, elle s'en distingue le plus souvent par l'abondance des râles, — *muqueux moyen, muqueux fin, sibilant, ronflant, piaulement,* — qui peuvent exister simultanément, ou bien se succéder, se remplacer alternativement ; par l'extension considérable de ces râles, qui peuvent envahir la cage thoracique tout entière, et enfin par la persistance de la sonorité normale à la percussion. Nous ne donnerons point le *silence* et le *souffle tubaire* comme des signes différentiels absolus de ces deux maladies ; car le *silence* peut être, dans la *bronchite capillaire*, le résultat de l'obstruction d'une bronche par un bouchon de mucus, — et le *souffle*, quelle que soit la manière dont on interprète son mécanisme, peut exister *quel-quefois* dans cette même maladie. Cependant, le *silence* n'est que momentané ; une quinte de toux fait reparaître le bruit vésiculaire ; et quant au *souffle*, il est toujours plus faible, moins pur, moins nettement *tubaire* que dans la pneumonie. D'ailleurs, il reste cette considération importante *de la sonorité thoracique conservée, même dans les régions silencieuses ou soufflantes*. Il semble donc que le diagnostic différentiel soit possible, et telle est en effet notre conviction, basée sur une longue expérience clinique ; cependant, nous répéterons qu'il est des cas difficiles, où l'on est forcé de rester dans le doute, ou de suspendre son jugement.

Dans la **bronchite chronique**, encore assez commune chez le cheval, les râles muqueux sont d'autant plus abondants que la sécrétion catarrhale est plus considérable ; ils n'ont d'ailleurs pas d'autres caractères que dans la bronchite aiguë ; mais les symptômes rationnels concomitants, locaux et généraux, diffèrent notablement, et servent à différencier ces deux espèces de phlegmasies.

Il n'est pas très-rare de constater, dans les **pleurésies** *un peu anciennes*, avec épanchement considérable, un très-fort *râle muqueux à grosses bulles*, localisé quelquefois très-exactement dans les gouttières vertébrales. Il semble

que le passage incessant d'une colonne d'air
animée d'un mouvement rapide dans les grosses
bronches irrite la muqueuse, augmente sa
sécrétion, qui, ne pouvant plus être expulsée
par la toux devenue impossible, s'accumule
dans les canaux aériens et donne lieu, en ce
point, — vers lequel l'épanchement a refoulé
tout le poumon, — à un râle très-fort, à un véritable gargouillement, dont la ressemblance
avec le *râle caverneux* est souvent des plus par-
faites. — Ici encore, la signification du râle
est évidente ; il veut dire *catarrhe des bronches*,
souvent avec dilatation anormale de ces conduits. Mais ce n'est là qu'une *complication* de
la *pleurésie*, qui reste toujours la maladie principale et continue à s'accuser par ses symptômes propres, très-faciles à constater à cette
période ; complication qu'il est néanmoins
utile de reconnaître, parce qu'elle peut fournir
quelques indications pour le traitement, devenu, au surplus, bien aléatoire.

Enfin, chez l'espèce bovine, la **phthisie tuberculeuse** peut, à une certaine période, offrir, au
nombre de ses symptômes, un râle qui présente
tous les caractères du *râle muqueux*. — Est-ce
un râle muqueux véritable ? ou bien un râle
caverneux se produisant dans de petites cavernes disséminées çà et là dans la trame des
poumons — *râle cavernuleux* des auteurs ? —

La question n'est pas facile à trancher, et ce phénomène, quand il existe, est plus propre, il faut le reconnaître, à obscurcir qu'à éclairer le diagnostic. On peut, en effet, hésiter entre une simple bronchite et une tuberculisation déjà avancée, et ce n'est que par une exploration plusieurs fois répétée, par une étude suivie et très-attentive des symptômes concomitants et de la marche de la maladie, qu'on arrivera à lever les doutes qui planent sur le diagnostic.

RALE CAVERNEUX.

Caractères. — Le *râle caverneux* est un bruit bulleux, formé de bulles plus ou moins nombreuses, généralement volumineuses, qui se produit dans une cavité anormale creusée dans le poumon, en communication avec les bronches et contenant un liquide.

Par ses qualités intrinsèques ce bruit ne diffère pas essentiellement du *râle muqueux à grosses bulles ;* on peut cependant l'en distinguer aux caractères suivants : « Il se fait dans un espace *circonscrit*, où la toux et la respiration caverneuses se font ordinairement entendre aussi. *C'est surtout par la toux* que l'on acquiert la conviction que le râle est *caverneux ;* on sent qu'il est en quelque sorte emprisonné dans une cavité, et souvent l'oreille distingue la consistance plus ou moins forte de la matière contenue dans l'excavation, à l'impression qu'elle reçoit de son choc, quand, réunie par les efforts de la toux, elle vient heurter l'extrémité du cylindre (LAENNEC). » Il est en outre plus superficiel que le râle muqueux, et quelquefois assez fort pour être entendu à distance. Il se manifeste dans l'inspiration ou l'expiration seule, ou bien dans les deux temps de la respiration. Il est à son maximum d'intensité dans un point circonscrit répondant à l'excavation elle-même, diminue de force et de netteté à mesure que l'oreille s'éloigne de ce point, et finit par n'être plus perçu quand on ausculte à une certaine distance.

Signification. — Quand ce râle est perçu nettement avec tous les caractères qui viennent d'être indiqués, il annonce avec certitude l'existence, dans le point précis où il se fait entendre avec son *summum* d'intensité, d'une excavation anormale, — d'une caverne, — creusée dans le parenchyme pulmonaire, et la libre communication de cette cavité avec l'air extérieur par une bronche ulcérée ; il apprend en outre que cette cavité contient actuellement un liquide plus ou moins abondant. Il a donc, quoi qu'en dise SKODA, une grande valeur pour le diagnostic. Cette valeur n'est cependant pas absolument *univoque*, et cela pour plusieurs raisons.

Et d'abord, une ou plusieurs *cavernes* peuvent très-bien exister dans un poumon sans que le râle caverneux se manifeste. Il suffit que ces cavités anormales ne communiquent pas avec les bronches ; et ce cas est loin d'être rare, au moins chez le cheval. Bien des fois il nous est arrivé, à la suite de pneumonies terminées par résolution imparfaite, d'annoncer, d'après les symptômes rationnels, l'existence très-probable d'abcès pulmonaires que l'auscultation ne révélait pas, et presque toujours l'autopsie a confirmé notre diagnostic. Il ne faudrait donc pas, de l'absence de ce signe stéthoscopique, conclure toujours à l'absence de la lésion qu'il devrait révéler ; car, nous le répétons, ces *cavernes silencieuses*, comme on les appelle, ne sont point rares chez le cheval ; et elles sont *silencieuses* parce qu'il leur manque l'une des conditions physiques indispensables à la production du râle : leur communication avec l'air extérieur.

Il peut même arriver qu'une caverne existe ; qu'elle communique avec l'extérieur, et que cependant le râle caverneux ne se fasse pas entendre. C'est lorsque la cavité, très-petite et contenant un liquide épais, difficile à déplacer, se trouve située au centre de l'organe et séparée de l'oreille par une épaisse couche de tissu pulmonaire sain. Dans ces conditions, le râle se produit, sans aucun doute; mais il est faible, étouffé par la couche de tissu mauvais conducteur du son interposée entre lui et l'oreille, masqué par le bruit vésiculaire plus superficiel; et il n'est point perçu. On comprend très-bien, chez le cheval, dont les poumons sont si volumineux, la possibilité de ce râle *existant, mais non perçu*, pour le cas de petites excavations centrales des poumons; et la clinique démontre qu'il en est, en effet, quelquefois ainsi.

On comprend encore mieux, s'il est possible, que toutes les conditions réclamées pour la production d'un râle caverneux puissent être réunies dans les appendices antérieurs des poumons, cachés par le scapulum, sans que les bruits qui se produisent dans les excavations ainsi abritées arrivent à l'oreille, à travers les épaisses masses musculaires de l'épaule.

Ainsi, l'absence du râle caverneux n'est pas une preuve certaine de la non-existence de cavernes pulmonaires. — Par contre, *sa présence n'est pas un signe infaillible de l'existence de ce genre de lésion;* en d'autres termes, *le râle muqueux à grosses bulles peut imiter d'une manière si parfaite le râle caverneux, que l'on soit conduit*

à attribuer au premier la signification du dernier.
Nous avons commis une fois cette erreur. C'était chez un cheval atteint de pleurésie double avec épanchement considérable. A un moment donné, nous constatâmes, en arrière de l'épaule gauche, tout à fait en haut, vers la gouttière vertébrale, un *gargouillement* assez nettement circonscrit et tellement fort, que nous n'hésitâmes pas à annoncer qu'un vaste abcès avait dû se former dans ce point et venait de s'ouvrir dans les bronches. L'autopsie, faite quelques jours après, vint démontrer que nous nous étions trompé : il n'existait pas le moindre abcès dans le poumon ; mais cet organe, refoulé tout entier par le liquide dans la gouttière vertébrale, où le maintenaient de nombreuses adhérences, ne formait plus qu'un moignon informe, presque méconnaissable, dans les vésicules duquel l'air n'avait presque plus d'accès ; tandis que les bronches, énormément dilatées, étaient en outre remplies d'un mucus extrêmement abondant. Ainsi nous fut expliquée notre méprise. Il est vrai que ce fait date de plus de vingt ans, et qu'à cette époque nous étions moins qu'aujourd'hui familiarisé avec la pratique de l'auscultation ; et cependant nous ne voudrions pas affirmer que, dans des circonstances identiques, nous saurions à coup sûr éviter l'erreur que nous avons commise.

Cependant, nous croyons aussi que, dans la très-grande majorité des cas, cette erreur peut être évitée ; et nous concluerons, en disant, avec M. ARAN : « Sans doute, M. SKODA a raison d'établir que la distinction est, dans certains cas, à peu près impossible entre le râle muqueux et le râle caverneux, chose si bien reconnue d'ailleurs par tous les observateurs, qu'ANDRAL a divisé le râle muqueux en râle bronchique humide et en râle caverneux ; il n'en est pas moins vrai, cependant, que si l'on entend, en même temps qu'un râle de ce genre, la toux et la respiration caverneuses,... on peut affirmer presque avec certitude qu'il existe une excavation pulmonaire ou une dilatation bronchique. D'où nous concluons.... que le râle caverneux doit être admis, sinon comme degré le plus élevé, au moins comme variété des râles bulleux humides (ARAN). »

Quant aux maladies qui peuvent donner lieu à ce phénomène acoustique, elles sont assez nombreuses. Nous citerons principalement : la *phthisie tuberculeuse*, la *péripneumonie* de l'espèce bovine, les *abcès du poumon* consécutifs à la pneumonie aiguë ou chronique, la *gangrène pulmonaire*, certains cas d'*apoplexie pulmonaire*.

Phthisie.—La *phthisie tuberculeuse* est, comme on sait, l'une des maladies les plus communes chez le bœuf, et surtout chez la vache utilisée comme laitière. Tout le monde sait que les *tubercules* qui la caractérisent, et dont le lieu d'élection habituel est l'organe pulmonaire, après être restés pendant un temps assez long à l'état de *crudité*, se *ramollissent* et finissent par creuser l'organe de vastes cavités anfractueuses, dans lesquelles viennent en général s'ouvrir une ou plusieurs bronches. Il semblerait donc, d'après cela, que rien ne devrait être plus fréquent à rencontrer que le râle caverneux dans cette maladie. Cependant, il n'en est pas tout à fait ainsi dans la pratique. Nous ne voulons pas dire par là qu'il soit absolument rare de trouver ce râle chez les animaux phthisiques ; mais nous affirmons, d'après notre expérience personnelle, que ce phénomène peut manquer et manque, même assez souvent, chez des bêtes chez lesquelles on trouve à l'autopsie les poumons farcis de tubercules, dont un certain nombre sont ramollis. Ce fait, en apparence difficilement explicable, et qui surprendra sans doute beaucoup les médecins, trouve son explition dans deux circonstances qu'il importe de noter en passant.

D'abord, le *tubercule* ne suit pas exactement, dans l'espèce bovine, la même marche que dans l'espèce humaine. A une certaine période de son développement, *il s'incruste de sels calcaires;*

cette marche est, on peut dire, constante dans l'espèce que nous avons en vue. Cela, à la vérité, ne l'empêche pas de se ramollir plus tard ; mais ce ramollissement, cette liquéfaction, reste souvent incomplète. La masse tuberculeuse se transforme en une bouillie épaisse, en un magma ayant la consistance et l'aspect d'un mortier épais, auquel elle ressemble d'autant plus que les grains calcaires non dissous sont en plus grande abondance. En cet état, l'air ne peut ni agiter cette masse plâtreuse, ni former avec elle des bulles ; la caverne est forcément *silencieuse*.

En second lieu, chez les animaux de l'espèce bovine, comme chez l'homme, c'est par le sommet du poumon, par le lobule antérieur, que débute ordinairement la *phthisie ;* et les tubercules et les cavernes qui leur succèdent, abrités par l'épaule, restent inaccessibles à l'auscultation aussi longtemps qu'ils demeurent localisés dans cette région. De là la rareté relative du râle caverneux dans la phthisie du bœuf ; et de là cette conséquence pratique qu'il ne faut pas attendre la manifestation de ce phénomène pour diagnostiquer cette maladie : c'est, effectivement en général, un symptôme tardif, qui même peut faire défaut pendant toute la durée de l'affection, bien que celle-ci puisse revêtir un haut caractère de gravité. Il n'en a pas moins, bien évidemment, une très-grande valeur diagnostique dans les cas où il peut être constaté.

Péripneumonie contagieuse. — On sait combien sont profondes et étendues les altérations que la *l'éripneumonie* imprime au poumon du bœuf. Souvent la moitié, les deux tiers, les trois quarts d'un poumon sont complétement transformés en une masse compacte, imperméable à l'air, au niveau de laquelle la percussion donne un son tout à fait mat, tout à fait *fémoral*, et l'auscultation un *silence absolu*. — Souvent aussi, au sein de cette masse solide, il s'établit un travail d'inflammation *disjonctive*, ayant pour siége quelques-unes des épaisses cloisons de tissu conjonctif qui entourent les lobules, et pour résultat la mortification de ces lobules hépatisés et leur séparation d'avec les tissus encore vivants qui les entourent. — Un fragment de poumon plus ou moins volumineux se trouve ainsi isolé, *séquestré*, dans une poche purulente complétement close. Tant que les choses restent en cet état — et elles peuvent y rester fort longtemps, — le *séquestre* pulmonaire ne se révèle par aucun signe particulier, et l'on ne constate pas d'autres symptômes que ceux précédemment indiqués : *matité* et *silence absolus*. — Cependant, à la longue, le fragment séquestré, macéré par le liquide purulent que sécrètent les parois du kyste, finit par se fondre en une bouillie plus ou moins épaisse et hétérogène ; le kyste lui-même peut, quoique rarement, s'ouvrir dans les bronches, et la lésion s'annonce alors par les signes propres aux *cavernes* en communication avec l'air extérieur : *râle* ou *souffle* caverneux, selon les cas (V. ci-après *souffle caverneux*).

Pneumonie du cheval. — Tous les praticiens savent combien il est fréquent de voir la *pneumonie du cheval* se terminer par la formation de foyers purulents plus ou moins circonscrits. Nous avons déjà dit que ces foyers pouvaient rester pendant longtemps sans communication avec les bronches, et sans trahir leur présence par aucun signe stéthoscopique ; nous avons dit aussi que leur diagnostic *probable* n'était pas toujours impossible, par une étude attentive des symptômes rationnels et de la marche de la maladie ; mais il est bon d'ajouter que le diagnostic, en ce cas, n'est jamais que *probable*, tandis qu'il devient *certain*, dès qu'aux signes rationnels il est possible de joindre la présence du râle caverneux.

Ce signe est surtout précieux dans certaines formes de *pneumonies latentes*, qui peuvent se développer, par exemple, comme complication

de phlegmasies des voies respiratoires supérieures, qui, si l'on n'y prend garde, passent
facilement inaperçues et n'en ont que plus de
gravité. Il nous est arrivé plusieurs fois d'annoncer la mort à courte échéance de chevaux
qui ne paraissaient pas très-malades, mais chez
lesquels nous avions reconnu, par l'auscultation, un râle caverneux d'abord léger, qui allait
ensuite s'accentuant davantage, à mesure que
l'état général s'aggravait. — Inutile de répéter
que, pour qu'il en puisse être ainsi, il faut que
les abcès ne siégent pas dans le lobule antérieur, à l'abri de l'épaule.

Gangrène pulmonaire. — La *gangrène pulmonaire* est encore, on le sait, une terminaison
malheureusement trop fréquente de la pneumonie chez les solipèdes. Elle s'accompagne *toujours* de la destruction des tuyaux bronchiques
englobés dans le foyer gangréneux, et par
conséquent *de la formation d'un râle caverneux*,
mais non pas forcément *de la perception* de ce
râle par l'oreille de l'auscultateur ; cela dépend, nous le répéterons encore, du *siége* de la
lésion, — au-dessous ou en arrière de l'épaule.

Le *diagnostic différentiel* entre cette terminaison et la précédente est, d'ailleurs, le plus souvent facile à établir : d'abord par les *symptômes
généraux*, beaucoup plus graves, plus violents,

et par la *marche* de l'affection, plus rapide, plus promptement mortelle, dans le cas de gangrène que dans le cas de collection simplement purulente ; ensuite, par *l'odeur du jetage nasal et de l'air expiré*, qui est fade ou rappelle l'odeur des macérations anatomiques dans le cas d'abcès, — infecte, alliacée, *sui generis*, extrêmement pénétrante, dans la gangrène.

Quant à *l'apoplexie pulmonaire*, c'est une affection tellement rare chez tous nos animaux domestiques, que nous n'avons rien à en dire.

RALE RONFLANT. — RALE SIBILANT.

SYNONYMIE. — Râles sonores ; — râles musicaux ; — râles secs. - A, râle grave ; — ronflement. — B, râle aigu ; — râle sifflant ; — sibilence.

Nous comprendrons dans une description commune ces deux râles qui, bien que très-différents de *ton*, se produisent par le même mécanisme et ont, à peu de chose près, la même signification.

Ce sont des bruits soutenus, modulés, musicaux, qui sont engendrés par les vibrations de l'air dans les canaux bronchiques, et qui donnent une note tantôt grave (râle ronflant), tantôt plus ou moins aiguë (râle sibilant).

Caractères particuliers. —A. Râle ronflant. — Ce râle est caractérisé par une vibration plus ou moins soutenue, donnant une note *grave*. On l'a comparé au ronflement d'un homme qui dort, à la vibration d'une corde de basse, au roucoulement de la tourterelle, au bruit de satisfaction que fait entendre le chat lorsque, comme on le dit, il fait son *ronron;* et toutes ces comparaisons sont d'autant plus justes qu'elles donnent une idée des variétés que ce bruit peut offrir et des impressions diverses qu'il peut faire sur l'oreille, suivant les cas, bien que, en définitive, il reste toujours le même au fond. Il a son siége dans les grosses bronches, quelquefois dans la trachée, souvent aussi dans le larynx. Il est parfois assez fort pour être entendu à distance ; c'est même la règle quand il se produit au larynx ; c'est l'exception, au contraire, quand il a lieu dans les bronches, cas que nous aurons plus particulièrement en vue dans cet article.

B.   **Râle sibilant.** — C'est également un bruit *musical,* mais qui diffère du précédent en ce qu'il donne une note *aiguë.* On l'a comparé au bruit que l'on fait avec la bouche en prononçant avec une certaine force la lettre S, à celui que fait le vent qui siffle à travers une ouverture étroite, le trou d'une serrure par exemple, au piaulement des petits oiseaux ou des poussins, et ces comparaisons donnent également une idée des caractères assez variés qu'il peut offrir selon les circonstances. Il se passe dans les petites bronches ; c'est à tort que DELAFOND prétend qu'il peut se produire dans les vésicules pulmonaires.

Caractères communs. —Mécanisme. — Ces deux râles peuvent être entendus dans les deux temps de la respiration : le râle ronflant plus souvent peut-être dans l'expiration, le râle sibilant de préférence, semble-t-il, dans l'inspiration. Ils n'ont rien de fixe quant à leur siége ; ils se déplacent au contraire avec une grande facilité ; ils peuvent même disparaître tout à fait pendant un temps plus ou moins long, pour reparaître ensuite avec une force nouvelle. On peut les entendre sur une surface variable : tantôt dans un espace restreint et bien limité, tantôt dans presque toute l'étendue de la poitrine. Tantôt un seul râle est entendu, à l'exclusion de tout autre bruit ; tantôt ils se mélangent dans des proportions diverses ou alternent, soit entre eux, soit avec d'autres bruits anormaux, et plus particulièrement avec les diverses variétés de râles muqueux. Parfois ils impriment aux parois thoraciques un léger frémissement vibratoire, que l'oreille appliquée sur la poitrine perçoit très-nettement.

La nature de ces râles indique suffisamment

qu'ils doivent reconnaître pour cause le passage rapide de l'air à travers un espace rétréci et les vibrations sonores qui en sont la conséquence : mais comment ces conditions se trouvent-elles réalisées ?

« LAENNEC attribuait les râles sonores à un rétrécissement partiel des bronches dû, soit à des mucosités amassées dans ces conduits, soit plutôt à un gonflement de la membrane muqueuse pulmonaire.

« Mais si cette tuméfaction était la cause habituelle du phénomène, celui-ci devrait être constant comme la lésion elle-même, qui ne peut changer d'un moment à l'autre. Or, l'expérience démontre que ces râles sont sujets à de fréquentes intermittences, et qu'ils varient à chaque instant de siége, de force ou de caractères. Il nous semble donc plus naturel d'attribuer surtout la cause aux sécrétions morbides de la membrane muqueuse, lesquelles peuvent se déplacer et disparaître comme le phénomène, et présentent de grandes variétés sous le rapport de leur quantité et de leur nature. Ces mucosités, d'abord peu abondantes et visqueuses, forment, dans les tuyaux bronchiques, des plis ou des cordes qui font vibrer l'air au moment de l'inspiration et de l'expiration, de manière à donner lieu aux nuances multiples du râle sonore ; ces différences de timbre et de ton paraissent d'ailleurs dépendre des différences de diamètre des canaux où le phénomène se produit (BARTH et ROGER). »

Cette interprétation nous paraît la plus rationnelle, et nous l'adoptons sans hésitation.

Signification. — Ces râles indiquent donc la présence dans les bronches d'un mucus épais et tenace, disposé sous forme de fibrilles ou de languettes, contre lesquelles la colonne d'air vient se briser, en les faisant vibrer comme l'anche d'un instrument à vent, en même temps qu'il vibre lui-même à l'unisson. Les maladies dans lesquelles on les constate le plus ordinairement sont : la *phthisie*, l'*emphysème* et surtout la *bronchite aiguë* ou *chronique*. On peut même dire qu'ils se lient toujours à un certain degré d'irritation de la muqueuse bronchique.

Chez le cheval, la **bronchite aiguë** s'annonce d'abord, comme nous l'avons déjà dit, par la *rudesse* du bruit respiratoire, rudesse qui augmente progressivement, en prenant un caractère de plus en plus vibrant, jusqu'à se transformer en *râle sonore*, ordinairement en *râle ronflant*, rarement en *râle sibilant*, ce qu'explique l'ampleur des tuyaux dans lesquels le phénomène se produit. Plus tard, ainsi que cela a été dit dans un article précédent, au râle sonore s'associent les diverses variétés de râle muqueux, lequel finit par remplacer tout à fait le premier, quand la sécrétion est devenue plus abondante et plus fluide, la toux plus grasse, l'expectoration plus facile, et que *le rhume mûrit,* pour nous servir d'une expression vulgaire souvent employée.

Dans la **bronchite chronique**, le *râle ronflant* est encore assez souvent entendu chez le cheval ; il remplace de temps à autre le râle muqueux ou s'associe avec lui ; il annonce, en général, une recrudescence de l'état phlegmasique, ce qu'indique également la toux, qui devient plus pénible et plus sèche, et l'expectoration, qui se fait avec moins de facilité. Puis il disparaît quand la sécrétion bronchique s'est modifiée de nouveau, pour reparaître encore sous l'influence des mêmes circonstances.

Chez le chien, ce phénomène stéthoscopique est peut-être encore plus constant ou plus facile à constater que chez le cheval ; seulement, en raison de l'étroitesse des canaux où il se produit, c'est le *râle sibilant,* plus souvent que le *râle ronflant* que l'on entend. La *bronchite capillaire* surtout, assez fréquente dans cette espèce, est remarquable par l'abondance, la force, la variété des râles qui peuvent être auscultés, ainsi que par l'étendue de la surface sur laquelle ils peuvent être entendus : râle sibilant aigu et prolongé, ou bref et imitant le piaulement du poussin, râle grave et comparable au roucoulement de la tourterelle, — râles muqueux à bulles de diverses grosseurs, quelquefois d'une finesse très-voisine de celle du *râle crépitant*, se mêlent, s'associent, se remplacent, et font, — qu'on nous passe l'expression, — de la poitrine du patient, une véritable boîte à musique.

Le *râle sonore* n'est point une rareté dans l'**emphysème pulmonaire** du cheval, et c'est sous forme de *râle sibilant* qu'il se présente alors presque exclusivement. DELAFOND s'est trompé en plaçant « dans les vésicules pulmonaires » le siége de ce phénomène, qu'il distingue du râle sibilant *humide* de la bronchite (le sifflement est toujours un bruit sec) ; mais il a raison quand il dit qu'il constitue dans ce cas « un sifflement aigu, prolongé, permanent, se manifestant particulièrement dans l'expiration. » Ici encore, au surplus, il se passe dans les tuyaux bronchiques et indique un certain degré d'irritation, un état catarrhal, de la muqueuse qui tapisse ces conduits, état catarrhal qui, effectivement, coïncide fréquemment avec la *pousse*. Du reste, ce râle n'existe pas, il s'en faut bien, chez tous les chevaux emphysémateux ou poussifs ; et comme il n'apparaît guère qu'à une période avancée de la maladie ; comme à cette période il y a d'autres symptômes plus caractéristiques et non moins faciles à constater, il en résulte que le râle sibilant n'a pas, en définitive, une bien grande importance pour le diagnostic de la *pousse*. Il y a cependant des cas où il peut être utile, et sa coïncidence avec l'emphysème doit être connue des praticiens.

La **phthisie tuberculeuse** *de l'espèce bovine*, à son deuxième, et parfois même à son premier degré, s'accompagne aussi, encore assez souvent, d'un *râle sibilant,* sec, prolongé et presque permanent, ayant son maximum d'intensité au voisinage des productions tuberculeuses ; et l'on doit en tenir grand compte dans le diagnostic ; mais il n'est ni assez constant, ni assez spécial à la *phthisie* pour qu'on puisse en faire, comme l'avait avancé M. CLÉDON (*Journal des Vétérinaires du Midi*, 1852) un signe pathognomonique de cette grave affection.

Profitons de cette circonstance pour faire remarquer combien est toujours difficile, incertain, le diagnostic de la phthisie pulmonaire à sa première, et même à sa seconde période. — Les discussions qui ont eu lieu à la *Société centrale de médecine vétérinaire*, en 1848 et 1852, précisément à propos du travail de M. CLÉDON ; la *note* que M. LAFOSSE a consacrée en 1852 à

l'examen de ce même travail, le prouvent surabondamment, et nous pouvons ajouter qu'aujourd'hui encore, après vingt-six ans écoulés, la
question n'est guère plus avancée. Une *respiration rude*, avec *expiration prolongée*, un *râle sibilant permanent*, perçu dans un point fixe et limité à
la partie antérieure du thorax, ordinairement un
peu au-dessus du coude, et d'un seul côté ; parfois
un peu de submatité à la percussion à ce niveau ;
la sensibilité de la colonne vertébrale à la pression,
l'engorgement des ganglions lymphatiques rétro-
pharyngiens et pré-pectoraux, lorsqu'il existe ;
la toux difficile, peu sonore, un peu traînée ; un
jetage peu abondant, tantôt clair et muqueux,
tantôt un peu grumeleux, par les narines ; un
essoufflement survenant vite après l'exercice ou un
travail même léger, alors que la respiration, exa-
minée au repos, paraît encore calme et régulière,
ou à peine soubresautante :* tels sont les symptômes les moins trompeurs dans leur ensemble,
bien qu'on ne puisse leur accorder une confiance absolue.

Ajoutons que la marche, bien connue, de la
maladie devra toujours être prise en très-sé-
rieuse considération.

DES SOUFFLES.

On appelle *souffles* des bruits anormaux de la
respiration qui présentent ce caractère commun

qu'ils font sur l'oreille une impression analogue à celle produite par l'air en sortant de la douille d'un soufflet. Ils sont au nombre de trois : le *souffle tubaire*, — le *souffle caverneux*, — le *souffle amphorique*.

On décrit généralement ces bruits comme de simples modifications du murmure respiratoire ; mais, si l'on veut bien considérer qu'ils diffèrent en réalité beaucoup du bruit de la respiration normale, surtout les deux derniers ; qu'ils sont toujours éminemment pathologiques ; que leur signification, au point de vue du diagnostic, n'est ni moins précise, ni moins nettement définie que celle des râles ; qu'ils ont un caractère commun facile à saisir : le caractère *soufflant*, peut-être trouvera-t-on que nous n'avons pas eu tort de séparer ces bruits de tous les autres phénomènes stéthoscopiques et d'en faire une catégorie particulière. Quoi qu'il en soit, nous allons nous appliquer à les décrire et à faire connaître leur signification spéciale aussi exactement qu'il nous sera possible.

SOUFFLE TUBAIRE.

SYNONYMIE : Respiration tubaire, bronchique, soufflante ; — souffle bronchique ou simplement souffle.

Caractères. — Sous les noms variés qui viennent d'être inscrits en tête de cet article, on désigne un phénomène stéthoscopique très-important, que l'on peut entendre dans les points les plus variés de la poitrine, tantôt dans un espace limité, tantôt sur une vaste surface, le plus ordinairement au niveau des grandes divisions bronchiques, et dont on peut prendre une bonne idée en soufflant un peu fort dans sa main arrondie en tube, ou dans un tube un peu étroit quel qu'il soit.

Ce bruit peut se faire entendre dans l'*expiration, — souffle ascendant;* — plus rarement, dans l'*inspiration seule, — souffle descendant;* — quelquefois dans les deux temps de la respiration, — *souffle double.* — Lorsqu'il est bien caractérisé, franchement *tubaire,* il a un timbre si spécial qu'il est impossible de le confondre avec aucun autre bruit; mais il peut offrir un assez grand nombre de nuances, par lesquelles il se relie, d'une part, avec la *respiration rude,* à laquelle il succède souvent, et dont il est parfois assez difficile de le différencier nettement, — d'autre part, avec le souffle caverneux, auquel il ressemble encore assez dans certains cas.

Très-généralement, le souffle est *permanent* et se fait entendre avec la même force pendant toutes les respirations successives; cette règle est cependant sujette à des exceptions : il est des sujets chez lesquels on ne l'entend que dans les expirations qui suivent les inspirations profondes. Aussi, est-ce une bonne pratique, et qui nous a rendu les plus grands services, que celle qui consiste, dans les cas douteux, à boucher pendant quelques instants les naseaux de l'animal que l'on ausculte, afin de l'obliger à faire ensuite de grandes inspirations, à la suite desquelles on voit souvent le souffle apparaître avec une grande force et une grande netteté. SKODA a donc eu raison de dire que ce phénomène stéthoscopique est sujet à des intermittences.

De même que le râle crépitant, il est *fixe*, *non mobile*, non susceptible de se transporter d'un point dans un autre, comme les râles muqueux et sibilant. — On pourra donc toujours le retrouver dans l'endroit ou l'on aura une fois constaté sa présence, jusqu'à ce qu'il disparaisse définitivement.

Le *souffle* peut être plus ou moins fort. Dans les cas types, il est si nettement soufflant et paraît si superficiel, qu'il semble presque à l'auscultateur qu'une autre personne lui souffle dans le conduit auditif. D'autres fois, il présente au contraire un caractère très-marqué *d'éloignement;* on dirait qu'un corps plus ou moins épais est interposé entre l'oreille et le lieu où se produit le phénomène.

Tels sont les principaux caractères du bruit que nous étudions; essayons de nous rendre compte du mécanisme de sa production.

Mécanisme du souffle tubaire. — Peu de questions, en auscultation, ont donné lieu à plus de controverses que celle de l'interprétation rationnelle du phénomène que nous étudions; même encore aujourd'hui, on peut dire que la théorie de ce signe stéthoscopique n'est pas définitivement fixée. Nous allons rapidement passer en revue les principales opinions qui ont été émises à ce sujet.

« Dans l'état naturel, dit LAENNEC, on ne peut distinguer le bruit respiratoire *pulmonaire* de celui qui est produit par le passage de l'air *dans les petits rameaux bronchiques*. Mais quand le tissu pulmonaire est endurci et condensé par une cause quelconque,... lorsque le bruit respiratoire pulmonaire a disparu ou notablement diminué, on entend souvent distinctement la *respiration bronchique*, non-seulement dans les gros troncs bronchiques, mais dans des rameaux d'un petit diamètre...

« Les raisons de la respiration bronchique, ajoute cet auteur, me paraissent assez faciles à donner. En effet, lorsque la compression ou l'engorgement du tissu pulmonaire empêche la pénétration de l'air dans les vésicules, la respiration bronchique est la seule qui ait lieu. Elle est d'autant plus bruyante et facile à entendre que le tissu du poumon, rendu plus dense, en devient meilleur conducteur du son (*Traité de l'auscultation médiate*, 2° édit.). »

Ainsi, d'après LAENNEC, le souffle tubaire se produirait *dans les bronches ;* il ne serait rien autre chose que le *bruit bronchique normal*, rendu plus sensible par la disparition du bruit vésiculaire, et mieux transmis à l'oreille par le tissu pulmonaire devenu plus dense et, par cela même, meilleur conducteur du son.

MM. BARTH et ROGER admettent la même interprétation. « La condition principale de production du souffle bronchique, disent-ils, est l'augmentation de densité du poumon par compression et affaissement de ses parties les plus souples, et surtout par l'induration de son tissu avec conservation du calibre des bronches. Par suite de l'effacement et de l'oblitération des cellules qui en résulte, le murmure vésiculaire se trouve aboli, *le bruit des bronches est seul perçu*. Sans doute aussi ce dernier bruit est renforcé par des parois plus fermes qui vibrent davantage, et il est mieux transmis à l'oreille par un tissu plus dense, devenu meilleur conducteur du son. »

Cependant, comme il peut se faire que, dans certains cas, quoique très-rarement, le souffle tubaire persiste, bien que « l'air ne se meuve plus dans les tuyaux bronchiques », ces auteurs pensent qu'on peut alors s'expliquer la persistance du souffle « par la transmission du bruit laryngotrachéal qui, formé à la glotte et à la bifurcation de la trachée-artère, se propage par les ramifications bronchiques restées béantes ».

Cette théorie ne satisfait pas du tout M. SKODA. Cette immobilité de l'air dans les tuyaux bronchiques, quand existent les conditions de la respiration tubaire, qui paraît rare et tout à fait exceptionnelle à MM. BARTH et ROGER, lui paraît, à lui, un fait habituel et presque nécessaire. « Lorsque le poumon est presque complétement comprimé et hépatisé, dit-il, cette circulation de l'air est réduite presque à zéro. Comme il ne se produit aucun changement dans le volume d'un poumon hépatisé pendant la respiration, il ne faut pas parler de l'entrée et de la sortie de l'air dans cette partie du poumon. La légère contraction que les tuyaux bronchiques éprouvent pendant l'expiration, par suite de la compression des parois thoraciques sur le poumon hépatisé, et l'expansion également légère qui se produit pendant l'inspiration, doivent permettre, on peut le penser, le renouvellement de l'air, mais jamais aucun courant susceptible de donner lieu à ces bruits intenses sous forme desquels se manifeste la

respiration bronchique dans le thorax. » Aussi,
rejette-t-il absolument la théorie de LAENNEC, et
lui en substitue-t-il une autre, tout à fait neuve
et originale : « Dans mon opinion, dit-il, la respiration bronchique doit s'expliquer par les
lois de la consonnance. »

Quelle est donc cette *théorie de la consonnance*
qui tient une si large place dans les idées de
M. SKODA en auscultation? C'est ce que nous
devons examiner, en nous reportant au chapi-
tre de son livre qui traite de l'auscultation de
la voix, où cette théorie est exposée avec détail et développée avec un incontestable talent.

« La *consonnance*, dit-il, est un phénomène
bien connu. Une corde de guitare tendue fournit un son musical dès qu'une note semblable
est produite par un autre instrument situé dans
son voisinage, ou même par la voix humaine.
Un diapason, tenu en l'air, résonne beaucoup
plus faiblement que lorsqu'il est appliqué sur
une table ; c'est que la table renforce le son,
en fournissant des vibrations semblables ; *elle
entre en consonnance avec le diapason.*

« Le son d'une guimbarde est tellement faible, qu'on l'entend à peine à l'air libre ; il devient très-appréciable lorsqu'on fait vibrer l'instrument dans la bouche ; c'est que le son est
renforcé *par la consonnance* de l'air renfermé

dans la bouche avec les vibrations de ce petit instrument. »

Tels sont les principes, et ces principes sont d'une vérité incontestable ; passons maintenant aux applications qu'en fait M. Skoda au sujet qui nous occupe.

« La voix, telle qu'elle sort de la bouche, est constituée par des sons primitifs formés dans le larynx et des sons *consonnants* formés dans le pharynx et dans les cavités de la bouche et du nez ; c'est ce dont il est facile de se convaincre en observant les changements que la voix éprouve suivant qu'on ouvre ou qu'on ferme la bouche ou le nez... Certaines modifications du timbre de la voix dépendent de la forme et des dimensions de la bouche et des cavités nasales, en particulier de ce que celles-ci sont ouvertes ou fermées.

« Or, puisqu'il est évident que l'air renfermé dans le pharynx, dans la bouche et dans les cavités nasales entre en consonnance avec le son produit dans le larynx, il est impossible de mettre en doute que l'air renfermé dans la trachée, dans les tuyaux bronchiques, etc., doit entrer aussi en consonnance avec les sons qui ont pour point de départ le larynx. *C'est l'air contenu dans le thorax qui est le corps consonnant*, et non le parenchyme pulmonaire ; ce parenchyme est peu apte à la consonnance ; sa texture n'est ni assez rigide ni assez tendue. » D'ailleurs, l'air lui-même « n'entre jamais en consonnance que s'il est renfermé dans un espace circonscrit », et « la consonnance est d'autant plus forte que le son est plus complétement réfléchi par les parois ».

« L'air contenu dans la trachée et les tuyaux aériens entre donc en consonnance avec la voix (ou tout autre bruit laryngien), pourvu que les parois qui le circonscrivent se trouvent, relativement à la puissance de réflexion du son, dans des conditions semblables ou analogues aux parois du larynx, de la bouche et des fosses nasales » ; aussi « la consonnance de la voix est-elle beaucoup plus faible dans les tuyaux bronchiques qui pénètrent dans le parenchyme pulmonaire (sain), que dans la trachée ; elle s'affaiblit d'autant plus que les cartilages s'effacent davantage. »

Il résulte de ce qui précède que, pour que la voix et le souffle laryngien retentissent dans la poitrine et puissent être perçus, *comme sons consonnants*, par l'oreille de l'auscultateur, il faut, « ou bien que les parois des tuyaux bronchiques soient composées de cartilages,..... ou bien que le tissu pulmonaire qui les entoure soit privé d'air..... Il faut de plus, de toute nécessité, qu'il y ait libre communication entre l'air renfermé dans les tuyaux bronchiques et celui qui se trouve contenu dans le larynx. »

Telle est cette fameuse théorie de la *consonnance*, théorie un peu compliquée, comme on voit, mais qui, en définitive, peut se résumer à peu près dans les termes suivants : Le *souffle tubaire*, aussi bien que ce qu'on appelle chez l'homme la *bronchophonie*, n'est rien autre chose que le retentissement intrathoracique du souffle laryngien normal ; — ce retentissement se produit toutes les fois que l'air contenu dans les divisions bronchiques vient à *vibrer à l'unisson* de celui qui est contenu dans le larynx ; — pour qu'il en soit ainsi, il faut que les parois des divisions bronchiques soient fermes, rigides, capables de réfléchir les sons, ce qui a lieu quand le parenchyme pulmonaire qui les entoure est solidifié et *privé d'air*.

Ainsi, pour SKODA, et contrairement aux idées de LAENNEC, le souffle tubaire, bien que perçu comme se produisant dans l'intérieur même de la poitrine, prendrait en réalité naissance au larynx. Déjà CHOMEL avait émis cette opinion, qui fut plus tard adoptée par BEAU ; mais il restait à démontrer expérimentalement que tel était bien le siége réel de ce phénomène si commun et d'une si grande importance pour la séméiologie. Malheureusement la preuve n'était pas facile à donner. On conçoit, en effet, que les occasions de soumettre ces idées à la vérification expérimentale, — ce qui, bien évidemment, ne peut se faire que chez les animaux, — doivent être excessivement rares, même dans nos Écoles vétérinaires; elles se sont cependant présentées et ont été mises à profit, d'une part, par MM. Chauveau et Bondet (1862) à l'École de Lyon, d'autre part, par M. Trasbot (1876) à l'École d'Alfort. Les expériences de MM. Chauveau et Bondet sont, comme on voit, antérieures à celles de M. Trasbot ; mais comme elles n'avaient jamais été publiées, celles de ce dernier n'en conservent pas moins toute leur originalité. Du reste, ces expériences sont parfaitement concordantes et conduisent, ainsi qu'on va le voir, aux mêmes conclusions.

Expérience DE M. TRASBOT. — Sur un cheval atteint d'une pneumonie à gauche, que son propriétaire avait abandonné à l'École comme incurable, et chez lequel on entendait un souffle tubaire très-fort dans tout le tiers moyen de la poitrine, M. Trasbot coupe la trachée en travers, tire le segment inférieur hors de la plaie et ausculte. — « Le bruit de souffle, si intense avant l'opération, ne s'entend plus; on perçoit seulement un très-faible murmure, presque imperceptible, et dù peut-être au retentissement du murmure vésiculaire produit au-dessus de la portion hépatisée ou dans l'autre poumon. » On rétablit la communication du poumon avec le larynx, « en remettant en place le segment inférieur de la trachée » ; et immédiatement « on entend le bruit de souffle avec toute son intensité. » Cette expérience, répétée à plusieurs reprises, pendant deux jours, durant lesquels on conserva le sujet en observation avant de le sacrifier, a donné constamment le même résultat. — D'où M. TRASBOT conclut que « le bruit de souffle n'est que le retentissement du bruit laryngien produit dans l'inspiration et dans l'expiration. » (*Recueil de médec. vétér.*, 1876.)

Expérience DE MM. CHAUVEAU ET BONDET. — Sur une jument vigoureuse, mais atteinte d'une pneumonie à gauche, dont les symptômes sont si alarmants qu'on croit à une mort prochaine, mise à la disposition de ces deux expérimentateurs par M. REY, MM. CHAUVEAU et BONDET constatent ce qui suit : En auscultant la poitrine, on trouve que le murmure respiratoire est complétement aboli dans la moitié inférieure du poumon gauche, et remplacé par un double souffle tubaire. « Le souffle d'inspiration est plus long, mais moins rude ; celui d'expiration plus fort, mais plus bref. L'auscultation de la trachée permet de constater que les deux souffles qui se produisent dans ce conduit ont exactement les mêmes caractères que les deux souffles pulmonaires; ceux-ci sont seulement moins forts que ceux-là. »

On pratique à la trachée, vers le milieu du cou, une incision longitudinale de 20 centimètres environ. Malheureusement, pendant cette opération, il s'écoule dans la trachée et les bronches une certaine quantité de sang. De plus, chaque fois qu'on veut ouvrir la plaie trachéale, en écartant ses bords, on provoque des quintes de toux et la respiration devient convulsive; si bien que l'animal ne peut être utilement ausculté. Mais, le lendemain, les circonstances sont beaucoup plus favorables : « La bête est debout; elle paraît avoir plus de vivacité que la veille, les lèvres de la plaie trachéale sont en contact l'une avec l'autre, et ne laissent point passer d'air entre elles. Rien n'a été modifié dans la manière d'être des souffles trachéaux, non plus que du bruit *tubaire* de la région pulmonaire hépatisée. » Enfin, l'entr'ouverture de la plaie trachéale ne provoque plus les mêmes accidents que la veille. On en profite pour faire les expériences projetées. L'un des expérimentateurs ouvre et ferme alternativement la plaie trachéale, pendant que l'autre ausculte, et voici les résultats obtenus :

« 1° *Auscultation de la région hépatisée du poumon. — Trachée fermée :* souffle tubaire double, plus long et plus faible pendant l'inspiration,

plus court et plus rude pendant l'expiration.
— *Trachée ouverte :* plus de souffle tubaire pendant l'inspiration ; souffle tubaire expiratoire
persistant, mais beaucoup plus faible et plus
bref, tout à fait avorté.

« 2° *Auscultation de la trachée sous la plaie à
l'entrée de la poitrine.* — Mêmes phénomènes :
au moment où la trachée est ouverte, le souffle d'inspiration disparaît à peu près complètement, et le souffle expiratoire devient plus
doux et plus bref. »

« Cette série d'expériences, ajoutent les auteurs, fut exécutée à plusieurs reprises, et toujours les résultats furent les mêmes, quand la
respiration conserva après l'ouverture de la
trachée le rhythme qu'elle présentait avant.
Les résultats différaient un peu si les mouvements respiratoires n'avaient pas la même
ampleur et la même fréquence dans les deux
cas ; mais les différences ne portaient pas sur
des points essentiels. C'est ainsi que, lorsque
la respiration devenait plus forte après l'ouverture de la trachée, le souffle expiratoire, au
lieu de s'affaiblir, prenait une plus grande intensité ; — on pouvait alors constater que ce
souffle expiratoire produisait également un
bruit très-fort à l'ouverture de la trachée, où il
s'entendait à distance. (*Journal de méd. vét. et
de zootechnie,* 1877.)

De ces expériences, MM. Chauveau et Bondet déduisent cette conclusion : que « les souffles tubaires de la pneumonie ayant les mêmes caractères que les souffles de la trachée, ces deux sortes de bruits disparaissant, reparaissant, se modifiant simultanément sous les mêmes influences, la même cause préside à leur formation, ou, pour mieux dire, ces deux ordres de bruits ne sont qu'un seul et même phénomène perçu avec les mêmes caractères dans deux endroits différents. — La disparition complète du phénomène au moment où l'air cesse de passer par le rétrécissement laryngien prouve que le bruit est lié à la veine fluide qui se forme quand l'air pénètre de ce rétrécissement dans la trachée, » lors de l'inspiration, et dans les cavités nasales lors de l'expiration. Conclusion conforme, on le voit, à celle à laquelle était arrivé M. Trasbot.

De son côté, M. H. Bouley était arrivé par une autre voie, et depuis longtemps, paraît-il, à la même conclusion. « Une expérience clinique usuelle, nous écrit-il, à laquelle j'avais communément recours, met bien en évidence l'origine laryngienne du bruit tubaire : cette expérience consiste à ausculter un animal atteint de pneumonie pendant qu'on fait exercer sur son larynx une pression plus ou moins forte, laquelle rend plus bruyant le passage de l'air dans cet organe rétréci. L'augmentation d'intensité du *souffle* que l'on perçoit alors ne laisse aucun doute sur le lieu d'origine et le mode de production de ce phénomène (1). »

Peut-être pourrait-on faire encore à ces expériences quelques objections, ou tout au moins formuler quelques réserves relativement à leur signification ; cependant, on ne saurait nier ni leur intérêt ni leur importance pour la théorie du *souffle* tubaire, et nous sommes, en ce qui nous concerne, tout à fait d'avis que, conformément aux idées de CHOMEL, ce phénomène stéthoscopique doit être considéré comme résultant du retentissement intrathoracique du bruit glottique, transmis à l'oreille par un tissu pulmonaire dense, privé d'air, et devenu, par ce fait, bon conducteur du son ; et que, conformément aux idées de SKODA, la *résonnance* de l'air contenu dans les bronches doit jouer un rôle, même un rôle important dans la manifestation de ce phénomène.

Ce qui est certain, en tout cas, c'est que le *souffle tubaire* existe comme bruit pathologique distinct de tous les autres bruits respiratoires ; il a des caractères bien nets et une signification bien déterminée. Voyons donc maintenant quelle est cette signification.

____

(1) H. BOULEY. — Communication inédite.

15.

Signification pathologique. — « LAENNEC attribuait les variations que l'on observe dans la force et dans la clarté de la voix thoracique — et de la *respiration bronchique* — à des changements dans la conductibilité du parenchyme pulmonaire ; il considérait le poumon, à l'état normal, comme un mauvais conducteur du son, mais il pensait que la conductibilité augmentait par l'induration ou l'infiltration du tissu pulmonaire privé d'air (SKODA). » Telle est, en effet, l'opinion généralement admise en France ; elle est fondée sur ce que les corps denses, solides et homogènes conduisent mieux le son que les corps mous et spongieux ; et, bien que SKODA s'élève contre cette interprétation, bien qu'il révoque en doute la conductibilité augmentée du poumon hépatisé ; bien qu'il cite « des expériences répétées », qui lui ont « démontré », dit-il, « invariablement que le son s'entend à une distance un peu plus grande à travers un poumon sain qu'à travers un poumon hépatisé », nous ne pouvons nous ranger à sa manière de voir, et nous admettons, avec tous ceux, croyons-nous, qui ont étudié l'auscultation ailleurs qu'à Vienne, que *la perception d'un souffle tubaire par l'oreille appliquée sur les parois thoraciques indique une condensation du tissu pulmonaire au niveau du point où ce souffle est perçu;* mais SKODA est dans le vrai quand il dit qu'il « *faut de plus, de toute nécessité, qu'il y ait libre communication entre l'air renfermé dans les tuyaux bronchiques — qui traversent la partie indurée — et celui qui se trouve contenu dans le larynx.* » Mieux ces conditions seront remplies, plus la portion du poumon privée d'air sera dense et homogène, plus grosses seront les bronches qui la traversent, plus elles seront rapprochées de l'oreille, plus ample et plus rapide sera la respiration, et plus le *souffle* sera fort, net et franchement tubaire.

Un assez grand nombre de maladies peuvent réaliser ces conditions ; mais les plus ordinaires, celles sur lesquelles doit plus particulièrement se porter l'attention de l'observateur, sont : la *pneumonie à la période d'hépatisation,* la *pleurésie avec épanchement et atélectasie du poumon,* la *phthisie avec agglomération considérable de matière tuberculeuse.*

Diagnostic différentiel. — Toutes ces maladies, — et quelques autres encore dont nous dirons un mot plus loin, — peuvent donner lieu à la production d'un souffle ; mais ce phénomène ne se présente, dans chacune d'elles, ni avec la même constance, ni dans les mêmes conditions, ni avec les mêmes caractères. Il nous faut donc entrer, à cet égard, dans quelques détails dont l'importance pratique n'échappera pas au lecteur attentif.

Pneumonie. — Dans aucune maladie les conditions de perception du souffle tubaire ne sont plus souvent et plus complétement réalisées que dans la *pneumonie aiguë à la période d'hépatisation;* et dans aucune, aussi, ce phénomène stéthoscopique ne se montre plus constant, plus net et mieux caractérisé.

Chez le cheval, il apparaît de bonne heure, le troisième ou quatrième jour, quelquefois dès le second jour de la maladie ; il est assez souvent, mais non toujours, précédé du râle crépitant ; il se montre d'abord au niveau du tiers inférieur de la poitrine, près du bord postérieur de la région scapulaire, puis il monte et gagne en arrière au fur et à mesure des progrès de la maladie. « Le degré d'intensité du souffle indique le degré de l'induration ; l'étendue dans laquelle il est perçu signale l'étendue de la lésion anatomique ; son début marque le commencement de l'hépatisation ; sa persistance avec phénomènes fébriles graves, la succession de l'hépatisation grise ; sa diminution, la résolution de la phlegmasie ; sa prolongation, le passage de la pneumonie à l'état chronique. » (BARTH et ROGER.)

Dans la pneumonie franche, le souffle est

généralement fort, nettement *tubaire*, superficiel et semble se passer immédiatement sous l'oreille ; il se produit surtout *dans l'expiration*, et semble être un retentissement intrathoracique de la *plainte*, qu'ordinairement on entend alors à l'entrée des naseaux. Il persiste autant que durent les conditions matérielles auxquelles il paraît lié, — je veux dire l'hépatisation pulmonaire. — Quand il disparaît, ce n'est jamais brusquement, mais par degrés, en cédant peu à peu le terrain au râle crépitant de retour, qui le remplace, et qui disparaît lui-même, plus tard, pour faire place à la respiration vésiculaire.

Quelque constant que soit ce phénomène comme symptôme de la pneumonie, il peut cependant manquer quelquefois, dans certaines formes de la maladie. Ainsi, dans la *pneumonie disséminée* ou *lobulaire*, encore assez fréquente *chez le chien*, le souffle fait quelquefois défaut, est peu marqué ou mal caractérisé ; — ainsi, dans cette forme de la pneumonie du cheval à laquelle beaucoup de vétérinaires donnent les noms de *pneumonie typhoïde, forme thoracique de l'affection typhoïde*, où le poumon est plutôt *splénisé* qu'hépatisé, le souffle manque fort souvent, ainsi que nous avons eu maintes et maintes fois l'occasion d'en faire l'observation. C'est ce qu'on observe d'ailleurs également chez l'homme, où « la respiration bronchique peut ne point exister dans certains cas de splénisation avec flaccidité du tissu pulmonaire (BARTH et ROGER). » De même encore le *souffle* peut manquer lorsque la maladie a débuté par les ramifications bronchiques (bronchite capillaire) et s'est propagée de là aux vésicules et aux tissus ambiants (pneumonie catarrhale).

Il ne faudrait donc pas toujours conclure de l'absence du souffle tubaire à la non-existence de la pneumonie ; mais il faudra se rappeler qu'il suffit souvent, pour le faire apparaître, de forcer l'animal à respirer largement, en lui bouchant les naseaux pendant quelques instants, ou, comme l'indique M. BOULEY, de faire exercer sur le larynx une pression, qui augmente l'intensité du bruit glottique, ou bien encore de le faire tousser, pour provoquer la *toux tubaire*, autre phénomène, équivalent, non moins caractéristique, ainsi que nous le verrons un peu plus loin.

Dans certains cas de pneumonie, — même aiguë, — très-étendue, et plus souvent encore dans la pneumonie chronique occupant la moitié, les deux tiers d'un poumon ou davantage, comme on peut le voir dans la péripneumonie contagieuse de l'espèce bovine par exemple, il arrive fort souvent que le souffle tubaire ne se fait *plus* entendre, et que le silence est complet dans toute l'étendue de la poitrine correspondant aux parties malades. Cela paraît tenir à ce que la circulation de l'air est tout à fait nulle dans les bronches qui se distribuent au poumon hépatisé, soit parce qu'elles se sont affaissées sous la pression des produits inflammatoires répandus dans le parenchyme, soit parce qu'elles ont été complétement obstruées par les mucosités épaisses et visqueuses accumulées dans leur intérieur. Telle est, du moins, l'interprétation admise par M. ARAN (traduction de SKODA, notes), et qui nous paraît la plus plausible. « Si, dit-il, la pénétration et la circulation de l'air dans les tuyaux bronchiques se trouve interrompue par le fait d'une circonstance quelconque, la respiration bronchique ne s'entend plus. C'est même ce qui explique comment, dans certains cas de *pneumonie chronique*, avec induration du tissu pulmonaire, les signes physiques font complétement défaut. »

Péripneumonie contagieuse. — Au point de vue des phénomènes d'auscultation, la *péripneumonie contagieuse* de l'espèce bovine est une *pneumonie*, presque toujours, il est vrai, compliquée de pleurésie. — Il en résulte que tout ce que nous venons de dire de la pneumonie du cheval s'applique presque exactement à la *péripneumonie bovine*.

Ainsi, dans la forme *lobaire* de cette dernière affection, le passage de la période congestive à celle d'*hépatisation* est marqué, comme pour la première. par un *souffle tubaire*, généralement très-intense, très-nettement *soufflant*, et souvent perceptible sur une grande surface ; seulement, sa manifestation est en général un peu plus tardive que chez le cheval ; il apparaît rarement avant le cinquième, et parfois seulement après le huitième jour de la maladie. Plus souvent encore que chez le cheval, il n'est pas précédé du râle crépitant, caractéristique de la première période. La matité qui l'accompagne est intense, plus intense peut-être que chez aucune autre espèce dans les maladies similaires. Enfin, ainsi que cela a déjà été indiqué (V. PERCUSSION), il n'est pas rare de constater, sur la limite des parties saines, une sonorité tympanique des mieux caractérisées.

Règle très-générale, le *souffle* manque dans la forme *disséminée* de la péripneumonie, tant que les noyaux pneumoniques ne dépassent pas, ou dépassent à peine le volume du poing ; à moins que quelqu'un de ces noyaux, situé à la superficie de l'organe et d'une dureté véritablement *hépatique*, ne soit traversé par une grosse bronche encore perméable, cas auquel un souffle tubaire, plus ou moins net, peut être perçu à ce niveau (H. BOULEY, *De la péripneu-*

monie, in *Gazette hebdomadaire*, 1853-1854).

Enfin, quand la *péripneumonie* est passée à l'*état chronique*, qu'une portion considérable du poumon a subi cette sorte de carnification particulière à cette affection, que les bronches sont oblitérées dans une grande partie de leur étendue, et que l'air ne circule plus ou circule à peine dans leur intérieur, le *souffle* cesse de se faire entendre; mais la maladie est encore nettement caractérisée par le silence absolu, la matité considérable, tout à fait fémorale, la grande résistance au doigt, et l'immobilité presque complète des parois costales, du côté où siége la lésion : caractères d'autant plus facilement appréciables qu'ils contrastent d'une manière frappante avec le murmure respiratoire supplémentaire, la grande résonnance et l'élasticité conservées du côté sain.

Pleurésie. — Dans la *pleurésie avec épanchement*, il arrive un moment où la portion du poumon qui plonge dans le liquide s'affaisse, et où les vésicules, revenues sur elles-mêmes, ne contiennent plus d'air. C'est ce que nous avions appelé autrefois (*Recherches sur la pleurésie*) l'*état splénoïde*, ce qu'on appelle aujourd'hui l'*atélectasie*, le *collapsus* du poumon. Dans cet état, le tissu pulmonaire, devenu plus dense et privé d'air, se trouve encore dans les conditions que nous avons dit être nécessaires à la transmission et à la perception du *souffle ;* aussi, ce phénomène est-il encore assez souvent perçu dans cette maladie. Toutefois, ces conditions sont, ici, évidemment moins complétement réalisées que dans la pneumonie ; aussi le souffle tubaire est-il un symptôme beaucoup moins constant dans la première que dans la seconde de ces affections. « Nous ne prétendons point par là, dirons-nous avec MM. BARTH et ROGER, que la plupart des pleurésies suivent tout leur cours sans présenter du souffle à aucune de leurs périodes ; mais nous voulons dire que, sur dix malades examinés dans une salle d'hôpital, et qui sont atteints de pleurésie avec épanchement indiqué par la matité, on trouvera de la respiration bronchique chez trois ou quatre seulement, et l'auscultation ne révèlera chez les autres que le silence du murmure respiratoire, tandis que, sur un même nombre de pneumonies indiquées aussi par la matité à la percussion, dans huit au moins l'hépatisation se traduira par du souffle tubaire. »

Il y a d'ailleurs, entre le souffle de la pleurésie et celui de la pneumonie, des différences en général assez sensibles, que nous allons indiquer.

Dans la pleurésie, le *souffle* est un symptôme tardif ; il ne se manifeste guère avant le hui-

tième jour de la maladie; assez souvent après
le douzième seulement. Il n'est jamais ni précédé, ni accompagné, ni suivi du râle crépitant.
Il peut disparaître brusquement pendant le
cours de la maladie, quelquefois pour reparaître après un ou plusieurs jours d'interruption, pendant que, de son côté, la matité reste
stationnaire, augmente ou diminue, sans qu'il
y ait, par conséquent, un rapport nécessaire
entre le phénomène stéthoscopique et le phénomène plessimétrique. Celui-là n'a donc aucune signification précise relativement à la
marche et au pronostic de la maladie. Il
n'existe pas partout où il y a matité, mais
seulement, dans la très-grande généralité des
cas, au niveau supérieur de l'épanchement, ou
un peu au-dessous, et toujours dans un espace
assez limité.

Dans la pleurésie, la matité est complète,
beaucoup plus complète, en général, que dans
la pneumonie; et cependant le souffle est
moins fort, moins pur, moins nettement *tubaire;* il semble comme voilé, et présente un
caractère marqué d'éloignement; on dirait
qu'un corps médiocrement conducteur du son
est interposé entre le lieu où il semble se produire et l'oreille de l'auscultateur. Enfin,
comme dans la pneumonie, il est plus souvent
ascendant que descendant; mais il nous a paru

coïncider avec l'*inspiration* plus souvent que le souffle de la pneumonie; toutefois, nous ne donnons ce dernier caractère qu'avec réserve, d'autres observateurs, MM. BARTH et ROGER, ayant cru remarquer précisément le contraire.

On voit donc que, par une étude attentive du phénomène, il sera presque toujours possible de décider si un souffle perçu pendant le cours d'une affection aiguë appartient à la pneumonie ou à la pleurésie. Nous devons cependant reconnaître que, dans certains cas, le *souffle pleurétique* peut offrir des caractères qui le rapprochent tellement du *souffle pneumonique*, que la distinction devient extrêmement difficile, sinon même tout à fait impossible : nouvel exemple à l'appui de cette vérité, déjà tant de fois proclamée : que ce n'est point d'après un seul signe, quelque important qu'il soit en lui-même, mais d'après l'ensemble des symptômes présentés par le malade, que le diagnostic doit être établi.

Phthisie. — Quand le poumon contient de grosses masses tuberculeuses, dures, denses, compactes, il semble être dans les meilleures conditions pour la production et la perception d'un beau souffle tubaire, et c'est en effet un des symptômes de la phthisie; mais ce symptôme est moins constant qu'on ne serait tenté de le croire au premier abord, et cela pour plusieurs raisons. D'abord, cette maladie est longtemps caractérisée anatomiquement par des granulations isolées, d'un volume variable, mais ne dépassant guère celui d'une noisette ou d'une noix, la plupart beaucoup moins grosses, *pisiformes* ou *miliaires*, et séparées par du tissu pulmonaire encore sain et perméable à l'air. Or, nous avons dit précédemment que ces granulations peuvent exister en très-grand nombre sans que le murmure respiratoire soit notablement altéré. Tant que les choses restent en cet état, — et elles peuvent y rester longtemps, — il n'y a pas, il ne peut y avoir de souffle tubaire. — Cependant, les néoplasies se multiplient et grandissent peu à peu, de manière à former des masses grosses comme le poing ou plus volumineuses encore ; mais on sait comment procède cette affection : ce sont les lobules antérieurs qui sont les premiers envahis, et l'on conçoit que, tant que les productions morbides restent ainsi localisées, l'épaule, qui les recouvre, ne permet pas au souffle, s'il se produit, d'arriver jusqu'à l'oreille, à moins qu'il n'acquière une grande intensité. Même quand les masses tuberculeuses dépassent, en arrière, la région scapulaire, elles ne se traduisent pas forcément par un souffle bien accentué. Fort souvent, en effet, en même temps qu'elle atrophie, étouffe et fait disparaître le tissu pulmonaire, auquel elle se substitue, la néoplasie envahit les bronches, les remplit et les oblitère ; en sorte que l'air n'arrivant plus jusqu'au sein de la masse morbide, le souffle n'est plus transmis par elle à l'oreille, et l'on constate, à son niveau, simplement l'abolition de tout bruit respiratoire. Il peut cependant se faire qu'une bronche d'un certain volume, restée intacte et béante, traverse une masse tuberculeuse indurée ; alors toutes les conditions existent pour la production du souffle tubaire, et il se produit en effet.

En résumé, nous dirons avec MM. BARTH et ROGER : La respiration bronchique n'est pas absolument rare dans la phthisie pulmonaire : « mais il n'est pas commun de la trouver à un degré prononcé et dans une grande étendue. Elle est circonscrite, et plus souvent même, au lieu de souffle, il y a seulement de la rudesse du bruit respiratoire... Il faut, en outre, tenir compte des circonstances qui ont précédé l'apparition du phénomène » ; et si le souffle survient dans le cours d'une maladie chronique, « s'il a une médiocre intensité, s'il est limité à la région pré ou post-scapulaire, sans trace de râle crépitant, il y a lieu de le rattacher, » — *chez le bœuf,* — « à la présence de tubercules. »

Bronchite capillaire. — Chez le chien, la *bronchite capillaire* s'accompagne encore assez souvent d'un souffle tubaire, dont le siége presque constant est la région scapulaire inférieure, qui peut être quelquefois perçu même à travers l'épaisseur de l'épaule, mais que l'on entend mieux en faisant porter le membre antérieur fortement en avant, de manière à découvrir la partie antérieure du thorax. On pourrait croire que ce signe est alors l'indice de la propagation de l'inflammation au parenchyme pulmonaire, ce qui est en effet très-fréquent ; mais nous nous sommes assuré qu'il était loin d'en être constamment ainsi ; que ce phénomène stéthoscopique pouvait fort bien se rencontrer avec l'intégrité complète du parenchyme.

La dyspnée, la rapidité extrême des mouvements respiratoires qui augmente les bruits laryngiens en raison de la vitesse plus grande avec laquelle l'air traverse cet espace rétréci, nous paraît rendre compte de ce bruit, que la cessation momentanée du bruit vésiculaire, par suite de l'oblitération d'un certain nombre de petites bronches par un mucus abondant et tenace, rend plus facilement perceptible.

En général, ce *souffle de la bronchite* est moins fort, moins pur, moins franchement *tubaire* que celui de la pneumonie ; il se rapproche davantage de la respiration rude. Mais, dans quelques cas, il est assez nettement accusé pour que la distinction soit difficile ou impossible, et pour que le diagnostic, basé sur ce seul caractère, reste douteux ou incertain. Cependant il est un moyen précieux de lever les doutes en pareil cas : c'est la *percussion* qui donne un son mat au point correspondant au souffle, si c'est une pneumonie, un son clair, si c'est une bronchite.

On cite encore, comme pouvant donner lieu au souffle tubaire, « les *apoplexies pulmonaires étendues*, certains *œdèmes du poumon*, le *cancer*, la *mélanose* de cet organe, la *dilatation uniforme* des bronches (Barth et Roger). » Mais si nous en exceptons la mélanose, assez commune chez le cheval, dans laquelle nous n'avons jamais trouvé le souffle tubaire, ces maladies, déjà rares dans l'espèce humaine, sont bien plus rares encore chez les animaux, et il n'y a vraiment pas lieu d'en tenir compte dans l'appréciation du signe que nous étudions ici.

SOUFFLE CAVERNEUX.

SYNONYMIE : Respiration caverneuse. — Respiration creuse.

Caractères. — « J'entends sous ce nom (de *respiration caverneuse*), dit Laennec, le bruit que l'inspiration et l'expiration déterminent dans une excavation formée au milieu du tissu pulmonaire, soit par des tubercules ramollis, soit par l'effet de la gangrène ou d'un abcès péripneumonique. Ce bruit respiratoire a le même caractère que celui de la respiration bronchique (souffle tubaire); mais on sent évidemment que l'air pénètre dans une cavité plus vaste que ne l'est celle des rameaux bronchiques; et lorsqu'il peut exister quelques doutes à cet égard, d'autres phénomènes, donnés par la résonnance de la voix ou de la toux, lèvent promptement toute incertitude. »

« La respiration caverneuse, disent, de leur côté, MM. BARTH et ROGER, ressemble au bruit qu'on détermine en soufflant dans un espace creux : on l'imite en inspirant et en expirant avec force dans ses deux mains disposées en cavité. »

Ajoutons qu'on peut l'entendre dans les deux temps de la respiration, mais le plus ordinairement dans l'*inspiration seule ;* que le ton en est *bas,* le timbre *creux ;* que ce souffle est parfois assez fort et assez superficiel pour que « l'air paraisse attiré de l'oreille de l'observateur (LAENNEC) » ; qu'il ne s'entend d'ordinaire que dans une étendue limitée et peu considérable ; qu'il est *fixe* et ne se déplace ni spontanément, ni par les diverses attitudes qu'on peut faire prendre au malade ; qu'il peut être permanent, ou alterner, dans le même point, avec le râle caverneux.

Cet ensemble de caractères, lorsqu'ils sont réunis, nous semble assez précis pour faire du *souffle caverneux* un signe stéthoscopique spécial, ayant son individualité propre, au même titre que les autres bruits anormaux que nous avons déjà étudiés. Nous devons dire, toutefois, que ces caractères ne sont pas toujours aussi nettement tranchés, et qu'il est des cas où l'on peut être embarrassé pour décider si l'on a affaire au souffle caverneux ou au souffle tubaire, avec lequel il se confond par des transitions insensibles. Mais il nous semble que ce serait aller beaucoup trop loin que de dire, avec SKODA, « qu'il serait impossible, d'après une description pareille, d'établir une distinction entre la respiration bronchique et la respiration caverneuse ». « Il est vrai, dirons-nous de préférence avec M. ARAN, qu'il est très-difficile de rendre par des mots la différence des sensations qu'on éprouve; cependant la respiration caverneuse donne, comme LAENNEC l'a dit avec grande justesse, la sensation de la pénétration de l'air dans une cavité plus vaste que ne l'est celle des rameaux bronchiques. Quant à la particularité à l'aide de laquelle on peut reconnaître que l'air pénètre dans un espace plus vaste, on en saura plus à cet égard après l'examen de quelques malades, que par la lecture de tous les traités d'auscultation. »

Mécanisme. — Le souffle caverneux suppose l'existence, dans le point où il se produit, d'une cavité assez spacieuse et nettement limitée. Il faut, de plus, que cette cavité communique avec les bronches et ne contienne pas de liquide ; car, si elle en contenait, nous l'avons vu plus haut, ce ne serait plus un *souffle*, mais un *râle*, — le râle caverneux, — qui se produirait. Ceci posé, il nous paraît assez facile de se rendre compte de la manière dont se produit le phénomène : Dans la cavité anormale vient s'ouvrir une bronche d'un calibre médiocre, beaucoup moins grand, en tout cas, que le diamètre de l'excavation. L'air appelé dans la poitrine par l'inspiration pénétrera donc dans cette cavité par un orifice étroit. Ainsi se trouvent réalisées les conditions nécessaires à la formation d'une *veine fluide vibrante*, et par suite à la production d'un *souffle*. Ce souffle sera d'ailleurs d'autant plus fort que l'effort inspiratoire sera plus grand et que l'air traversera avec plus de vitesse l'espace rétréci; que celui-ci sera plus étroit relativement aux dimensions de la caverne; que cette dernière sera plus superficielle, plus voisine de l'oreille ; que ses parois seront plus fermes, mieux disposées pour favo-

riser les vibrations de l'air qu'elle contient, et
que les tissus interposés entre elles et l'oreille
seront plus denses et meilleurs conducteurs du
son. Cette théorie, on le voit, est extrêmement
simple ; elle a de plus, croyons-nous, le mérite
d'être en parfaite harmonie avec les lois physiques de la production et de la transmission
des sons. Il n'est donc point nécessaire, à notre
avis, de faire intervenir, avec SKODA, la théorie
de la *consonnance*, qui peut avoir ailleurs sa raison d'être et son utilité, mais dont l'intervention nous paraît, ici, pour le moins superflue.

Signification pathologique. — De tout ce qui
précède, il semble assez naturel de conclure que
le souffle caverneux doit être considéré comme
le signe pathognomonique d'une excavation
pulmonaire en communication avec les bronches ; il aurait donc, d'après cela, la même signification pathologique que le râle caverneux,
avec lequel, avons-nous dit, il alterne fort souvent. Telle n'est pas, cependant, l'opinion de
SKODA : « L'expérience de tous les jours nous
montre, dit-il, que diverses espèces de bruits
sont produits par la pénétration de l'air dans
un espace large ou limité. De ces bruits, ceux
auxquels LAENNEC a donné le nom d'écho amphorique et de tintement métallique sont les
seuls que l'on puisse considérer comme signes

caractéristiques d'une excavation. » Mais en France, ces idées n'ont pas prévalu : « Je me suis déjà expliqué, dit à ce sujet le traducteur de Skoda, M. Aran, en maintenant la possibilité d'établir une distinction entre la respiration bronchique et la respiration caverneuse, par la sensation particulière que cette dernière donne à l'oreille. J'ajouterai que, après mûr examen, je considère la respiration ou le souffle caverneux comme étant, de tous les phénomènes dits caverneux, celui qui trompe le moins ; de sorte que, tout en partageant l'opinion de M. Skoda relativement au peu de valeur de la pectoriloquie et du râle caverneux, par exemple, j'en attache au contraire beaucoup au souffle caverneux bien caractérisé. »

Nous avouons n'avoir pas eu jusqu'ici assez souvent l'occasion d'étudier ce phénomène, relativement rare chez nos animaux domestiques, pour être en mesure de nous prononcer définitivement entre ces deux opinions contraires ; nous dirons seulement que, si nous nous en rapportions à notre expérience personnelle, insuffisante, nous le répétons, nous inclinerions fortement vers l'opinion de M. Aran, tout en convenant avec M. Mailliot que, « dans certains cas de cavernes, il peut se produire une respiration qui rappelle *absolument* la respiration bronchique, comme il peut se produire dans certaines affections pulmonaires, avec ou sans dilatation des bronches, une respiration qui rappelle à s'y méprendre la respiration caverneuse. »

SOUFFLE AMPHORIQUE.

SYNONYMIE : Respiration amphorique ; — souffle ou respiration métallique ; — bruit, écho, bourdonnement amphoriques.

Caractères. — Le souffle amphorique est un bruit anormal, généralement fort et retentissant, que l'on peut imiter en soufflant dans une grande cruche vide, une carafe à goulot étroit, une *amphore* à parois résonnantes, d'où le nom d'*amphorique* que lui a donné LAENNEC. Il remplace complétement le bruit vésiculaire ; il s'entend ordinairement dans tout un côté de la poitrine, quelquefois dans un espace circonscrit, mais toujours sur une grande surface. Il coïncide avec l'*inspiration ;* quelquefois aussi, dit-on, — mais cela doit être bien rare, — avec l'expiration. Généralement continu, il peut cependant, à ce qu'on assure, être intermittent, disparaître et se reproduire par intervalles, ou ne se faire entendre que dans les grandes inspirations (BARTH et ROGER). Il est toujours de courte durée, au moins chez les animaux, et ne tarde pas à être remplacé par un autre phénomène, — le *gargouillement pleurétique,* — que nous étudierons un peu plus loin. — Chez l'homme, il coïncide presque toujours avec ce qu'on appelle le *tintement* métallique (LAENNEC, SKODA, BARTH et ROGER, etc.), phénomène dont nous aurons à discuter plus tard la nature.

Ce bruit est très-rare chez les animaux. DELAFOND ne l'a rencontré que trois fois dans sa longue pratique : une fois chez le cheval et deux fois chez le chien. « Ces trois animaux étaient atteints d'excavations purulentes pulmonaires considérables, communiquant dans la plèvre par des fistules ; un liquide mousseux, trouble et d'une odeur très-fétide, était collecté (*sic*) dans une seule plèvre chez le chien et dans les deux sacs pleuraux chez le cheval. » Il a été également constaté une fois à l'École de Lyon, en 1859, chez un cheval atteint d'hydro-pneumo-thorax, dont l'observation a été publiée. Malheureusement, dans ce cas, l'existence de ce phénomène fut très-éphémère, et il ne put pas être étudié avec tout le soin qu'il aurait mérité; nous ne l'avons plus retrouvé depuis.

Mécanisme. — Les médecins, qui ont assez souvent l'occasion d'observer la respiration amphorique, sont loin d'être d'accord sur son mode de production : les uns croient qu'elle est due « à la résonnance de l'air agité par la

respiration, la toux ou la voix, à la surface
d'un liquide qui partage avec lui la capacité
d'une cavité contre nature », soit un hydro-
pneumo-thorax, soit une excavation tuberculeuse, lorsque celle-ci, extrêmement vaste, ne
contient qu'une très-petite quantité de liquide
(LAENNEC) ; d'autres pensent que ce phénomène
est dû « aux vibrations que la colonne d'air
inspiré et expiré imprime au fluide élastique
contenu dans l'excavation morbide, et au retentissement, dans cette cavité, du bruit qui se
produit dans les bronches et surtout à l'ouverture fistuleuse » (BARTH et ROGER) ; — pour
d'autres, « le bruit *amphoro-métallique* n'est que
le retentissement du souffle glottique, lorsque
ce retentissement fait assez vibrer l'air contenu
dans la plèvre, dans le cas d'hydro-pneumo-
thorax, pour produire un bruit semblable à
celui qu'on obtient en soufflant au goulot d'une
cruche vide » (BEAU) ; — d'autres, enfin, ne
voient dans ce bruit qu'un phénomène de *con-*
sonnance ; ils pensent qu'il reconnaît pour cause
« un râle intense se produisant dans un large
tuyau bronchique qui n'est séparé de l'air contenu dans la plèvre, ou dans une vaste excavation, que par une mince couche de tissu pulmonaire, à travers laquelle le son se propage
avec assez de force pour y exciter des vibrations consonnantes » (SKODA, ARAN, CASTELNAU).

Pour nous, si l'expérience très-insuffisante
que nous avons de ce phénomène stéthoscopique nous permettait d'émettre une opinion,
nous croirions volontiers que le souffle amphorique qui se produit dans l'hydro-pneumo-
thorax peut très-bien s'expliquer par la théorie
des veines fluides vibrantes. En effet, que se
passe-t-il quand une fistule pulmonaire, ouverte à la fois dans une bronche et dans la cavité pleurale, établit une communication
entre celle-ci et l'air extérieur? Le fluide atmosphérique, attiré à chaque inspiration dans
la poitrine, pénètre évidemment dans la cavité
séreuse, — c'est-à-dire dans un espace très-
vaste, — par un orifice d'un diamètre plus ou
moins grand, mais toujours considérablement
rétréci, par rapport à la cavité pleurale. Il doit
donc se former nécessairement, à cet orifice,
une veine fluide vibrante, et partant un *souffle*,
d'autant plus fort que le courant aérien est plus
rapide, et d'un ton d'autant plus bas que l'espace
où le bruit se produit est plus considérable. La
même interprétation s'appliquerait évidemment
aux cas où le bruit amphorique viendrait à se
produire dans une *très-vaste caverne ne contenant
pas de liquide*. Il est vrai qu'on peut objecter
à cette théorie les cas où l'on aurait constaté
la respiration amphorique en l'absence de
toute fistule pulmonaire. Mais ces cas sont-ils

bien avérés? — On a cherché avec soin la fistule, et on ne l'a pas trouvée, soit; mais a-t-on employé à cette recherche un moyen extrêmement simple, qui nous a toujours réussi, et qui consiste, après avoir ouvert avec précaution la poitrine, à laisser le poumon dans sa position naturelle et à y insuffler de l'air par la trachée au moyen d'un soufflet?

Quoi qu'il en soit, nous le répétons, nous n'avons pas une suffisante expérience pratique de ce phénomène remarquable pour donner nos idées autrement que sous toutes réserves.

Signification. — Les médecins s'accordent à peu près tous pour admettre que le souffle amphorique peut se produire *quelquefois* dans de très-vastes cavernes, principalement tuberculeuses, lorsqu'elles ne contiennent pas de liquide, ou qu'elles en contiennent très-peu; il a donc, dans ce cas, la même signification que le souffle caverneux, dont il doit être fort difficile de le distinguer. Presque tous, du reste, conviennent que le véritable *souffle amphorique* est rare dans ces conditions. Quelques-uns prétendent qu'il peut se produire aussi dans la pleurésie simple, sans perforation pulmonaire; mais ces cas sont *infiniment rares*, et, pour la plupart, sujets à contestation. En sorte qu'en définitive, tous s'accordent à reconnaître que, *au point de vue clinique, la présence du souffle amphorique bien caractérisé indique presque infailliblement l'existence d'un pneumo-thorax avec fistule pulmonaire.*

Nous adoptons pleinement cette dernière opinion ; nous ajouterons seulement qu'il faut en outre que l'orifice de la fistule à la surface du poumon soit située *au-dessus* du niveau supérieur de l'épanchement. S'il est situé *au-dessous*, l'air, pour arriver dans la plèvre, doit traverser une couche plus ou moins épaisse de liquide ; ce n'est plus un *souffle* qui se produit, c'est un *gargouillement* (Voyez plus loin : *Gargouillement pleurétique*).

AUSCULTATION DE LA TOUX.

Avant de passer à l'étude *stéthoscopique* de la toux, nous donnerons une idée sommaire de quelques phénomènes très-curieux et très-intéressants, que le médecin peut percevoir lorsqu'il fait parler son malade en même temps qu'il l'ausculte, et qui dépendent de la manière dont la *voix* retentit dans l'intérieur de la poitrine. Ces phénomènes, dont le médecin tire souvent un excellent parti pour le diagnostic, sont : la *Bronchophonie*, l'*Egophonie* et la *Pectoriloquie*.

Bronchophonie. — Dans l'état normal, l'oreille, appliquée sur la poitrine d'un homme qui parle, ne perçoit qu'un bourdonnement confus, ou peu distinct, accompagné d'un léger frémissement vibratoire des parois thoraciques. Dans certains états morbides, au contraire, le frémissement vibratoire disparaît, tandis que la voix retentit avec force, et semble se produire directement sous l'oreille, ou dans le tube même du stéthoscope, quand on ausculte avec cet instrument. De plus, le bruit perçu offre un caractère manifestement *soufflant*. Cependant, malgré la force avec laquelle elle retentit, la voix n'est pas *articulée ;* c'est-à-dire qu'on ne perçoit pas distinctement les *mots* prononcés par le malade. C'est à ce phénomène que Laennec a donné le nom de *Bronchophonie* (βρόγχος, bronche, et φωνή, voix). Il a évidemment la plus grande analogie de nature avec le *souffle tubaire*, dont il a également la signification. C'est donc le signe d'une *induration pulmonaire* plus ou moins considérable et plus ou moins étendue, et ce signe constitue, notamment, un très-bon symptôme de la *pneumonie à la période d'hépatisation.*

Egophonie. — Dans d'autres cas, la voix retentit aussi plus fortement qu'à l'état normal ; mais elle offre en outre un caractère tout particulier : elle est aigre, tremblotante, saccadée, et présente une certaine analogie avec le bêlement d'une chèvre ; d'où le nom d'*égophonie* (αἴξ, αἰγος, chèvre, φωνὴ, voix) donné par Laennec à ce phénomène, d'autant plus remarquable que la voix, telle qu'elle sort de la bouche du malade, n'offre rien de semblable. — Ordinairement limitée à la partie moyenne de la poitrine, l'égophonie est un phénomène stéthoscopique d'une grande importance. Lorsqu'elle est bien caractérisée, pure, franche, comme disent les médecins, elle est un signe presque pathognomonique de la *pleurésie avec épanchement ;* signe d'autant plus précieux qu'il est à peu près constant et qu'il se montre de bonne heure dans cette maladie. Ajoutons que ce phénomène est toujours l'indice d'un épanchement peu ou moyennement abondant ; qu'il disparaît quand le liquide épanché devient considérable, pour reparaître quand il diminue par résorption.

Pectoriloquie. — D'autres fois, non-seulement la voix résonne plus fortement qu'à l'état normal, mais on constate, en outre, que la *parole* est nettement *articulée ;* si bien que, suivant l'expression de Laennec, « la voix semble sortir directement de la poitrine, et passer tout entière par le canal central du stéthoscope ». C'est à ce phénomène qu'on donne le nom de *pecto-*

riloquie (*pectus*, *pectoris*, poitrine, *loquor*, je parle). Dans la pectoriloquie *parfaite*, la parole est transmise avec tant de plénitude et de pureté qu' «il semble que la bouche du malade appuie contre le cylindre du stéthoscope, et qu'il parle dans cet instrument (DANCE)». De plus, la pectoriloquie se fait entendre dans un espace limité, exactement circonscrit, ce qui la différencie encore de la bronchophonie, qui est plus *diffuse* et se fait souvent entendre sur de larges surfaces. Quant à sa signification, elle est la même que celle du râle et du souffle caverneux; elle annonce donc, comme eux, la présence d'une excavation, tuberculeuse ou autre, creusée dans le parenchyme du poumon.

Telles sont les principales modifications que la voix, auscultée sur la poitrine, peut éprouver par le fait des maladies des organes respiratoires contenus dans cette cavité. Nous les avons décrites telles qu'elles se présentent dans leur plus grand état de pureté. Elles ont alors des caractères bien tranchés et sont faciles à distinguer les unes des autres. Mais on conçoit bien qu'il ne doit pas en être toujours ainsi; qu'il doit y avoir, dans chacune d'elles, des nuances, par lesquelles elles se rapprochent et parfois se confondent. C'est ce qu'avait déjà reconnu LAENNEC lui-même, qui, dans plusieurs passages de son livre, avertit que la *pectoriloquie* « peut être *parfaite, imparfaite* ou *douteuse* »; que, lorsqu'elle est douteuse, elle « ne peut être distinguée de la bronchophonie qu'à l'aide d'autres signes »; qu'elle peut, dans certains cas, « prendre quelque chose du caractère frémissant de l'*égophonie* »; que celle-ci peut, à son tour, être plus ou moins pure, plus ou moins évidente, « *vraie* ou *fausse* »; que la pneumonie simple, enfin, peut être quelquefois accompagnée d'une *bronchophonie* « fort analogue à l'*égophonie* ». Il semble donc qu'il y ait quelque injustice dans le reproche qu'on a quelquefois adressé à ce grand homme d'attribuer une valeur trop absolue aux signes qu'il avait découverts. D'ailleurs, s'il est vrai que LAENNEC ait un peu exagéré l'importance de ces signes, notamment en ce qui concerne ceux fournis par l'auscultation de la voix, n'y a-t-il pas autant d'exagération, pour le moins, à refuser, comme le fait SKODA, toute valeur, toute signification, à la *pectoriloquie* et à l'*égophonie*, à les rayer d'un trait de plume du nombre des signes stéthoscopiques, à ne plus conserver, comme phénomène *vocal*, que la *bronchophonie*, plus ou moins forte ou faible, claire ou obscure, à laquelle il ajoute, il est vrai, un *bourdonnement indistinct*, sans caractères précis, comme sans signification pathologique?.....

Mais il ne m'appartient pas de pousser plus loin cette discussion. J'ai dû chercher à donner une idée sommaire des modifications que la voix auscultée sur la poitrine du malade peut présenter pendant le cours des affections pectorales, parce qu'il n'était pas possible de passer tout à fait sous silence des phénomènes que les médecins utilisent chaque jour avec tant de profit; mais de plus longs détails seraient évidemment ici hors de propos, puisqu'ils seraient sans application possible à nos malades, privés du don de la parole.

Auscultation de la toux. — Si nous ne pouvons faire parler nos malades, nous pouvons du moins facilement les faire *tousser* pendant qu'on les ausculte. — Quel parti pouvons-nous tirer de cette facilité pour le diagnostic de leurs maladies? C'est ce que nous devons examiner maintenant.

Delafond, dont l'autorité en auscultation est si grande et si légitime dans notre médecine, « après avoir étudié la valeur des signes fournis par les modifications qu'éprouve le bruit produit par la toux en traversant la poitrine », assure que « les résultats qu'il en a obtenus ne l'ont pas pleinement satisfait »; il va même jusqu'à dire, un peu plus loin, que « ce mode d'exploration ne doit être mis en pratique qu'autant que son emploi pourrait servir à confirmer les signes fournis par les autres moyens d'exploration ».

Assurément, il n'y a pas de comparaison à établir, soit pour le nombre, soit pour la valeur des renseignements qu'elles fournissent, entre l'auscultation de la respiration proprement dite et celle de la *toux* ; il n'est pas moins vrai, cependant, que cette dernière peut, dans beaucoup de cas, contribuer dans une large mesure à assurer la perfection du diagnostic.

A la vérité, ainsi que l'établissent très-bien MM. Barth et Roger, « la *toux* apporte à la séméiotique très-peu de signes qui lui soient propres » ; mais elle est souvent un excellent moyen « de provoquer la manifestation des bruits anormaux dont les conditions physiques existent déjà ». — « Par cela même qu'elle est accompagnée d'une expiration plus rapide, qu'elle est précédée et suivie d'une inspiration plus énergique, elle manifeste ou exagère certains phénomènes qui, sans elle, ne se produiraient pas ou seraient peu distincts. Ainsi la longue inspiration qui précède nécessairement la toux fera décider si la faiblesse ou l'absence du murmure vésiculaire est réelle ou seulement apparente..... De même pour les râles humides : comme ils sont déterminés par le passage de l'air à travers les liquides contenus dans

les voies aériennes, ils se produiront d'une manière d'autant plus sûre, et ils seront d'autant
plus perceptibles, que la course du fluide élastique sera plus rapide. — Du râle crépitant, à
peine sensible — ou même tout à fait insensible
— dans les mouvements ordinaires d'ampliation du thorax, se manifestera, — et souvent
avec une grande évidence, — dans les grandes
inspirations de la toux. — D'autres fois, c'est
un obstacle momentané qui s'oppose à la manifestation des phénomènes morbides, en changeant les conditions matérielles des parties,
comme ferait, par exemple, un amas de mucosités qui boucherait l'orifice de communication d'une bronche avec une caverne : que
la toux, en expulsant ces produits de sécrétion
morbide, rétablisse la communication, et le
râle ou le souffle caverneux reparaîtront. »

Dans d'autres circonstances « on pourra savoir, grâce à la toux, si un phénomène est constant ou passager, en s'assurant qu'il persiste
ou qu'il cesse après cet acte et après l'expectoration qui en est la suite. — Ainsi, le bruit
respiratoire, qui paraissait affaibli en un point
par l'obstacle momentané qu'apportaient au
passage de l'air des matières arrêtées dans les
bronches, se montrera de nouveau avec ses
caractères naturels après leur expulsion..... Des
râles sonores ou sous-crépitants, liés à la pré-

sence accidentelle de mucosités dans les voies aériennes, disparaîtront après l'évacuation des liquides. bronchiques; tandis que la permanence du silence ou des bruits anormaux devra être rattachée à des altérations plus fixes et, par conséquent, plus graves. »

Souvent aussi, la toux fournit « un moyen avantageux d'abréger l'examen stéthoscopique, une seule secousse pouvant suffire pour rendre évidents certains phénomènes dont l'appréciation aurait exigé plusieurs inspirations successives (BARTH et ROGER). »

Ces considérations, que nous empruntons, en les abrégeant, au *Traité pratique d'Ausculta-tion* de MM. BARTH et ROGER, ces considérations dont nous avons été à même d'apprécier journellement l'exactitude, depuis trente ans bientôt que nous nous livrons à l'étude de l'auscultation, — s'appliquent aux animaux tout aussi bien qu'à l'homme; elles démontrent l'utilité qu'il y a de ne point négliger ce moyen complémentaire d'information, qu'on appelle l'*auscultation de la toux.*

Quant à la manière de procéder à cette exploration, nous avons peu de chose à en dire.

On auscultera d'abord la respiration, en se conformant aux règles que nous avons établies, sur toute l'étendue de la poitrine. Si, pendant cette exploration, on rencontre quelques points où les phénomènes stéthoscopiques ne soient pas nets, laissent dans l'esprit quelques doutes relativement à leur nature et à leur signification, on notera ces points, pour y revenir à la fin de l'examen. — C'est alors que l'étude stéthoscopique de la toux sera avantageuse.

Pour cela, l'oreille sera appliquée très-exactement sur la poitrine du malade, sans trop appuyer, mais de manière à suivre tous ses mouvements, sans s'en séparer un seul instant. On commandera alors à un aide de presser le larynx d'une main, pendant qu'avec l'autre, appuyée sur le chanfrein, il limitera le plus possible les déplacements du sujet; et, quand la toux viendra à se produire, l'auscultateur prêtera toute son attention à la manière dont elle résonne dans l'intérieur de la cavité pectorale, ainsi qu'aux phénomènes qui vont se manifester dans les inspirations et les expirations qui lui succéderont.

Quelques-uns recommandent de maintenir, pendant ce temps, l'oreille libre exactement bouchée avec la paume de la main correspondante. Cette précaution n'est pas absolument nécessaire, mais elle est souvent utile; bien des fois nous avons pu nous convaincre que le bruit intrathoracique de la toux était ainsi, non pas mieux transmis, mais plus distinctement perçu et plus nettement apprécié dans ses nuances.

La pression du larynx, nécessaire pour faire tousser l'animal, provoque ordinairement chez lui des déplacements, d'autant plus brusques et répétés qu'il est plus irritable, mouvements qu'il n'est pas toujours facile de modérer. D'autre part, la toux elle-même imprime à tout le corps une secousse, un ébranlement. qui soulève la tête, dérange les rapports de l'oreille avec les parois thoraciques. Ce sont là des difficultés inhérentes à ce mode d'exploration, qui sont parfois assez sérieuses, mais qu'avec un peu d'habitude et quelques soins, on parvient pourtant à surmonter dans la plupart des cas.

Il est à peine besoin de dire que la toux, trop souvent provoquée, fatigue un animal atteint d'une affection aiguë des organes respiratoires : c'est un motif pour ne pas abuser de ce moyen, mais non pour se priver des renseignements, souvent fort utiles, qu'il peut fournir. D'ailleurs, les malades toussent souvent spontanément, et il va sans dire qu'il ne faut pas négliger d'en profiter quand l'occasion s'en présente.

Ceci posé, voyons quels sont, indépendamment de ceux que nous avons déjà fait connaître, les renseignements que nous pouvons obtenir de l'auscultation de la toux, tant à l'état physiologique qu'à l'état pathologique.

Si l'on fait tousser un animal en bonne santé, pendant qu'on tient l'oreille appliquée sur la poitrine, on perçoit, indépendamment de la secousse qui ébranle le thorax, un bruit sourd et confus, plus facile à saisir qu'à décrire, indiquant que le bruit *laryngé* se propage dans les tuyaux bronchiques, mais n'arrive pourtant à l'organe de l'ouie qu'avec un timbre sourd et comme étouffé par la mollesse du tissu pulmonaire interposé, lequel, comme tous les corps mous et spongieux, conduit fort mal le son quand il est tout à fait sain. — Ce bruit varie, du reste, en intensité, suivant les régions que l'on ausculte : « il est plus distinct en arrière de l'épaule et au centre de la poitrine que dans les régions supérieure, inférieure et surtout postérieure (DELAFOND) » ; chez le cheval, il est souvent nul en arrière de la onzième côte, et l'oreille ne perçoit plus que l'ébranlement physique de la poitrine, sans vibrations sonores. Auscultée à la racine des bronches, à la base de l'encolure, la toux donne très-nettement la sensation d'une colonne d'air qui parcourt avec apidité un tube à parois rigides.

A l'état pathologique, le bruit de la toux se modifie, et celle-ci peut prendre le caractère *tubaire* ou *caverneux*, dont nous allons parler maintenant.

TOUX TUBAIRE.

SYNONYMIE : Toux bronchique ; —toux soufflante.

On dit que la *toux* est *tubaire* quand « la secousse qu'elle communique aux parois du thorax est très énergique et que l'oreille éprouve la sensation que donnerait une colonne d'air traversant avec beaucoup de bruit, de force et de rapidité, des tubes à parois solides (BARTH et ROGER). »

On voit, d'après ces caractères, que la *toux tubaire* offre les plus grandes analogies avec le *souffle* du même nom. C'est, en effet, le même phénomène, exagéré par la vitesse plus grande imprimée à la colonne d'air par la secousse brusque et énergique de la toux. Ici encore, c'est la sensation d'un *souffle*, plutôt que celle d'un *son* qui est perçue par l'oreille, et ce souffle, *bref et fort*, semble superficiel ; on croirait qu'il se produit immédiatement sous l'oreille, ou même dans le tube du stéthoscope. Tout ce que nous avons dit du *mécanisme* du souffle tubaire est exactement applicable à celui de la toux du même nom ; il serait donc inutile de le répéter ici.

C'est à peu près au centre de la poitrine, en arrière de l'épaule, au niveau des grosses divisions bronchiques que la toux tubaire s'entend le plus ordinairement et qu'elle acquiert le plus de force ; mais elle peut aussi se faire entendre beaucoup plus en arrière, en des points où les rameaux bronchiques ont à peine le diamètre d'une plume à écrire. Elle peut être limitée à un étroit espace ; mais bien plus souvent elle est diffuse, et peut être entendue, avec une force d'ailleurs variable, sur une grande surface. Toutes les fois que la *respiration* est *tubaire*, la toux l'est également ; mais assez souvent cette dernière peut l'être sans que la première le soit. Dans ce cas, le *souffle bronchique* apparaît d'ordinaire dans les grandes expirations qui suivent immédiatement la toux ; quelquefois, cependant, c'est du *râle crépitant*, et non du souffle, que l'on perçoit alors.

De tout ce qui précède, il résulte que la *toux tubaire* a la même signification que le souffle bronchique ; et en effet, elle se produit par le même mécanisme, dans les mêmes conditions physiques des organes, et annonce les mêmes lésions, parmi lesquelles la *pneumonie à la période d'hépatisation* est la plus fréquente. Lorsque le râle crépitant accompagne les grandes inspirations qui suivent la toux, celle-ci annonce le passage de la pneumonie de la première à la deuxième période, ou, au contraire, la tendance à la résolution de l'hépatisation. — Elle peut, comme le souffle tubaire, se produire aussi dans la pleurésie avec épanchement et *atélectasie* du bord inférieur du poumon ; mais cela est assez rare ; et quand cela a lieu, elle est moins nette, moins distincte, bornée à la partie centrale du poumon, là où sont les grosses bronches, et présente un caractère marqué d'éloignement.

TOUX CAVERNEUSE.

On appelle *toux caverneuse* un retentissement plus fort que celui de la toux normale, se produisant dans un espace limité, s'accompagnant d'une notable impulsion contre l'oreille, et offrant un *timbre creux*, tout spécial, mais difficile à caractériser par des mots. Ajoutons qu'elle a toujours un caractère *soufflant* des plus évidents, sur lequel SKODA s'appuie pour contester la valeur de la distinction établie par LAENNEC entre la *toux tubaire* et la *toux caverneuse*. — Il est certain que cette distinction n'est pas toujours facile à faire sur le malade ; disons cependant, avec MM. BARTH et ROGER, que « la sensation que donne parfois la toux caverneuse

d'un soulèvement, d'un choc, remarquable par
sa circonscription bornée, est tout à fait caractéristique. »

Skoda, qui refuse à la toux caverneuse tout
caractère distinctif, lui dénie aussi, naturellement, toute valeur diagnostique ; MM. Barth
et Roger, au contraire, la considèrent comme
« l'un des signes les plus certains de cavernes
pulmonaires ». Nous n'avons pas eu assez souvent l'occasion d'étudier ce phénomène pour
être en mesure de nous prononcer entre ces
autorités contraires ; ce que nous pouvons dire
d'après notre expérience personnelle, c'est que
la toux caverneuse peut, dans certains cas, servir très-utilement, quoique indirectement, au
diagnostic, en permettant de percevoir, à sa
suite, le *râle* ou le *souffle caverneux*, qui n'étaient
pas perçus dans les mouvements ordinaires de
la respiration.

Les médecins décrivent encore une **toux amphorique**, que l'on « peut imiter en toussant à
travers le goulot d'une cruche vide (Barth et
Roger), » et « qui est à la toux normale ce que la
respiration amphorique est à la respiration vésiculaire (*idem*) ». De même que le souffle amphorique, elle indique l'existence d'un pneumo-
thorax ou d'une vaste caverne remplie d'air. —
Nous n'avons pas eu, jusqu'à ce jour, l'occasion

de constater ce phénomène chez nos animaux ;
nous n'avons donc rien à en dire.

Nous avons cherché à plusieurs reprises si,
chez les animaux atteints de pleurésie avec
épanchement, et surtout dans les cas de pleurésie au début et encore douteuse, la *toux* ne
prendrait pas le caractère *chevrotant ;* nous espé-
rions trouver ainsi un symptôme plus ou moins
analogue à l'*égophonie*, propre à faciliter le diagnostic, toujours si difficile, de la pleurésie au
début ; nos recherches, jusqu'ici, n'ont pas été
couronnées de succès. Parfois, dans la pleurésie
confirmée, et déjà reconnue par d'autres signes,
nous avons pu entendre une toux plus ou
moins nettement tubaire, offrant, en général,
ainsi qu'il a été dit ci-dessus, un caractère marqué d'éloignement ; mais, soit que nous n'ayons
pas su la distinguer de la toux tubaire, soit
qu'en réalité elle ne s'en distingue pas, nous
sommes forcé de dire que, pour nous, dans
l'état actuel, la *toux chevrotante* n'existe pas
chez nos animaux domestiques.

DE QUELQUES AUTRES BRUITS ANORMAUX.

Pour terminer l'étude de l'auscultation, il
nous reste à examiner plusieurs bruits anormaux, passablement disparates, que nous

réunissons dans cet article, et sous ce titre un peu vague, parce qu'ils n'ont pu trouver place dans aucun des paragraphes précédents. Ce sont : le *frottement pleurétique*, le *gargouillement pectoral* et le *bruit de gouttelette*.

FROTTEMENT PLEURÉTIQUE.

SYNONYMIE : Frottement ascendant et descendant ; — bruit de frottement, — de frôlement, — de cuir neuf, — de râpe, etc.

Historique. — C'est le docteur HONORÉ qui découvrit le premier, en 1824, ce nouveau signe stéthoscopique, et fournit à LAENNEC l'occasion de l'entendre ; mais c'est au docteur REYNAUD (1829) que revient le mérite d'en avoir fait connaître avec exactitude les caractères propres et la véritable signification. Depuis, il a été étudié par beaucoup de médecins, et, en médecine vétérinaire, par DELAFOND, dont nous aurons à apprécier bientôt les opinions sur ce sujet.

Caractères. — Dans l'état normal, la contraction du diaphragme détermine, à chaque inspiration, un agrandissement de la cavité pectorale dans le sens antéro-postérieur, pendant qu'elle s'agrandit dans le sens transversal par la projection des côtes en avant. Elle se resserre, par un double mouvement contraire,

lors de l'expiration. Le poumon, obéissant à la
pression atmosphérique, suit tous ces mouvements : il se porte en arrière pendant l'inspiration, et revient en avant lors de l'expiration.
De là un glissement incessant de la surface
pulmonaire sur la surface costale, que la théorie
fait comprendre, et dont les expériences de
REYNAUD, ANDRAL, PIORRY, FOURNET, BARTH et
ROGER, et beaucoup d'autres physiologistes,
ont démontré la réalité. — Mais le poli parfait
et l'humidité des surfaces en contact rend ce
glissement *silencieux*, et l'oreille appliquée sur
la poitrine d'un animal bien portant ne perçoit
absolument aucun bruit dépendant du frottement des deux surfaces de la plèvre l'une sur
l'autre.

Il n'en est pas de même à l'état pathologique :
dans certaines maladies que nous aurons à déterminer, l'oreille perçoit plus ou moins nettement un bruit qui ressemble au froissement de
deux corps durs qui passeraient avec lenteur
l'un sur l'autre. Pour en avoir une idée, « appliquez sur l'oreille la paume de la main gauche ;
puis, avec la pulpe d'un des doigts de la main
droite, frottez lentement sur les articulations
métacarpo-phalangiennes, de manière à déterminer de petits craquements secs, et vous imite-
rez avec assez d'exactitude ce *bruit de frottement*
(BARTH et ROGER) ». LAENNEC le décrit comme

« un bruit sourd, semblable à celui que produit sous le stéthoscope le froissement du doigt contre un os », et cette comparaison est également assez juste. Du reste, il peut offrir de nombreuses variétés de timbre, de rudesse, d'intensité : tantôt c'est un *frôlement* léger et doux ; tantôt un véritable *râclement ;* tantôt il imite le *cri* d'une semelle neuve, tantôt celui d'une râpe qui mord le bois. Parfois, il est assez fort pour être *senti* par la main appliquée sur la poitrine du malade, laquelle perçoit une sorte de frémissement tout particulier, difficile à décrire.

Il a son siége le plus habituel à la région moyenne et inférieure de la poitrine, généralement dans un espace limité, mais parfois aussi sur une assez large surface. On peut l'entendre dans les deux temps de la respiration, mais beaucoup plus habituellement *dans l'inspiration* que dans l'expiration. « Il est surtout remarquable chez les animaux maigres, et notamment chez les ruminants et le chien, qui ont les parois thoraciques recouvertes de muscles peu épais dans la région sternale (DELAFOND). » Sa durée est variable : tantôt il n'a qu'une existence éphémère, et « disparaît après douze, vingt-quatre ou trente-six heures (DELAFOND) » ; tantôt il dure six, huit jours et plus. « Dans un cas exceptionnel, ANDRAL en a constaté l'existence pendant plus de trois mois de suite chez un jeune homme convalescent d'un épanchement pleurétique considérable (Barth et Roger). » Nous avons déjà dit qu'il pouvait être sensible à la palpation ; ajoutons que parfois le malade lui-même en a conscience et accuse (chez l'homme bien entendu) la sensation de quelque chose qui frotte dans sa poitrine. MM. Barth et Roger citent une observation où ce frottement était assez fort pour troubler le sommeil du malade.

Il semble donc au premier abord que le *frottement pleural* doit être facile à distinguer des autres phénomènes stéthoscopiques que nous avons précédemment étudiés ; il n'en est cependant pas toujours ainsi, et l'expérience prouve qu'il est facile de le confondre, notamment avec la respiration rude et même avec certains râles bulleux, comme le *râle sous-crépitant un peu sec*, par exemple. Pour établir le *diagnostic différentiel*, on se rappellera que le *frottement* est d'ordinaire un peu saccadé, « et comme composé de plusieurs craquements successifs (Barth et Roger) » ; qu'il donne à l'oreille la sensation d'un bruit superficiel ; qu'il est rarement accompagné d'autres bruits ou râles, mais assez souvent, au contraire, d'une diminution plus ou moins marquée du murmure vésiculaire ; que la toux ne lui fait éprouver aucune modification. Enfin, aucun doute ne pourra exister sur sa nature, si la main appliquée sur la poitrine perçoit en même temps ce frémissement particulier dont nous avons parlé.

Mécanisme. — Il ne peut y avoir aucune incertitude sur la *cause physique* du bruit que nous étudions : tant que les deux feuillets de la plèvre conservent leur poli et leur humidité normale, ils glissent silencieusement l'un sur l'autre ; mais, s'ils présentent des aspérités, si leur surface devient rugueuse, on comprend que leur *frottement* pourra se traduire par un bruit, dont les diverses nuances, de timbre, de force, de rudesse, seront dans un rapport nécessaire avec la disposition des surfaces en contact. Plus celles-ci seront rudes et sèches, plus le frottement sera lui-même fort, sec et rude ; plus elles seront molles et humides, plus il sera doux et léger. Suivant que les rugosités seront limitées à un étroit espace ou couvriront de larges surfaces, le bruit sera circonscrit ou perçu sur une grande étendue. Le degré de perméabilité du poumon lui-même influera sur le frottement, qui sera bref, rapide, si la respiration est courte, plus prolongé au contraire, si l'expansion pulmonaire est plus complète.

Signification pathologique. — Toutes les maladies qui peuvent altérer le poli de la plèvre sont susceptibles, en principe, de produire le bruit qui nous occupe ; mais on cite comme étant particulièrement dans ce cas : l'*emphysème pulmonaire*, la *phthisie tuberculeuse* et surtout la *pleurésie*.

Emphysème pulmonaire. — LAENNEC considérait ce phénomène qu'il désignait sous le nom de *frottement ascendant* et *descendant*, comme dépendant, « au moins dans le plus grand nombre des cas, de l'emphysème interlobulaire du poumon ». Nous avons ausculté un très-grand nombre de chevaux atteints de *pousse*, — laquelle est, comme on sait, produite dans la très-grande majorité des cas, par l'emphysème vésiculaire ou interlobulaire, — et *jamais* nous n'avons rien trouvé qui ressemblât, même de loin, — même chez les chevaux poussifs à l'excès, — au frottement pleurétique. — Dans notre mission en Bretagne, en 1871, où nous avions été envoyé pour combattre la peste bovine, nous avons eu assez souvent l'occasion d'ausculter des bœufs ou des vaches malades de l'épizootie, et chez lesquels nous trouvions à l'autopsie cet emphysème si remarquable qui sillonne si communément leurs poumons de saillies sinueuses, et, ici encore, nous n'avons *jamais* trouvé le frottement pleural. — Du reste, nous ne sommes pas seuls dans ce cas : « Sur le très-grand nombre d'emphysémateux que nous avons auscultés, disent MM. Barth et Roger, nous n'avons jamais entendu le frottement d'une manière *évidente*, ou du moins ne l'avons-nous trouvé jamais lié manifestement à l'emphysème seul, indépendamment de toute autre cause capable de le produire. » — Nous croyons donc, d'après cela, qu'on peut rayer le frottement pleural du nombre des symptômes de l'emphysème pulmonaire.

Phthisie tuberculeuse. — Nous n'en dirons pas autant de la phthisie. — On trouve très-souvent, dans cette maladie, des tubercules déposés en grand nombre, soit dans l'épaisseur de la plèvre elle-même, soit dans le tissu conjonctif sous-pleural, et formant à la surface de la séreuse des aspérités, des saillies dures et sèches, très-capables de donner lieu à un frottement perceptible à l'auscultation. Il est vrai que, jusqu'à ce jour, nous n'avons point rencontré d'une manière évidente, ce symptôme dans la phthisie pulmonaire chez les animaux de l'espèce bovine que nous avons auscultés ; mais nous n'avons pas été assez bien placé pour faire l'étude complète de cette maladie, pour être certain que ce symptôme ne nous aurait point échappé. Nous devons donc nous borner, pour le moment, à signaler sa *possibilité*, en le recommandant à l'attention des praticiens.

Pleurésie. — Mais, de toutes les maladies, celle qui donne le plus souvent lieu au phénomène que nous étudions, est, sans contredit, la pleurésie; non pas dans tout le cours de cette affection, mais seulement dans deux de ses périodes : 1° *au début*, quand les feuillets de la plèvre sont revêtus d'un exsudat déjà assez abondant, et que l'épanchement n'est pas encore formé ; 2° *à la fin*, lorsque la résorption du liquide épanché permet de nouveau le rapprochement des feuillets séreux couverts d'aspérités.

1° « Tous les pathologistes modernes, — dit DELAFOND, — s'accordent à penser que le bruit qui nous occupe se manifeste lorsque les deux feuillets pleuraux enflammés sont revêtus de fausses membranes récentes. Cette opinion est fondée. Nous avons eu lieu de nous en convaincre, en sacrifiant de grands et de petits animaux sur lesquels nous faisions naître de violentes pleurésies, en injectant une solution d'acide oxalique dans les plèvres, et que nous sacrifiions dès l'instant où le frottement était très-manifeste; et toujours nous avons vu ce bruit coïncider avec l'existence des premiers dépôts albumino-fibrineux à la surface de la plèvre vivement enflammée. »

Il n'y a pas à douter de la parole d'un observateur aussi habile, d'un expérimentateur aussi consciencieux que l'était DELAFOND; cependant, il nous est impossible de ne pas répéter aujourd'hui ce que nous disions à ce propos en 1860 : « Ce bruit, s'il était constant, constituerait un signe précieux pour le diagnostic, souvent si difficile, de la pleurésie au début. Malheureusement, il n'en est point ainsi : il manque, au contraire, si souvent à cette première période, que nous n'avons jamais pu le constater chez les nombreux sujets qu'il nous a été donné d'examiner.»

Peut-être cette contradiction, au moins apparente, trouve-t-elle son explication dans ce fait, noté par DELAFOND, que le bruit de frottement n'a alors qu'une existence éphémère ; qu'il « disparaît après douze, vingt-quatre ou trente-six heures *au plus*». Et comme les malades ne sont presque jamais conduits dans nos hôpitaux que plusieurs jours après le début de la maladie, l'occasion d'entendre ce bruit, à cette période, doit se rencontrer rarement dans la pratique.

Quoi qu'il en soit de cette explication, il n'en résulte pas moins pour nous que *le frottement pleurétique n'est pas un symptôme sur lequel on puisse compter pour le diagnostic de la pleurésie au début.*

2° En tout cas , dès que l'exhalation séreuse

s'est faite en certaine quantité à la surface de la plèvre enflammée, dès que l'*épanchement* est devenu assez abondant pour déplacer le poumon et éloigner la plèvre pulmonaire de la plèvre costale, tout frottement devient impossible, et le bruit, s'il avait existé, cesse de se faire entendre : tout le monde est d'accord sur ce point.

Mais plus tard, lorsque le liquide se résorbe, si le poumon *atélectasié* n'est pas trop forte-ment *bridé* par les fausses membranes, s'il peut se déplisser et reprendre son volume normal sous l'influence de la pression atmosphérique, les deux feuillets séreux se rapprocheront de nouveau ; et, comme ils sont alors hérissés de productions pseudo-membraneuses, le frotte-ment de leurs surfaces rugueuses pourra deve-nir sensible à l'oreille. — Cela est admis sans conteste par tous les médecins.—A la première période de la pleurésie, « la lymphe plastique n'a pas toujours assez de consistance pour donner lieu à un bruit. *Aussi, l'entend-on beau-coup plus souvent et plus distinctement dans la dernière période*, lorsque l'épanchement séreux a été repris par absorption et que les surfaces pleurales, tapissées par une exsudation plas-tique solide, entrent de nouveau en contact (Skoda). » — « Il annonce *le plus souvent une pleurésie en voie de guérison* (Barth et Roger). »

18

C'est, en effet, dans ces conditions que nous l'avons nous-même entendu quelquefois chez le cheval. Alors, il persiste en général assez long-temps, six, huit, dix, quinze jours, et même davantage.

GARGOUILLEMENT PECTORAL.

SYNONYMIE : Bruit de glouglou. — Tintement métallique des medecins (?).

Caractères. — Nous donnons le nom de *gar-gouillement pectoral* à un phénomène fort re-marquable, dont on pourra avoir une idée assez exacte en se rappelant le bruit qui se produit lorsque, dans une opération de chimie, on fait dégager un gaz par l'extrémité d'un tube recourbé plongeant sous une grande cloche renversée et pleine d'eau. — A mesure qu'il se dégage, le gaz s'échappe par l'extré-mité immergée du tube ; des bulles s'élèvent, traversent le liquide et viennent éclater à sa surface en produisant un bruit. — Telle est, très-exactement, la sensation que perçoit l'o-reille appliquée sur la poitrine d'un cheval chez lequel se produit le phénomène que nous étudions en ce moment.— On comprend d'ail-leurs que les bulles peuvent être plus ou moins nombreuses et volumineuses , plus ou moins régulièrement espacées, plus ou moins bruyan_ tes, etc., selon les conditions particulières dans lesquelles le phénomène se produit ; mais son caractère fondamental est toujours celui de *l'explosion de bulles gazeuses à la surface d'un liquide*. On pourrait encore comparer ce bruit à celui qui prend naissance lorsqu'on renverse perpendiculairement une bouteille pleine, et qu'on la laisse se vider à plein goulot ; mais cette comparaison en donnerait une idée moins bonne que la première. Ajoutons que ce bruit, tel que nous l'avons entendu, est un bruit superficiel, permanent, se produisant seulement dans l'inspiration ; que, d'abord assez faible, perceptible uniquement du côté de la poitrine où siège la lésion , il peut devenir , dans certains cas, assez fort pour être entendu des deux côtés, et parfois à une petite distance du malade.

Mécanisme. — DELAFOND a décrit un bruit de *glouglou* qui lui a « semblé se produire toutes les fois que, avec l'épanchement, il existait des fausses membranes qui, par une disposition particulière, laissaient entre elles des aréoles ou des cavités plus ou moins grandes, dans lesquelles s'introduisait et sortait (*sic*) le liquide pendant l'acte de la respiration.» Il est évident que cette interprétation ne saurait être acceptée ; il suffit, pour s'en convaincre, de se rappeler que la disposition cloisonnée des fausses membranes dont parle Delafond est à peu près constante dans la pleurésie du cheval, tandis que, de l'aveu même de l'auteur, le bruit dont il s'agit « ne se fait que très-rarement entendre ».

Suivant nous, pour qu'un pareil bruit se manifeste, trois conditions sont rigoureusement nécessaires ; il faut : 1° qu'une communication fistuleuse existe entre les bronches et la cavité séreuse de la plèvre ; — 2° que celle-ci contienne une certaine quantité de liquide ; — 3° que la fistule pulmonaire s'ouvre dans la plèvre au-dessous du niveau du liquide épanché.

Dans ces conditions, l'air, appelé à chaque inspiration dans l'intérieur de la poitrine, pénètre, non-seulement au sein des vésicules perméables, mais jusque dans l'intérieur du sac pleural lui-même. Mais pour gagner les régions supérieures de la poitrine,— qu'il doit occuper en raison de sa légèreté spécifique, — il faut que l'air traverse le liquide : de là la formation de bulles plus ou moins nombreuses et volumineuses qui viennent faire explosion à la surface. Cette condition est indispensable. — Supposons, en effet, qu'il y ait fistule pulmonaire, mais pas de liquide dans la poitrine ; ou bien que l'orifice pleural de la fistule s'ouvre au-dessus de l'épanchement ; il y aura bien encore pénétration de l'air dans la cavité de la plèvre et production d'un *son ;* mais ce son sera le *souffle amphorique* que nous avons étudié plus haut, et non le *glouglou,* le *gargouillement pleurétique.*

Une expérience très-simple, que nous avons répétée bien des fois, avec un résultat toujours identique, prouve, avec évidence, à notre avis, que tel est bien le mécanisme de ce remarquable phénomène. — Prenez le poumon d'un petit animal, à la trachée duquel vous adapterez un tube d'une certaine longueur, après avoir fait à sa surface une solution de continuité qui simulera une fistule pulmonaire ; — placez-le dans un flacon plein d'eau ; déposez le flacon sur la platine de la machine pneumatique ; recouvrez avec une cloche munie, à sa partie supérieure, d'une ouverture dans laquelle vous engagerez le tube fixé à la trachée ; lutez exactement, et faites le vide sous la cloche — A chaque coup de piston, vous verrez le poumon se gonfler et l'air sortir par la *fistule.* — Appliquez votre oreille sur la cloche, et vous pourrez percevoir très-distinctement deux sons bien différents : — 1° si le poumon surnage complétement, et si la perforation reste *émergée,* vous distinguerez un *souffle* qui rappellera assez bien le *souffle amphorique ;* — 2° mais si, au moyen d'un *lest,* vous entraînez la plus grande partie de l'organe au fond de l'eau, de manière à ce que la fistule artificielle soit *im-*

18.

mergée, vous *verrez*, à chaque coup de piston, des bulles se former et venir éclater à la surface du liquide, et vous *entendrez* très-bien le *bruit* qu'elles font en éclatant, bruit exactement comparable à celui que nous avons décrit ci-dessus sous le nom de *bruit de glouglou*.

Il nous semble que cette expérience rend très-bien compte du mode de formation du *gargouillement* pleural ; qu'elle en rend la théorie sensible, non-seulement à l'oreille, *mais à l'œil lui-même*, si nous pouvons ainsi dire. — Nous ajouterons que cette théorie est, d'ailleurs, en parfaite harmonie avec les données cliniques, ainsi que cela résulte d'une remarquable observation qu'il nous a été donné de recueillir en 1859, et dont nous résumerons ici les points essentiels (1).

Sur un cheval, chez lequel nous avions reconnu depuis trois jours l'existence d'une pleurésie avec épanchement occupant environ le tiers de la cavité pectorale, nous pûmes constater, un matin, un bruit particulier qui n'existait pas la veille. C'était comme une sorte de *glouglou*, comparable à celui que produit l'air en pénétrant dans une bouteille que l'on vide à plein goulot. Ce bruit se reproduisait

(1) Voyez cette observation dans le *Journal de méd. vét. de Lyon*, année 1863, p. 49.

à chaque inspiration. D'abord assez léger, et perceptible seulement du côté droit, il se renforça rapidement de manière à devenir sensible à l'auscultation, même du côté gauche, puis assez fort pour être distinctement entendu à une petite distance du sujet.

Nous diagnostiquâmes un *hydro-pneumo-thorax avec fistule pulmonaire s'ouvrant, à la fois, dans les bronches et dans le sac de la plèvre droite.*

L'animal ayant succombé deux jours après, l'autopsie permit de vérifier l'exactitude de ce diagnostic. — La poitrine contenait environ 25 à 30 litres d'un liquide trouble et *spumeux.* Les plèvres étaient couvertes de fausses membranes déjà passablement résistantes. Les poumons étaient flétris et privés d'air dans une assez grande étendue. Le droit portait, à une petite distance de son bord inférieur, au niveau de la septième côte à peu près, une solution de continuité à bords frangés, du diamètre d'une pièce d'un franc, aboutissant dans une cavité creusée dans le parenchyme pulmonaire, assez grande pour loger un œuf de poule. — En insufflant *sur place* le poumon, au moyen d'un soufflet de boucher introduit dans la trachée, on constatait de la manière la plus évidente que l'air s'échappait par la plaie pulmonaire chaque fois qu'on rapprochait les branches du soufflet. — Si, pendant cette opération, on avait soin de maintenir la plaie pulmonaire immergée dans le liquide pleurétique, on voyait l'air sortir sous forme de bulles qui, en éclatant à la surface, *reproduisaient très-exactement le bruit que nous avions entendu par l'auscultation pendant la vie* du sujet.

D'après tout cela, il serait difficile, je pense, de conserver des doutes sur l'origine, la nature et le mode de production de ce phénomène stéthoscopique.

Signification. — Sa signification pathologique n'est pas moins évidente; elle ressort clairement de tout ce qui précède et peut être formulée en peu de mots : *Le bruit de glouglou* ou de *gargouillement pleurétique est le symptôme*, et nous pouvons dire, jusqu'à preuve contraire, *le symptôme pathognomonique, de l'hydro-pneumo-thorax;* il indique d'une manière certaine qu'une communication anormale s'est établie entre les bronches et le sac des plèvres, par le fait de l'ouverture, successive ou simultanée, sur ces deux surfaces, soit d'un abcès, soit d'une caverne tuberculeuse pulmonaire. Il est au souffle amphorique ce que le râle caverneux est au souffle de ce nom. Ses caractères sont d'ailleurs tellement nets qu'il nous paraît impossible que l'oreille la moins exercée puisse

le confondre avec aucun autre bruit ; et sa
signification est si naturelle qu'elle s'impose,
pour ainsi dire, d'elle-même, nous ne disons
pas à l'intelligence, mais à *l'oreille* de celui
qui l'entend.

Tintement métallique. — Comparaison. —
LAENNEC a décrit, sous le nom de *tintement
métallique*, « un phénomène singulier qui consiste en un bruit parfaitement semblable à celui que rend une coupe de métal, de verre
ou de porcelaine, que l'on frappe légèrement
avec une épingle, ou dans laquelle on laisse
tomber un grain de sable ». D'après le même
auteur, ce bruit « ne peut exister que dans
deux cas : 1° *dans celui de la coexistence d'un
épanchement séreux ou purulent dans la plèvre
avec un pneumo-thorax ;* 2° lorsqu'une vaste
excavation tuberculeuse est pleine, en partie
seulement, d'un pus très-liquide ». Un peu
plus loin, LAENNEC fait cette remarque importante que, « le tintement métallique se change
quelquefois en un bourdonnement tout à fait
semblable à celui que l'on produit en soufflant
dans une carafe ou dans une cruche », et qu'il
appelle, en conséquence, « *bourdonnement amphorique* ».

Tous ceux qui, depuis, ont écrit sur l'auscultation, ont admis le tintement métallique de

Laennec et l'ont décrit de la même manière, souvent dans les mêmes termes ; tous ont reconnu et signalé ses rapports avec le bourdonnement ou souffle amphorique ; tous, enfin, lui ont attribué la même signification pathologique, le considérant comme étant, le plus ordinairement sinon exclusivement, un symptôme d'*hydro-pneumo-thorax* avec fistule pulmonaire (1).

(1) Les citations suivantes donneront une idée de la signification que les médecins attachent au tintement métallique :

— « Pour que le pneumo-thorax joint à l'empyème ou à l'hydropisie de la plèvre donne lieu au tintement métallique, il est nécessaire, en outre, que la plèvre communique avec les bronches au moyen d'un conduit fistuleux, tel que ceux qui sont produits par une vomique tuberculeuse, un abcès du poumon ou une eschare gangréneuse, ouverte à la fois, d'un côté dans la plèvre, et de l'autre dans quelque rameau bronchique. Le tintement métallique peut, par conséquent, être regardé comme le signe pathognomonique de cette triple lésion (Laennec ; *auscultation*, 2ᵉ édition). »

— « Le tintement métallique est ordinairement l'annonce de trois affections coexistantes : d'un pneumo-thorax ; d'un épanchement liquide de la cavité de la plèvre, et d'une fistule de communication entre cette cavité et celle des bronches (Dance). »

— « Concluons de tout ce qui précède que, au point de vue clinique, on peut considérer, avec une certitude à peu près complète, la présence du *tintement métallique* comme indiquant une communication entre l'air extérieur et la cavité pleurale ou une excavation (Aran ; notes à la traduction de Skoda). »

— « Tout ce qu'il nous est permis de dire à ce propos, c'est que, dans les observations que nous avons recueillies dans les hôpitaux de Paris, nous avons trouvé des fistules pulmonaires s'ouvrant dans des cavernes ou dans la cavité pleurale, toutes les fois que nous avions entendu,

Dès lors, il y avait lieu pour nous de nous demander si le phénomène décrit par les médecins sous le nom de *tintement métallique* n'était pas le même que celui que nous venons de faire connaître sous le nom de *gargouillement pleural*. — Et ce rapprochement est d'autant plus légitime que, parmi les nombreuses théories mises en avant pour expliquer le mode de production du premier de ces bruits, il en est une, celle de DANCE, admise et développée par BEAU, qui ne diffère en rien de celle que nous avons proposée ci-dessus pour l'explication du gargouillement pleural.

D'après DANCE, en effet, « le mécanisme de la production du *tintement métallique* paraît être le suivant : Une certaine quantité d'air s'insinue pendant l'action de parler, de tousser, de respirer à travers la fistule pleuro-bronchique, et vient bouillonner à la superficie du liquide contenu dans la plèvre en formant des bulles

pendant la vie et aux approches de la mort, le véritable *tintement métallique* (MAILLIOT. »

— « En raison de la rareté des cavernes assez spacieuses pour donner lieu à un tintement métallique évident, ce phénomène, quand il est bien caractérisé, est presque toujours l'indice d'un pneumo-thorax. — Comme les épanchements gazeux de la plèvre existent rarement sans collection liquide ou sans perforation pulmonaire, si le *tintement* est produit d'une manière constante et manifeste, par la respiration et par la voix, il est le signe presque pathognomonique d'un hydro-thorax avec communication fistuleuse de la plèvre et des bronches (BARTH et ROGER). »

plus ou moins volumineuses, qui, en crevant, ébranlent le fluide élastique, et lui donnent le caractère de résonnance· propre au tintement métallique. »

Suivant BEAU, ce tintement, qu'il appelle *bullaire*, serait produit « par la rupture d'une bulle d'air au milieu d'un épanchement thoracique, pleural ou caverneux, dont les parois sont douées de sonor.té métallique ; et, dans la grande majorité des cas, la bulle est due à l'entrée de l'air dans une fistule bronchique, qui vient aboutir au-dessous du niveau du liquide épanché. »

On le voit, soit pour le mécanisme, du moins suivant certaines théories, soit pour la signification pathologique, l'analogie est grande, — nous devrions dire complète, — entre les deux phénomènes ; et l'on pourra se demander pourquoi nous ne les désignons pas sous le même nom ; pourquoi nous n'avons pas accepté celui de *tintement métallique*, adopté par tous les médecins.

Nous nous sommes posé à nous-même cette question ; mais, malgré notre désir de rendre notre étude des phénomènes stéthoscopiques comparable, nous avons été arrêté par les caractères physiques de ces deux bruits. Celui que nous désignons par le nom de *gargouillement pleural*, — tel du moins que nous l'avons entendu chez le cheval, — ne ressemble en rien à « celui que l'on produirait en laissant tomber un grain de sable dans une grande coupe de métal, » non plus qu'à « l'espèce de cliquetis métallique qui résulterait de la chute de plusieurs grains de plomb dans un plateau d'airain (BARTH et ROGER). » C'est, nous l'avons dit, un bruit identique à celui que forment des bulles gazeuses en éclatant à la surface d'un liquide dans un espace à parois sonores ; c'est un *gargouillement*, un *bruit de glouglou*, qui n'a rien, absolument rien, de métallique.

Cette différence tiendrait-elle uniquement à la manière différente dont vibrent les parois pectorales chez l'homme et chez le cheval ? C'est ce qu'il nous est impossible de dire pour le moment, n'ayant jamais eu l'occasion, jusqu'ici, d'ausculter chez l'homme le bruit auquel les médecins donnent le nom de tintement métallique. Nous avons donc dû donner à notre bruit un nom propre à le faire reconnaître des vétérinaires qui viendraient à l'entendre, tout en signalant les analogies qu'il paraît avoir avec un autre phénomène connu des médecins sous un tout autre nom.

BRUIT DE GOUTTELETTE.

SYNONYMIE : Bruit de la goutte d'eau.

Historique. — En 1850 ou 1851, un vétérinaire militaire, dont nous ignorons le nom, signala ce bruit à M. Rey, professeur de clinique à l'École de Lyon, qui, depuis lors, a fréquemment appelé sur ce symptôme l'attention des élèves qui suivaient sa clinique. — C'est également par M. Rey que nous avons appris à connaître ce phénomène, auquel nous avons consacré quelques lignes dans nos *Recherches sur la Pleurésie* (1859). Depuis, M. Liautard, vétérinaire militaire, a publié sur le même sujet (*Journal de Médecine vétérinaire de Lyon*, 1860) un *mémoire* très-complet et très-intéressant, auquel nous aurons à faire de nombreux emprunts.

Caractères. — Dans certains cas que nous spécifierons un peu plus loin, on peut, en approchant son oreille *des naseaux* d'un cheval, entendre, « de moment en moment, à intervalles à peu près égaux, un petit claquement court, rapide, instantané, parfaitement comparable à celui que ferait un liquide tombant goutte à goutte à la surface d'un autre liquide (Liautard). » On peut encore imiter assez bien ce bruit particulier en détachant un peu vivement la langue du palais. Il se manifeste toujours entre la fin de l'inspiration et le début de l'expiration, sans qu'il soit possible de dire s'il appartient plutôt au premier qu'au second de ces deux temps de l'acte respiratoire. Il est

généralement *intermittent ;* c'est-à-dire que,
dans le cours d'une maladie pendant laquelle
il se manifeste, il peut se montrer et disparaître
un grand nombre de fois, et cela dans un laps
de temps souvent assez court, sans qu'il soit
possible de rattacher sa présence ou sa disparition à quelque changement appréciable sur-
venu dans l'état du malade.

On peut entendre ce même bruit en appliquant successivement son oreille sur le larynx,
sur la trachée, et même sur les parois pectorales ; mais jamais on ne l'entend mieux, ainsi
que nous l'avons dit en commençant, que lorsqu'on tient l'oreille à proximité de l'un ou de
l'autre naseau. — Ce n'est donc point, à proprement parler, un phénomène stéthoscopique ;
cependant, nous avons cru devoir lui consa-
crer ici une petite place, à titre de signe
complémentaire de ceux fournis par l'auscultation.

Mécanisme. — Pour expliquer ce petit bruit,
les uns ont supposé que quelques gouttes de
sérosité, suspendues un instant aux fausses
membranes de la plèvre (dans le cas de pleurésie), pouvaient tomber d'une certaine hauteur,
à intervalles presque égaux, à la surface du
liquide épanché, et donner ainsi naissance au
bruit dont il s'agit. — D'autres l'ont attribué

au *clapotement* du liquide épanché dans la plèvre contre les parois thoraciques. — Pour montrer le peu de fondement de ces deux interprétations, il suffit de faire remarquer : 1° qu'un liquide épanché dans la plèvre ne peut accuser sa présence par un bruit quel qu'il soit, qu'autant qu'il s'y trouve associé à un gaz : la théorie et l'expérience s'accordent sur ce point ; — 2° que celui dont il s'agit s'entend toujours beaucoup mieux en approchant l'oreille des naseaux qu'en auscultant la poitrine elle-même. Il paraît donc certain, d'après cela, que le bruit de gouttelette doit se passer dans les voies supérieures de la respiration.

M. LIAUTARD a essayé d'élucider cette question du siége et du mécanisme du bruit de gouttelette par des expériences dont nous donnerons ici un rapide aperçu.

Sur un cheval atteint d'hydro-thorax, et chez lequel le bruit se faisait distinctement entendre aux naseaux, tout le long de la trachée, et jusque sur le thorax, cet ingénieux expérimentateur ouvre la trachée, introduit un tampon dans la partie supérieure du conduit, et force ainsi l'animal à respirer seulement par l'ouverture artificielle. Il constate alors que le bruit de gouttelette, qui, avant le tamponnement, s'entendait très-bien par le tube à trachéotomie, ne s'entend plus maintenant, tandis que, ausculté à l'orifice des naseaux, il n'a rien perdu de sa force et de sa netteté. — Il pratique alors la *laryngotomie*, et, par l'incision faite au ligament crico-trachéal, il introduit le doigt indicateur jusque dans la glotte. Quand la muqueuse s'est habituée à ce contact, que la toux et l'anxiété se sont calmées, il prie « trois personnes d'appliquer simultanément l'oreille aux deux naseaux et à l'ouverture trachéale, d'où le tampon a été retiré. » Il « cherche alors à immobiliser les cordes vocales, en portant son doigt dans l'angle antérieur de la glotte. » Aussitôt, le bruit disparaît. — Il rend la liberté aux rubans vocaux ; « et le bruit reparaît aussitôt. » — Et cette expérience, répétée un grand nombre de fois, a donné constamment le même résultat. — C'est donc dans le larynx que ce bruit a son siége. Comment se produit-il ? — Le doigt introduit dans le larynx constate aisément que, dans le mouvement d'inspiration, la glotte se dilate « d'une manière active » ; que les cordes vocales s'écartent, se tendent et ferment complétement l'orifice des ventricules du larynx ; que, « un instant après, et dans l'intervalle qui sépare l'inspiration de l'expiration, les rubans vocaux reviennent vivement sur eux-mêmes. » Or, c'est précisément à cet instant que le bruit de gouttelette se produit, et il est naturel d'admettre que l'introduction subite de l'air dans les ventricules glottiques, et la vibration des cordes vocales elles-mêmes donnent lieu, à ce moment, à un petit *claquement* humide, tout à fait semblable à celui qu'on détermine en détachant la langue du palais, auquel, nous l'avons dit, ressemble parfaitement le bruit dont nous parlons.

Telle est l'interprétation que M. LIAUTARD déduit de ses expériences ingénieusement conçues et habilement exécutées. Maintenant, quelle est la signification de ce petit phénomène ?

Signification. —Les vétérinaires militaires qui, les premiers, ont fait connaître le *bruit de gouttelette*, le considéraient comme un signe à peu près pathognomonique de la pleurésie avec épanchement, et c'est avec cette signification qu'il nous fut signalé au début de notre carrière comme chef de service. Cependant, nous ne tardâmes pas à reconnaître que cette interprétation était beaucoup trop absolue ; qu'on peut entendre ce bruit dans des cas où il n'y a pas une goutte de liquide dans la plèvre ; tandis que, d'autre part, on le cherche en vain dans des cas de pleurésie avec épanchement des mieux caractérisés. Les recherches de M. LIAUTARD, qui a étudié ce bruit avec une attention particulière, ont confirmé cette manière de voir :

« Dans toutes les affections où la respiration devient difficile, où l'inspiration exige une dilatation exagérée de la glotte, dans toutes ces maladies, dit-il, se trouvent réalisées les conditions favorables à la manifestation du bruit de gouttelette. C'est ainsi que nous l'avons entendu plus ou moins souvent dans la pneumonie, la bronchite, l'emphysème pulmonaire, dans quelques cas de morve, de gourme, de coryza, etc. »

Ce symptôme n'a donc pas, tant s'en faut, la valeur diagnostique absolue qu'on lui avait d'abord attribuée ; cependant, nous devons dire, d'accord en cela encore avec M. LIAUTARD, que c'est dans la *pleurésie avec épanchement* que nous l'avons entendu le plus souvent. Mais, à cette période, la pleurésie est, en général, si bien caractérisée, si facile à diagnostiquer par la percussion et l'auscultation, que ce signe perd, à notre avis, beaucoup de son importance. Néanmoins, c'est, à tout le moins, un symptôme curieux, et nous ne devions pas le passer sous silence.

BIBLIOGRAPHIE.

ARAN. Notes à la traduction du *Traité de percussion et d'auscultation* de SKODA. — Voyez SKODA.

ANDRAL. Notes à la 4e édition du *Traité de l'auscultation médiate* de LAENNEC ; Paris, 1834.

BARTH et ROGER. *Traité pratique d'auscultation*, suivi d'un *Précis de percussion* ; 8e édition, Paris, Asselin, 1874.

BARRIER. *Traité pratique des maladies de l'enfance*; t. Ier, Paris et Lyon, 1843.

BEAU. *Études théoriques et pratiques sur les différents bruits qui se produisent dans les voies respiratoires, tant à l'état sain qu'à l'état pathologique*, in *Archives générales de médecine* ; 1840, 3e série, t. VIII, p. 129 et 385, et t. IX, p. 121 et 378.

—— *Traité expérimental et clinique d'auscultation* ; Paris, 1856.

BÉHIER et HARDY. *Traité élémentaire de pathologie interne*, t. Ier ; *Pathologie générale et séméiologie*; 2e édition, 1858.

BERGEON. *Théorie des bruits physiologiques de la respiration*, in *Gazette des hôpitaux*, n° du 16 mars 1869.

BONDET. *Recherches physiologiques sur le mécanisme des bruits respiratoires*, in *Gazette hebdomadaire de médecine et de chirurgie* ; 1863, p. 798 et 851.

Bondet et **Chauveau**. *Contribution à l'étude du mécanisme des bruits respiratoires normaux et anormaux,*
in *Journal de médecine vétérinaire et de zootechnie;*
1877, p. 188.

Bouchut. *Nouveaux Éléments de pathologie générale et de
séméiologie;* 3e édition, Paris, 1875.

Bouley (H.). *Clinique de l'École d'Alfort; Pneumonie;
Résumé des observations;* in *Recueil de médecine vétérinaire;* 1846, p. 19.

—— *Sur la péripneumonie du gros bétail,* in *Gazette hebdomadaire de méd. et de chir.,* année 1853-1854, p. 474,
523 et 543.

—— *Nouveau Dictionnaire de méd. et de chir. vét.,* t. V,
article Emphysème pulmonaire.

Chomel. *Éléments de pathologie générale;* 4e édition, Paris, 1856.

Clédon. *Du diagnostic et de l'origine de la pommelière,*
in *Journal des vétérinaires du Midi;* 1852, p. 313.

Dance. *Dictionnaire de médecine* en 30 vol., art. Auscultation; t. IV, p. 393.

Delafond. *Essai sur la monographie du croup,* in *Recueil
de méd. vét.;* 1829, p. 351, 369 et 425.

—— *De l'exploration des organes de la respiration des animaux domestiques,* in *Recueil de méd. vét.;* 1829,
p. 634, 683, et 1830, p. 185.

—— *Observations pratiques sur le diagnostic des maladies
du poumon et des plèvres par l'exploration immédiate
de la poitrine des animaux domestiques,* in *Recueil de
méd. vét.;* 1830, p. 485, 533 et 627.

—— *Recherches sur le diagnostic des maladies des plèvres,*
in *Recueil de méd. vét.;* 1831, p. 65, 349 et 405.

—— *Mémoire sur l'emphysème pulmonaire des chevaux*
(pousse), in *Recueil de méd. vét.;* 1832, p. 233, 299,
345 et 401.

DELAFOND. *Instruction sur la pleuro-pneumonie contagieuse des bêtes bovines du pays de Bray*, in *Recueil de méd. vét.*; 1840, p. 593, 669 et 729.

—— *Traité de la maladie de poitrine du gros bétail;* un vol. in-8°, **Paris, 1844.**

—— *Traité de pathologie générale vétérinaire;* un vol. in-8°, 1re édition, **Paris, 1838; 2e** édition, **1855.**

DUPUY. *De la pleurésie du cheval,* in *Recueil de méd. vét.,* 1824, p. 347.

FOURNET. *Recherches cliniques sur l'auscultation des organes respiratoires.*

GLEISBERG. *Considérations sur l'anatomie pathologique et le diagnostic des maladies de poitrine,* in *Magazin für die Gesammte Thierheilkunde;* 1854.

CREAVES. *Considérations sur l'hydrothorax,* in *The Veterinarian;* 1862.

HAYCOCK. *Rhumatisme et pleurésie* (observations), in *Recueil de méd. vét.;* 1850, p. 27.

HURTREL D'ARBOVAL. *Dictionnaire de médecine et de chirurgie vétérinaires,* 2e édition, art. AUSCULTATION; t. I, p. 182.

LAENNEC. *Traité de l'auscultation médiate;* **Paris,** 1re édition, 1819; 2e édition, 1826; 4e édition, 1834.

LAFOSSE. *Diagnostic de la phthisie pulmonaire,* in *Journal des vétérinaires du Midi ;* 1852, p. 318.

—— *Traité de pathologie vétérinaire,* 3 vol. in-8°; **Toulouse,** 1858-1868, t. I, p. 187, et t. III, p. 492.

LEBLANC (U.). *De l'exploration des organes de la respiration des principaux animaux domestiques,* in *Journal pratique de méd. vét.;* 1829, p. 469.

LIAUTARD. *Du bruit de gouttelette; caractères, mécanisme, interprétation,* in *Journal de méd. vét. de Lyon;* 1860, p. 125.

MASSOT. *Observation sur un hydrothorax du côté droit de*

la poitrine d'un cheval guéri par la ponction, in *Journal pratique de méd. vét.*; 1829, p. 469.

MAILLIOT. *Traité pratique d'auscultation appliquée au diagnostic des maladies des organes respiratoires;* Paris, 1874.

ODIN. *De l'absence des bruits métalliques dans certaines pleurésies avec fistules bronchiques ou cutanées;* brochure in-8°, 1874.

PEYRAUD. *Histoire raisonnée des progrès que la médecine pratique doit à l'auscultation;* Lyon, 1840.

RAINARD. *Traité de pathologie et de thérapeutique générales vétérinaires;* 2 vol. in-8°, Lyon, 1841.

REYNAUD. *Mémoire sur quelques faits et aperçus nouveaux relatifs à l'auscultation de la poitrine,* in *Journal hebdomadaire de médecine;* t. V, 1829, p. 566.

RINGUET. *Diagnostic de la phthisie pulmonaire,* in *Recueil de méd. vét.*; 1861, p. 705.

RÖLL. *Manuel de pathologie et de thérapeutique des animaux domestiques;* traduction française par MM. DERACHE et WEHENKEL ; 2 vol. in-8°, Bruxelles, 1869, t. II, p. 93 et suiv.

SAINT-CYR (F.). *Étude sur la bronchite du chien au point de vue de la pathologie comparée,* in *Journal de méd. vét. de Lyon;* 1856, p. 5 et 49.

—— *Recherches anatomiques, physiologiques et cliniques sur la pleurésie du cheval,* in *Journal de méd. vét. de Lyon;* 1858 et 1859, et vol. in-12; Paris et Lyon, 1860.

—— *Considérations théoriques et pratiques sur l'opération de la thoracentèse,* in *Journal de méd. vét. de Lyon,* 1860, p. 173 et 229.

—— *Observation d'hydro-pneumo-thorax chez le cheval,* in *Journal de méd. vét. de Lyon;* 1863, p. 49.

SERRES. *De la pousse,* in *Journal des vét. du Midi;* 1867, p. 495 et 543, et 1863, p. 13.

SKODA. *Traité de percussion et d'auscultation;* traduction française avec notes et remarques critiques par M. ARAN; Paris, 1854.

TRASBOT. *Sur le mécanisme du bruit de souffle et sur certaines lésions de la pneumonie,* in *Archives vétérinaires publiées à l'École d'Alfort;* 1877, p. 41.

VERHEYEN. *Nouveau Dictionnaire de méd. et de chir. vét.,* par MM. BOULEY et REYNAL ; art. AUSCULTATION, t. II, p. 267.

WEHENKEL. *Éléments d'anatomie et de physiologie pathologiques générales ;* Bruxelles, 1874, p. 129.

WILLIAMS. *The Principles and Practice of veterinary Medicine ;* Edinburgh, 1874, p. 447 et suiv.

ZUNDEL. *Dictionnaire de méd. et de chir. vét.,* par FURTREL D'ARBOVAL; 3º édition, t. I, art. AUSCULTATION.

***. *Discussion sur le diagnostic de la phthisie tuberculeuse ; Société centrale de méd. vét.,* in *Recueil de méd. vét. ;* 1848, p. 1089.

***. *Nouvelle discussion sur le même sujet ; ibid.,* in *Recueil de méd. vét. ;* 1852, p. 876.

PNÉOGRAPHIE

Nous donnons le nom de **Pnéographie**, — de πνέω, je respire, et γράφω, j'écris, — à l'application de la méthode graphique à l'étude des phénomènes mécaniques de la respiration.

On sait que cette méthode consiste essentiellement dans l'emploi de mécanismes variés, à l'aide desquels on force, pour ainsi dire, les organes eux-mêmes à *écrire*, en caractères qui demeurent, les actes qu'ils exécutent, même les plus fugitifs, les plus instantanés, ce qui permet de les étudier à loisir, de les comparer entre eux dans les diverses circonstances où ils se produisent, et de découvrir ainsi, par une analyse plus facile et plus exacte, leurs véritables rapports et une foule de particularités, souvent très-importantes, qui eussent échappé à l'observation ordinaire.

On sait aussi que cette méthode, d'origine toute moderne, a été appliquée à l'étude du *Pouls*

(Ludwig, Wierordt, Marey), — du *fonctionne-ment du cœur* (Chauveau et Marey), — de la *vitesse du sang dans les artères* (Chauveau, Bertolus et Laroyenne ; Chauveau et Lortet), — de la *rumination* (Toussaint), — de la *déglutition* (Arloing), — de la *contraction musculaire* (Marey, Chauveau, Morat), etc., etc., et qu'elle a donné partout les meilleurs résultats.

Il y aurait donc lieu de s'étonner qu'on n'eût pas essayé de l'appliquer à l'étude des phénomènes mécaniques de la respiration, qu'on interroge si souvent, chez l'homme aussi bien que chez les animaux, en santé comme en maladie, et qui semblent se prêter si bien à ce genre d'investigation. — Plusieurs tentatives ont, en effet, été faites dans ce sens ; et quoiqu'elles n'aient pas été poursuivies avec toute la persévérance désirable, il est cependant permis d'entrevoir en partie les services que cette méthode, mieux connue et plus généralement appliquée, pourra rendre un jour à la séméiologie. C'est ce que nous allons essayer de montrer ici.

HISTORIQUE. — APPAREILS.

La première idée d'employer la méthode graphique à l'étude de la respiration remonte à 1855 et appartient à Wierordt, qui essaya d'enregistrer les mouvements respiratoires à l'aide de l'appareil qu'il avait inventé pour le pouls (*sphygmographe*). Mais l'incommodité de cet appareil, la nécessité d'opérer sur un sujet absolument immobile et couché sur le dos, firent bien vite renoncer à son emploi (Marey).

Pneumographe Marey. — En 1865, M. Marey reprit cette idée. L'appareil dont il se servit consistait en un petit cylindre élastique, C (fig. 22),

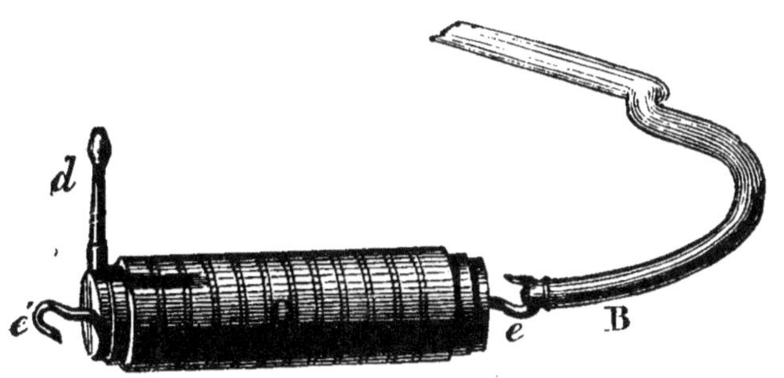

Fig. 22. — *Pneumographe* Marey (*).

formé d'un ressort à boudin enveloppé d'un tube de caoutchouc mince, aux deux extrémités duquel sont deux rondelles de métal sur lesquelles le caoutchouc est lié circulairement. Chacune de ces rondelles porte à son centre un crochet *e*, *e'* auquel se fixent les bouts d'une ceinture inextensible, destinée à entourer la

(*) C, corps du pneumographe ; — B, ceinture entourant le corps du sujet à examiner ; — *d*, embout établissant la communication entre le pneumographe et l'enregistreur.

poitrine du sujet. Un embout métallique, *d*, auquel s'adapte un tube en caoutchouc de longueur indéterminée, met l'intérieur du cylindre en communication avec l'*enregistreur* dont nous allons parler.

Celui-ci (fig. 23) se compose essentiellement : 1° d'un *cylindre*, O, d'un grand diamètre, mais

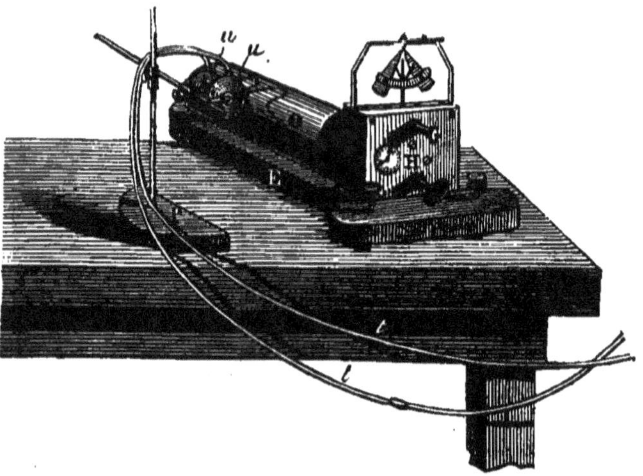

Fig. 23. — *Enregistreur* (*).

très-léger, qu'un mouvement d'horlogerie, H, fait tourner sur son axe d'un mouvement plus ou moins rapide, mais régulier, et sur lequel est enroulée une feuille de papier glacé ou noirci au noir de fumée; 2° d'un ou plusieurs petits

(*) H, mouvement d'horlogerie mettant en action le cylindre O, — *u, u,* petits tambours à air communiquant avec le pneumographe par les tubes *t, t,* et supportés par le pied ou la potence, P.

tambours, u, u (fig. 23), supportés par un pied
mobile, P. Chacun d'eux (fig. 24) est formé par

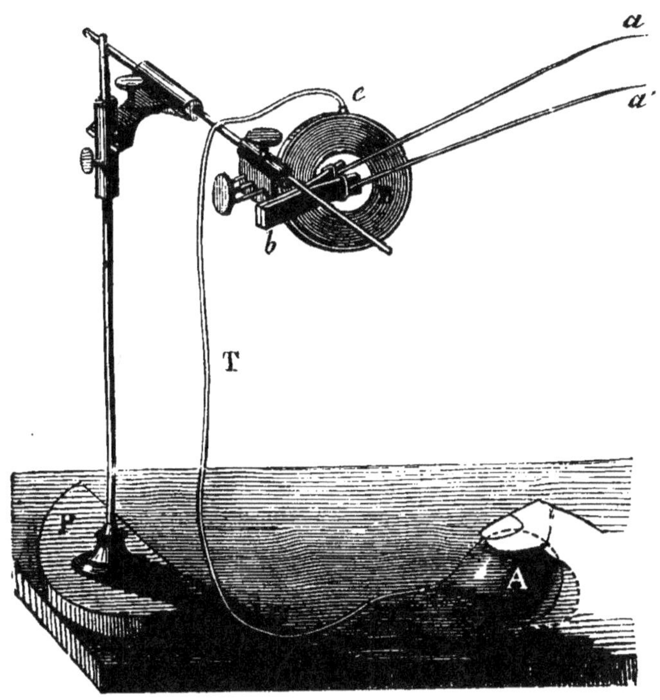

Fig. 24. — *Partie essentielle de l'enregistreur* (*).

une sorte de cuvette métallique fermée par une
membrane en caoutchouc très-mince, B, liée sur
le bord du tambour, lequel porte, en un point

(*) P, pied mobile ou potence supportant le tambour à air, B, lequel
porte en *e*, un embout destiné à mettre celui-ci en communication avec le pneumographe (représenté ici par l'ampoule A), au
moyen du tube flexible, T ; — *a b*, levier écrivant, dans sa position de repos ; — *a' b*, position que prend ce levier quand on appuie sur l'ampoule A.

de sa circonférence, un embout, *e*, auquel s'adapte le long tube en caoutchouc, T, dont il a été parlé ci-dessus ; 3° d'un levier, *ab*, long et très-léger, portant à son extrémité libre une plume ou une pointe *écrivante*, *a*, articulé par son extrémité opposée d'une manière très-mobile avec le tambour lui-même, et reposant, par un point très-voisin de son extrémité fixe, sur une sorte de *couteau* fixé à la lame en caoutchouc dudit tambour.

On comprend sans peine le mécanisme d'un semblable appareil : Soient A (fig. 24) une ampoule en caoutchouc, gonflée d'air, et communiquant avec l'un des petits tambours, B, qui viennent d'être décrits, par le long tube flexible T. Si l'on comprime l'ampoule, l'air qu'elle contient passera en partie dans la cavité du tambour, B, dont il distendra plus ou moins la membrane élastique, suivant que la pression exercée en A sera plus ou moins forte. Quand la pression cessera, l'air repassera de B en A, et la membrane B reviendra à sa situation primitive. — Supposons maintenant qu'à cette membrane B soit adapté le levier, *ab ;* il est clair que chaque fois que l'on comprimera l'ampoule A, ce levier s'écartera de *a* en *a'* et indiquera, par l'écart de son extrémité libre, l'excès de pression qui se sera produit dans le tambour, B, auquel il est adapté ; — elle reviendra à son

point de départ, en *a*, quand cette pression cessera. Inversement, si, par une cause quelconque, l'ampoule A vient à se dilater, elle fera
appel à l'air contenu dans le tambour B, dont la
paroi élastique s'affaissera plus ou moins sous
la pression atmosphérique extérieure, entraînant dans son mouvement de retrait le levier
qui lui est solidaire, et dont l'extrémité libre
traduira, par son mouvement, cette diminution de pression. Ce levier reviendra de même
à son point de départ quand l'ampoule A re-
prendra son volume primitif.

Tel est, très-exactement, le jeu du **Pneumographe** de M. MAREY : quand la ceinture, munie de son cylindre élastique, est appliquée
autour de la poitrine, les mouvements de la
respiration *tendent* et *détendent* alternativement
le cylindre C (fig. 22), ce qui produit à son intérieur des *raréfactions* et des *condensations* de
l'air qu'il contient. Ces mouvements se transmettent, par l'intermédiaire du tube, au tambour, et par celui-ci au levier, dont l'extrémité
libre s'*abaisse* dans l'inspiration et s'élève dans
l'expiration.

Supposons maintenant que cette extrémité
du levier, munie de sa pointe écrivante, repose
sur une feuille de papier enroulée sur un cylindre immobile ; elle tracera sur cette feuille une
ligne verticale AY (fig. 23), qu'elle suivra ensuite

constamment sans jamais s'en écarter. Que si, au contraire, le cylindre tourne sur son axe, le levier restant immobile et reposant par sa pointe sur le papier, celle-ci tracera une ligne horizontale AX. Enfin, si le levier et le cylin-

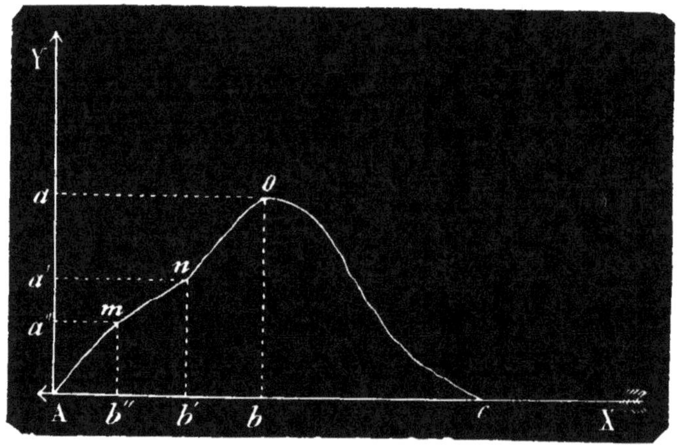

Fig. 25. — *Schéma d'un diagramme* (*).

dre se meuvent simultanément, il est clair que la pointe écrivante, se déplaçant de la quantité A*a* pendant que le papier se déplace lui-même de la quantité *b*A dans le sens XA, décrira une courbe semblable à A *m n o* pendant l'ascension,

(*) AX, abscisse du tracé. — La flèche indique le sens du mouvement exécuté par le papier sous la pointe écrivante ; — AY, ordonnée de ce tracé ; A*a″*, *a″a′*, *a′a*, quantité dont se déplace la pointe écrivante, pendant que le papier se déplace lui-même des quantités *b′*A, *b′b″*, *bb′* ; — A*mno*, courbe résultant de ce double déplacement.

et une autre courbe *o c*, inverse à la première pendant la descente du levier; et ces courbes se reproduiront, toujours de la même manière, pendant chaque temps complet de la respiration. On aura donc, par cet artifice, un *tracé* qui permettra de se faire une idée aussi exacte et aussi fidèle que possible des mouvements respiratoires du sujet examiné ; qui permettra d'en apprécier l'ampleur, le mode, la régularité ou l'irrégularité, beaucoup mieux qu'on ne pourrait le faire à la simple inspection du flanc. De plus, ce tracé pourra être conservé, comparé avec ceux qu'on pourra prendre chez d'autres animaux, placés dans les mêmes conditions ou dans des conditions différentes ; et l'on devine, sans qu'il soit besoin d'insister, quelles lumières peuvent jaillir de ces comparaisons.

Pnéoscope *et* **Pnéographe Rodet**. — Mais cet appareil n'est pas le seul qui puisse fournir de semblables indications. — Frappé des difficultés que présente souvent, en médecine vétérinaire, le diagnostic de la *Pousse*, dont le caractère univoque est, on le sait, une irrégularité particulière du flanc, — le *soubresaut* ou *coup de fouet*, — H. RODET, ancien directeur de l'École vétérinaire de Lyon, se demandait depuis longtemps s'il n'y aurait pas moyen de rendre cette irrégularité plus apparente, plus facilement appréciable, en exagérant, en quelque sorte, pour l'œil de l'observateur, l'amplitude des mouvements respiratoires. Il fut ainsi conduit à créer, comme il le dit, « non pas un, mais deux petits appareils, » le *Pnéoscope* et le *Pnéographe* à effet direct, dont il entretenait la *Société de médecine* de Lyon, le 18 mai 1868, et que nous allons faire connaître.

Pnéoscope. — Cet appareil (fig. 26) a pour base une tige en cuivre, aplatie, A, pourvue à l'une de ses extrémités d'une traverse B et d'une poulie C. — Cette tige s'articule par son extrémité D, à l'aide d'un crochet E, avec une ceinture F. Elle présente près de cette extrémité et à sa face supérieure, un petit support G, muni de deux anneaux donnant attache à un cordon en caoutchouc H, H, faisant office de ressort. — Un cordon inélastique K fait suite à ce ressort, passe dans la gorge de la poulie, et porte à son extrémité une boucle L.

Pour se servir de l'appareil, on l'applique sur les parois de la poitrine, que l'on entoure avec la ceinture F, laquelle, après avoir été serrée jusqu'au point convenable, vient se fixer à la boucle L. On fixe sur la poulie une tige légère, M, terminée par un petit disque, N,

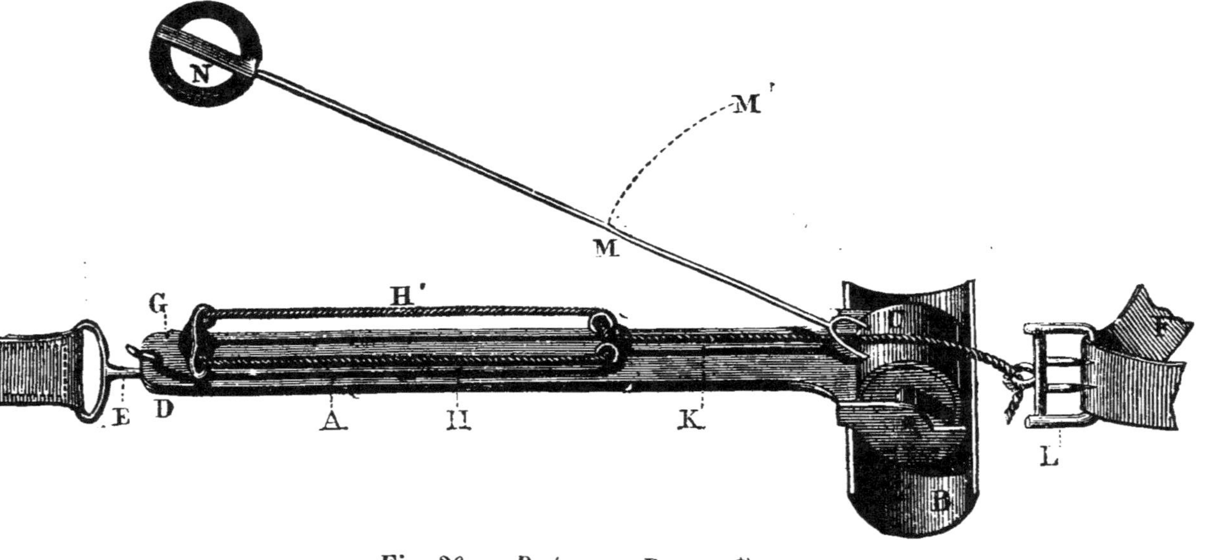

Fig. 26. — *Pnéoscope* Rodet (*).

(*) DAB, base du pnéoscope ; — HH, ressort en caoutchouc ; — K, cordon inextensible, faisant suite au ressort, HH ; — C, poulie sur laquelle passe le cordon inextensible, K ; — MN, tige fixée à la poulie G, et traduisant par ses mouvements ceux de la respiration.

qui servira de point de mire pour suivre les mouvements qu'elle doit exécuter.

L'appareil étant ainsi disposé, il entre aussitôt en jeu : pendant l'inspiration, la ceinture devient trop étroite ; le ressort H s'allonge, le cordon K descend, fait tourner la poulie, et la tige M, qui n'est qu'un rayon prolongé de cette poulie, se meut dans le sens MM', en décrivant un arc de cercle plus ou moins étendu. Pendant l'expiration, au contraire, le ressort se raccourcit, la poulie tourne en sens inverse, et la tige revient à son point de départ (1).

(1) H. Rodet a apporté à son appareil une modification qui lui a permis d'en diminuer le volume, en lui donnant

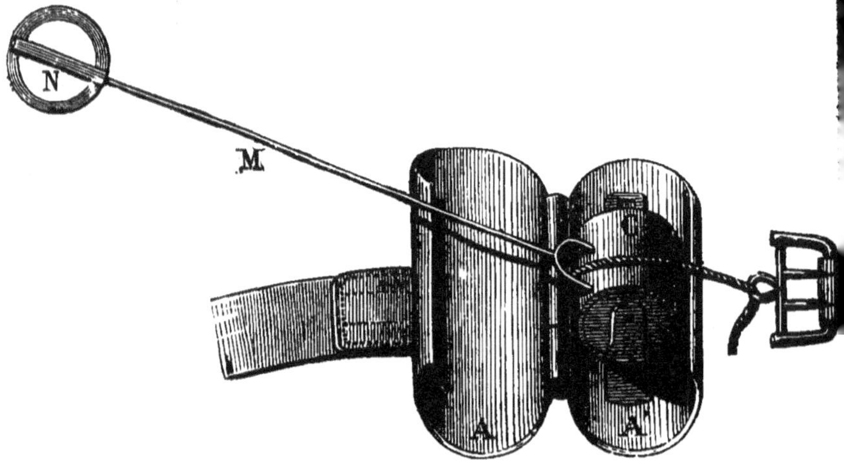

Fig. 27. — 2ᵉ *forme du Pnéoscope* Rodet.

une tout autre forme (V. *fig.* 27). Ici, le ressort en caoutchouc est remplacé par un ressort à spirale, établi

Cet instrument traduit avec une remarquable fidélité, en les amplifiant, tous les mouvements de la respiration; il permet d'en étudier le rhythme avec la plus grande facilité, et rend sensibles à l'œil leurs moindres irrégularités. Nous l'avons employé souvent à la clinique, et nous pouvons affirmer qu'il remplit très-bien le but que s'était proposé son auteur.

Mais Rodet avait compris que ce but n'était pas le seul qu'on pût, qu'on dût se proposer ; que le rhythme des mouvements respiratoires n'est pas seulement utile à connaître dans la pousse, mais dans toutes les maladies de poitrine ; « qu'il ne suffit pas d'observer les oscillations de l'aiguille pendant qu'elles s'effectuent », mais qu'il y aurait en outre un très-grand intérêt à en « conserver la trace, à les inscrire, à en obtenir le tracé sur le papier»; et, sans connaître les travaux antérieurs, notamment ceux de M. Marey, sur le même sujet, il se mit à poursuivre la réalisation de cette idée, qui

dans la poulie elle-même et fixé sur l'axe de cette poulie. Celle-ci est enfermée par deux valves de cuivre, A, A', à l'une desquelles elle est fixée, l'autre donnant attache à la ceinture. Ces deux valves, articulées par charnière, se rapprochent et se ferment à la manière d'une tabatière ou d'une boîte de montre. Quand on veut se servir de l'instrument, on ouvre les deux valves ; on les applique par leur face externe sur le corps du sujet ; on fixe la ceinture à la boucle que porte la poulie, et l'appareil entre en jeu. Ce nouveau pnéoscope, moins volumineux et peut-être plus élégant que le précédent, donne d'ailleurs exactement les mêmes indications.

ne tarda pas à prendre corps, sous la forme du *Pnéographe à effet direct*.

Pnéographe à effet direct. — « Un plateau en cuivre A,A (fig. 28) forme la base de l'appareil. Ce plateau, muni en dessous de deux pieds, A′,A′, porte à sa face supérieure : 1° le *pnéographe proprement dit;* 2° *l'enregistreur;* 3° un mouvement d'horlogerie.

Le *pnéographe proprement dit* a pour pièce principale un *curseur* en cuivre, B, qui s'élève en forme de style, et qui est mis en mouvement, d'une part par un cordon en caoutchouc faisant office de ressort, C, d'autre part par un cordon inélastique, C′; il porte à sa partie supérieure une tige horizontale, D, terminée à sa partie libre par une pointe écrivante, *e*, plume ou crayon, à volonté. Des vis de rappel et de pression permettent de donner à cette partie de l'appareil des positions variées, d'élever ou d'abaisser la pointe écrivante, d'allonger ou de raccourcir, selon les besoins, la longueur de la tige, etc...

Le curseur muni de sa tige écrivante est appelé à exécuter un mouvement de va-et-vient, en glissant par sa base sur une espèce de rail G′; il est relié, à cet effet, à la poulie K, par l'intermédiaire du cordon inélastique C′. Cette poulie K présente trois gorges : l'une mé-

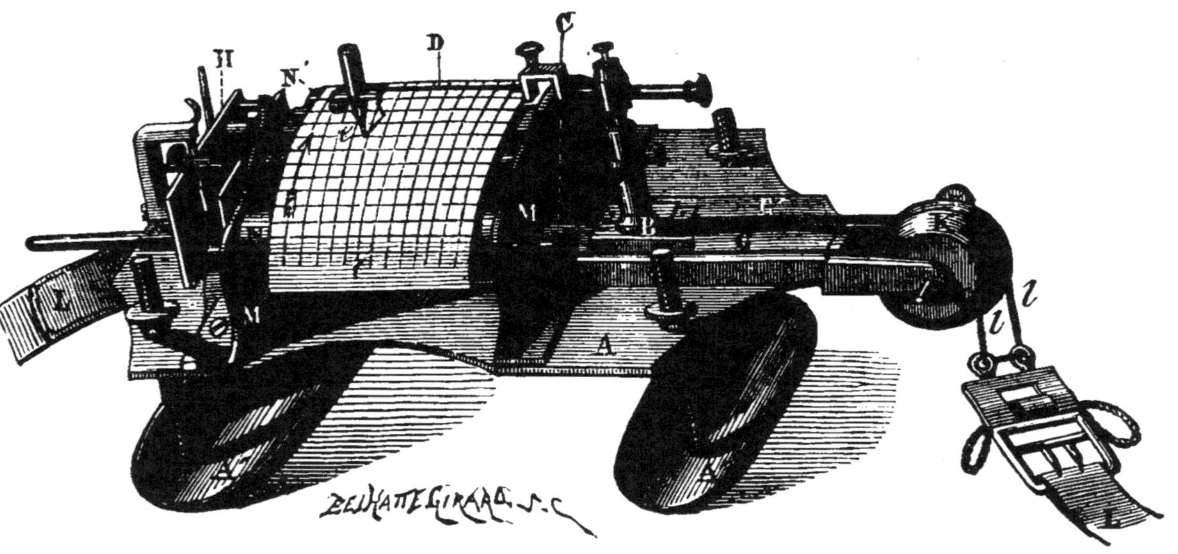

Fig. 28. — *Pnéographe* Rodet (*).

(*) A,A, platine en cuivre servant de support à tout l'appareil ; — B, curseur auquel est attaché le ressort en caoutchouc, C, et le cordon inextensible, C'. — Ce dernier est fixé à la poulie, K ;— *l, l* sont deux cordons fixés, d'une part à la poulie, K, d'autre part à une boucle ; — D, tige horizontale fixée au curseur, B, et terminée par la pointe écrivante, *e;* — N, N', cylindres sur lesquels s'enroule et se déroule la bande de papier, Y ; — H, mouvement d'horlogerie mettant eu action le cylindre N', et, par l'intermédiaire de la bande de papier, Y, le cylindre, N.

diane, sur laquelle vient se fixer le cordon C',
les deux autres, latérales et plus petites, auxquelles s'attachent deux cordons inextensibles,
l, *l*, lesquels vont se réunir en passant dans les
anneaux d'une boucle destinée à recevoir l'extrémité libre de la ceinture qui doit embrasser le
corps du sujet.— Celle-ci s'attache par son extrémité fixe, L, à l'autre extrémité du plateau, A.

L'enregistreur est formé de deux montants
en cuivre, M,M', portant quatre cylindres,
deux grands, N,N', et deux petits, O,O, séparés
par une petite table T.

Enfin, le cylindre N' est mis en action par
un *mouvement d'horlogerie* H analogue à ceux
qui sont généralement usités dans la construction des boîtes à musique.

Pour se servir de cet appareil, on commence
par enrouler sur le cylindre N une bandelette
de papier Y, dont l'extrémité libre est ensuite
fixée à la colle sur le cylindre N', on ramène
la tige D au-dessus de la table qui sépare les
deux petits cylindres O,O; on abaisse sa pointe
écrivante jusqu'à la mettre en contact avec la
feuille de papier, et l'on boucle la ceinture,
après l'avoir serrée au point convenable. Aussitôt, le curseur, tour à tour entraîné dans le
sens de la poulie, par la dilatation de la poitrine, et ramené, lors de l'expiration, à sa position première par l'élasticité du cordon en

caoutchouc C, communique son mouvement à la tige écrivante, qui trace sur la bande de papier une ligne droite... Si l'on rapproche alors le mouvement d'horlogerie du pignon solidaire du cylindre N', celui-ci se meut à son tour dans le sens indiqué par la flèche, entraînant la bandelette de papier, qui passe peu à peu du cylindre N sur le cylindre N'. Cependant, la pointe écrivante, continuant son mouvement de va-et-vient, trace sur le papier qui se déroule une ligne sinueuse, résultante des deux mouvements rectilignes s'effectuant dans deux directions différentes et perpendiculaires l'une à l'autre. C'est le *tracé*, le *diagramme* de la respiration.

Cet instrument, que nous avons souvent employé, peut donner de très-bons résultats. La perfection du tracé dépend surtout de la bonté du mouvement d'horlogerie, qui doit être assez puissant et parfaitement régulier dans sa marche. Il a pourtant un inconvénient, que nous devons signaler. Ainsi que nous le dirons bientôt, il est presque toujours nécessaire de prendre en même temps plusieurs tracés sur le même animal : celui des côtes et celui du flanc, par exemple, dont la comparaison peut seule donner une idée exacte et complète du rhythme vrai de la respiration.

L'emploi simultané de deux *pnéographes*, tout en compliquant l'opération, ne remédierait que très-imparfaitement à cet inconvénient : on obtiendrait bien ainsi deux tracés irréprochables considérés isolément ; mais comme les deux appareils sont tout à fait indépendants, et fonctionnent chacun pour leur compte, si l'on peut ainsi dire, il serait très-difficile, pour ne pas dire impossible, de rétablir le *synchronisme* des mouvements enregistrés. Or, c'est là, ainsi que nous le verrons plus tard, dans un grand nombre de cas, un élément important d'appréciation. Cependant, nous le répétons, nous nous sommes souvent servi du *pnéographe Rodet*, et les résultats que nous en avons obtenus ne sont point à dédaigner.

Anapnographe Bergeon. — Tout en reconnaissant combien sont utiles et satisfaisantes pour l'esprit les indications fournies par les instruments que nous venons de décrire, M. le docteur Bergeon, de Lyon, ne s'en montre pas complétement satisfait. « Si les courbes du *pneumographe*, dit-il, peuvent indiquer exactement les variations de pression qui accompagnent l'entrée ou la sortie de l'air pendant la respiration, elles ne sauraient traduire le *volume* de l'air inspiré ou expiré ; » or, « il ne suffit pas d'apprécier les variations de fréquence, de vitesse, d'intensité, de forme particulière des courants d'air de la respiration, il faut encore en faire l'analyse *quantitative* » ; et il a cherché à réaliser ce *desideratum* par la construction de l'appareil qu'il a fait connaître en 1869 sous le nom d'*anapnographe*.

L'*anapnographe* (ἀναπνοή, respiration, et γράφω, j'écris) offre à considérer deux parties (fig. 29) : 1° un appareil enregistreur déroulant une bande de papier, sur laquelle la plume *p* inscrit les mouvements de l'air qui traverse le tube T pendant l'inspiration et l'expiration ; 2° une partie supérieure et principale, qui a la forme d'une petite boîte à section rectangulaire, unie aux voies respiratoires par le tube T.

Cette boîte présente vers son milieu une valve V, formée d'une feuille d'aluminium réduite à une extrême minceur, et qui permet ou intercepte la communication entre l'air extérieur et la poitrine, suivant qu'elle est inclinée ou verticale. Ses mouvements s'exécutent autour de l'axe A, traversé lui-même par le levier qui porte à son extrémité inférieure la plume *p*, et à son extrémité supérieure la tête B. Cette tête est maintenue verticale par l'action d'un ressort contourné en spirale et caché dans l'épaisseur de la boîte. Enfin, à la partie supérieure, la face

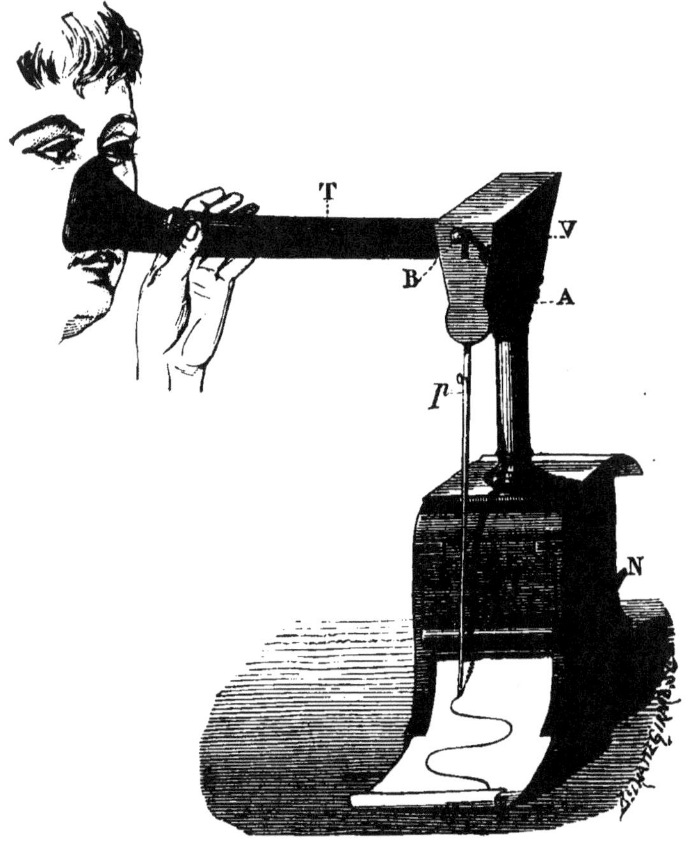

Fig. 29. — *Anapnographe* BERGEON (*).

interne de la boîte présente une disposition

(*) V, feuille en aluminium, mise en mouvement autour d'un axe, A, par l'air inspiré et expiré ; — T, tube qui fait communiquer les voies respiratoires avec l'appareil ; — p, plume écrivante, solidaire des mouvements de la feuille d'aluminium, V ; — N, mouvement d'horlogerie contenu dans une boîte et dont on ne voit que la détente.

particulière : — de chaque côté d'une arête tranchante, correspondant à la position verticale de la lame, la surface s'incurve, en décrivant une courbe de forme *parabolique*. Cette disposition oblige la valve à faire des chemins égaux pour des *débits* égaux, et fait de l'*anapnographe* un *spiromètre*, c'est-à-dire un instrument pouvant indiquer la *quantité d'air inspiré*, en même temps qu'il donne le tracé de la respiration.

Voici maintenant comment il fonctionne :

Une bande de papier étant introduite par la fente qui se trouve au-dessous de la colonne, on appuie le doigt sur le levier N. Aussitôt le papier est mis en mouvement par un rouleau, mû lui-même par un appareil d'horlogerie. Chemin faisant, cet appareil imprime à la bande de papier une série de petites dépressions sur la ligne médiane, correspondant à la position *verticale de la plume* au repos. Ainsi se trouve tracée une ligne ponctuée, qui est ce que l'auteur appelle *la ligne des zéros*.

Pendant ce temps, la plume, traduisant les mouvements de la valve animée par les courants d'air de la respiration, trace sur le papier qui se déroule des courbes de chaque côté de la ligne ponctuée ; — au-dessous pour l'inspiration, au-dessus pour l'expiration ; —

et l'on obtient de cette manière un diagramme analogue à celui de la figure 30.

Pour l'interprétation de ce diagramme, deux choses sont à considérer : 1° *la configuration de la ligne tracée par la plume* p *; 2° les surfaces circonscrites par cette ligne et celle des zéros.*

Par sa *configuration*, cette ligne traduit le

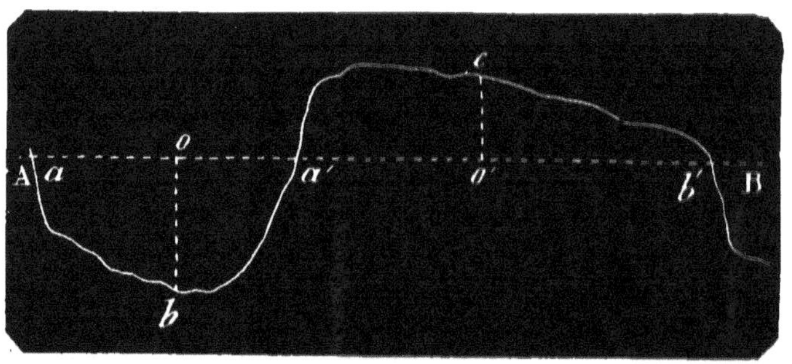

Fig. 30. — *Diagramme obtenu avec l'anapnographe* BERGEON.

passage du courant d'air inspiratoire et expiratoire ; la partie de cette ligne, *a b a'*, située au-dessous de la ligne des zéros, A B, correspond à l'inspiration ; l'anse supérieure, *a' c b'*, à l'expiration ; les distances verticales ou *ordonnées*, *b o*, *c o'*, sont proportionnelles, à la fois, à la pression exercée sur la valve par le courant d'air et à la *quantité* de ce courant ; les distances horizontales ou *abscisses*, *aa'*, *a'b*, indiquent la *durée* de ce courant.

Les *surfaces*, *a b a'*, *a' c b'*, inscrites par cette courbe et la ligne des zéros, sont proportionnelles aux volumes de l'air qui entre dans la poitrine dans l'inspiration, et qui en sort dans l'expiration ; et si l'on se sert d'une bande de papier divisée en petits carrés égaux, ces volumes peuvent être très-facilement appréciés, et avec une approximation très-suffisante, en comptant le nombre de ces petits carrés inscrits dans les surfaces *a b a'*, *a' c b'*. Suivant les évaluations de M. BERGEON, si chaque petit carré a 4 millimètres de côté, 16 carrés inscrits représentent un demi-litre d'air.

Tel est, en quelques mots, l'*anapnographe* de M. BERGEON ; nous ne le connaissons que depuis peu, et nous n'avons pas encore eu l'occasion de l'essayer chez nos animaux, auxquels il peut d'ailleurs s'adapter sans grandes difficultés ; mais, s'il tient toutes les promesses que son inventeur fait en son nom, s'il donne, avec une précision suffisante, les indications complexes pour lesquelles il a été construit, si le tracé qu'il fournit peut nous renseigner, notamment, non-seulement sur le *mode* des mouvements de la respiration, mais encore sur ce qu'on a appelé la *capacité respiratoire* du sujet en examen, nul doute que l'*anapnographe* ne soit appelé à rendre à la science et à la pratique d'importants services. — Mais c'est à l'expérience à prononcer, et jusqu'ici cet appareil n'a pas été suffisamment expérimenté pour qu'il soit possible de le juger.

Dans les rares essais de pnéographie qui ont été faits jusqu'à ce jour, c'est, en effet, le *pneumographe* de M. Marey qui a été le plus souvent mis en usage ; c'est de cet appareil que se sont servis, notamment, MM. Laulanié et Laugeron, alors chefs de service à l'École vétérinaire de Toulouse, qui ont publié en 1875, dans le *Recueil de médecine vétérinaire*, un travail intéressant, sur lequel nous aurons plus d'une fois l'occasion de revenir.

Nous avons nous-même continué les recherches que H. Rodet avait commencées sur cette question. — Dans ces recherches, que nous poursuivons depuis plusieurs années, nous avons employé, tantôt le *pnéographe à effet direct* de notre ancien directeur, tantôt le *pneumographe* de M. Marey légèrement modifié.

Nous avons dit plus haut que, dans les tracés obtenus avec ce dernier appareil, l'inspiration était représentée par une courbe *descendante*, et l'expiration par une courbe *ascendante*. Il y avait là, pour nous, un léger inconvénient, résultant de l'habitude que nous avions prise du *pnéographe* Rodet, lequel donne des tracés précisément inverses. Cela nous rendait difficile la comparaison des diagrammes obtenus par les deux instruments.

La disposition suivante, que nous avons adoptée, fait disparaître cette difficulté.

Nous remplaçons le cylindre élastique de Marey (C, fig. 22, p. 339) par une poire en caout_chouc, A, A, fig. 31 *bis*, laquelle est fixée, d'une part, à la ceinture, C, qui entoure le corps de l'animal, et s'appuie, d'autre part, sur un plan résistant, R, interposé entre la ceinture et le corps du sujet. Cette poire porte un embout, *e*, qui la met en communication avec l'enregistreur, E (fig. 31), par l'intermédiaire du long tube de transmission *t t*. — Pendant l'*inspiration*, la ceinture, devenue trop étroite, presse sur la poire, A, la déprime, chasse une partie de l'air qu'elle contient. Celui-ci, refluant par le tube, *t*, jusque dans le tambour, *u*, de l'enregistreur, soulève sa membrane élastique et le levier fixé à celle-ci. — Dans l'expiration, la ceinture se détend, l'air repasse du tambour, *u*, dans la poire élastique, qui revient à son volume primitif, et le levier s'abaisse. — Les mouvements de la pointe écrivante sur le cylindre enregistreur sont donc les mêmes que dans le *pneumographe*

21

de M. Marey, mais en sens inverse ; c'est-à-dire que la plume trace sur le papier qui se meut sous elle une ligne *ascendante* pour l'*inspiration*, et *descendante* pour l'*expiration*, ce qui nous paraît plus naturel, et rend plus facile la comparaison des graphiques ainsi obtenus avec ceux

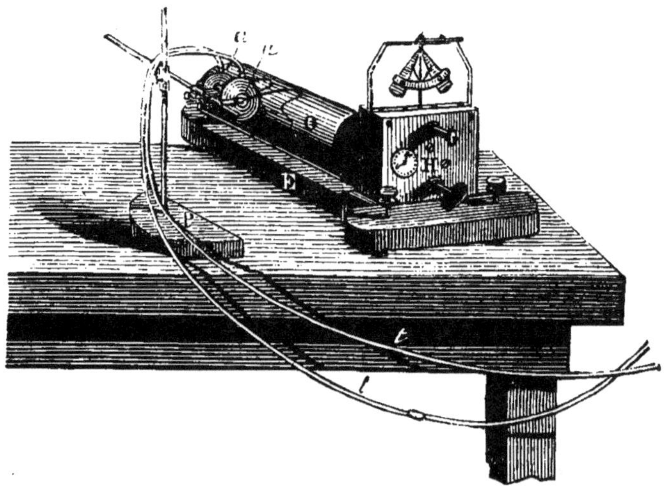

Fig. 31. — *Pnéographe complet* (*).

que donne le pnéographe Rodet, et même avec les tracés sphygmographiques et cardiographiques, dans lesquels, on le sait, la systole se traduit aussi par une ligne ascendante et la diastole par une ligne descendante.

Tels sont les divers appareils qui ont été proposés pour l'étude de la respiration au moyen

Fig. 31 *bis*. — *Pnéographe complet* (*).

de la méthode graphique. Maintenant que nous les connaissons, il nous reste à les voir à l'œuvre, à étudier les résultats qu'ils donnent et les applications qu'on en peut faire à la séméiologie.

DE LA RESPIRATION NORMALE ÉTUDIÉE AU PNÉOGRAPHE.

Avant d'entrer en plein dans notre sujet, quelques remarques sont encore nécessaires.

Et d'abord, l'expérience nous a démontré que, si l'on veut tirer de cette étude tout le fruit possible, il est indispensable qu'elle porte à la fois sur le flanc et sur les côtes. Même dans l'état normal, en effet, les *mouvements* de ces deux régions ne sont pas absolument identiques, et, dans l'état pathologique, il y a souvent, sous ce rapport, des différences importantes, accusées par la *forme des tracés*, différences qui ne sont bien appréciables que sur des *diagrammes* représentant à la fois les deux *tracés*, celui du flanc et celui des côtes, pris simultanément.

Voilà pourquoi, malgré certains avantages qu'il offre incontestablement sur la plupart des autres appareils du même genre, nous avons presque abandonné le *pnéographe* RODET, et nous nous servons, non pas exclusivement, mais habituellement, de celui de MAREY, modifié comme il a été dit ci-dessus, qui permet de prendre d'un seul coup autant de tracés qu'on le désire.

Nous en prenons toujours deux à la fois,

l'un pour les côtes, l'autre pour le flanc. Nous plaçons notre première ampoule sur le dos du sujet,. immédiatement en arrière du garrot, de manière à ce que la ceinture qui la comprime embrasse la poitrine au niveau de la 8ᵉ côte à peu près. La seconde ampoule est placée sur les lombes, et la ceinture qui la comprime embrasse l'abdomen au niveau du flanc, immédiatement en arrière de la dernière côte (v. fig. 31 *bis*).

Il importe de noter que, chez les chevaux à ventre volumineux, cette ceinture abdominale a de la tendance à glisser en arrière, jusqu'au voisinage du pubis. Le tracé qu'elle donne alors diffère considérablement, ainsi que l'ont déjà remarqué MM. LAUGERON et LAULANIÉ, de ceux qu'on obtient chez les chevaux mieux conformés, chez lesquels la ceinture se maintient au voisinage de l'ombilic. — Ces derniers sont les seuls bons, les seuls utilisables; aussi, quand on a affaire à des chevaux *ventrus*, il faut avoir la précaution de fixer dans une position convenable la ceinture abdominale, en l'assujettissant, par des liens longitudinaux à la ceinture thoracique; — cette précaution est indispensable.

Les appareils dont nous nous servons sont extrêmement sensibles. Les moindres mouvements de l'animal, — généraux ou partiels, —

le déplacement d'un membre, — le trémoussement de la peau provoqué par les mouches, —
impriment à l'air contenu dans les ampoules
une agitation qui se transmet aux leviers et se
traduit par des oscillations plus ou moins rapides et étendues, toujours irrégulières, dont
les tracés gardent fidèlement l'empreinte. — Il
importe donc de choisir un moment favorable,
où l'animal, tout à fait calme, *respire bien.*
Alors, les leviers se meuvent avec régularité,
et inscrivent, pour chaque respiration complète,
des courbes semblables, d'après lesquelles il
est facile de se faire une idée juste du rhythme
de la respiration.

DU RHYTHME PHYSIOLOGIQUE
DE LA RESPIRATION.

Le *graphique* ci-après (fig. 32) représente le
diagramme de la respiration d'un cheval jeune,
vigoureux, très-bien portant et reposé. Il peut
être considéré comme un assez bon type de la
respiration normale. Essayons de l'interpréter
et de voir à quelles conclusions son analyse va
nous conduire.

Ce diagramme, comme tous ceux que nous
donnerons par la suite, se compose de deux
tracés pris simultanément, et représentant,
l'un — A — le mouvement des côtes, l'autre

— B — le mouvement du flanc. — Il se lit de
gauche à droite, comme une ligne d'écriture,
c'est-à-dire que le mouvement indiqué par la
courbe, commencé en A, se continue vers la
droite. La ligne ascendante veut dire *inspiration;* la ligne descendante signifie *expiration.*

Nous appellerons tout d'abord l'attention du

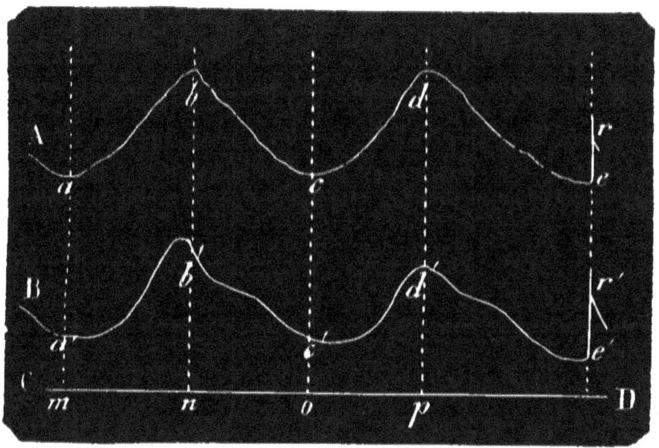

Fig. 32. — *Respiration normale.*

lecteur sur les lignes verticales *r,r':* ce sont
des points de repère, dont voici la signification :
— Si, pendant que les leviers se meuvent sur
le cylindre animé d'un mouvement de rotation
uniforme, en écrivant sur la feuille de papier
noircie chacun leur courbe respiratoire, on
vient à arrêter instantanément la marche du
cylindre, les deux leviers, continuant à se mou-

voir, traceront, l'un l'arc de cercle, r, l'autre l'arc de cercle, r'. Ces arcs de cercle coupent, comme on le voit, la courbe respiratoire correspondante et marquent ainsi le point précis où se trouvait la pointe du levier qui traçait cette courbe au moment où l'arrêt a eu lieu. Si maintenant nous joignons par une droite ces deux points, rr', et si, à cette droite, nous menons des parallèles dd', cc'...., il est clair que les portions ab et $a'b'$ des courbes A et B, comprises entre les deux parallèles aa' et bb', ont été tracées rigoureusement dans le même temps par les leviers A et B. On a donc ainsi un moyen simple et facile de déterminer d'une manière *rigoureuse* le *synchronisme* de deux portions quelconques de nos deux tracés, et par suite, celui des *mouvements* qui leur correspondent.

Appliquons immédiatement ces données à l'analyse du diagramme fig. 32. Nous voyons que les lignes aa', bb', cc', menées parallèlement aux points de repère rr', et passant par les sommets supérieurs et inférieurs de la courbe A, passent aussi par les sommets supérieurs et inférieurs de la courbe B. D'où il résulte évidemment que, pendant que le levier *thoracique* inscrivait la ligne ascendante ab, indiquant une ampliation du thorax dans le sens transversal, *simultanément*, le levier *abdominal* inscri-

vait la ligne *a′ b′*, également ascendante, dé-
nonçant une augmentation du volume du ventre. De même la portion *b c* du tracé A, descendante et marquant l'abaissement graduel
des côtes, répond synchroniquement à la portion *b′ c′*, également descendante et accusant
une diminution de l'abdomen. — D'où cette
conclusion que, *pendant que la contraction des
muscles inspirateurs élève les côtes et les porte
en avant pour agrandir la cavité pectorale dans
le sens transversal, la contraction simultanée du
diaphragme refoule en arrière les viscères digestifs et détermine une ampliation du ventre, en
même temps qu'elle agrandit la poitrine dans le
sens longitudinal ;* réciproquement, quand les
muscles inspirateurs se relâchent et que les
parois costales s'abaissent pour l'expiration, le
diaphragme entre aussi en repos, sa convexité
antérieure se reforme , les viscères digestifs
se portent en avant, et le ventre diminue.
En d'autres termes, dans la respiration normale, il y a accord parfait, exacte concordance
dans l'action du diaphragme et des muscles
inspirateurs, et par suite, dans les mouvements
du flanc et ceux des côtes. — C'est ce qui constitue le *synchronisme des mouvements respiratoires.*

Nous devons dire, cependant, que ce synchronisme n'est pas toujours aussi parfait que

nous venons de le supposer. Dans certains diagrammes, pris sur des chevaux d'ailleurs très-
bien portants, le sommet *b'* du tracé abdominal
reste un peu *à gauche* de la perpendiculaire
b b'. Cela veut dire que, chez ces sujets, la contraction du diaphragme est un peu plus *vite* que
celle des muscles inspirateurs des côtes. Chez
d'autres, c'est le sommet inférieur *c'* qui est un
peu *en avance* sur le sommet *c*. Mais ces différences sont légères ; elles passeraient certainement
inaperçues sans l'extrème délicatesse et l'extrême précision des procédés d'exploration
propres à la méthode graphique ; en tout cas,
elles ne sauraient infirmer cette règle : que,
*dans la respiration normale, les mouvements du
flanc sont isochrones avec ceux des côtes.*

Si nous traçons la ligne horizontale *o m*
(fig. 33), tangente à la partie la plus basse de la
courbe A, et si, des sommets *a, a*, nous abaissons sur cette tangente qu'on appelle une
abscisse, les perpendiculaires *ab, ab*, auxquelles
on donne le nom d'*ordonnées*, l'une quelconque
de ces ordonnées indiquera évidemment la
quantité dont la pointe écrivante A s'est dépla-
cée dans le sens vertical pendant la durée d'une
respiration complète ; en d'autres termes, la
longueur de cette perpendiculaire est en rapport avec l'*ampleur* de la respiration. Nous devons avertir toutefois que ce rapport n'est pas

rigoureux : l'ampleur des oscillations de la
pointe écrivante dépend, en effet, non-seulement de l'étendue des mouvements respiratoires, mais encore de la *sensibilité* des appareils

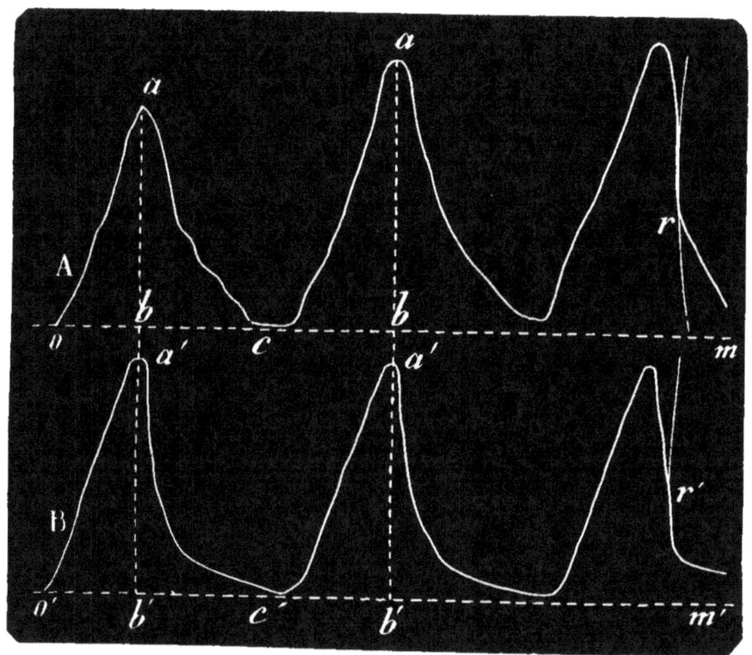

Fig. 33. — *Respiration normale.*

pnéographiques, — ampoule et tambour, —
ainsi que du degré de constriction que la ceinture exerce sur l'ampoule. Les renseignements
fournis par cette ordonnée ne sont cependant
pas à dédaigner, ainsi que nous le verrons ci-
après (V. *Respiration grande* et *Respiration courte*).

Si la distance *ab* peut servir à mesurer l'ampleur de la respiration, la distance horizontale *oc* (fig. 33), c'est-à-dire la portion de l'abscisse comprise entre les deux points voisins où elle vient toucher la courbe respiratoire, servira à mesurer la durée d'une respiration complète. En effet, cette distance *oc* représente la quantité dont le cylindre a tourné, — ou si l'on veut, le déplacement horizontal de la feuille de papier sous la pointe écrivante, — pendant que celle-ci traçait la courbe *o a c*. Si donc nous connaissons, d'une part, la circonférence du cylindre, d'autre part, la vitesse de rotation dont il était animé, rien ne sera plus facile que de calculer la durée d'une respiration. Supposons, en effet, comme c'était le cas, pour le diagramme de la fig. 33, que la circonférence du cylindre égale 400 millimètres ; que sa vitesse de rotation soit telle qu'il exécute un tour complet en 75 secondes ; soit enfin la distance $ac = 26^{mm}$. La durée de la respiration représentée par *o a c* sera évidemment donnée par la proportion $400^{mm} : 75' : : 26^{mm} : x$; d'où $x = \frac{75 \times 26}{400} = 4'',875$, ce qui donne très-approximativement 12 respirations par minute.

Cette manière d'évaluer la *fréquence de la respiration* d'après la durée d'une seule respiration complète pourrait cependant être fautive, parce que toutes les respirations n'ont pas une durée rigoureusement égale ; mais on peut arriver à un résultat d'une exactitude absolue en déterminant une fois pour toutes la vitesse de rotation du cylindre enregistreur dont on fait usage, c'est-à-dire la portion de sa circonférence qui passe sous la pointe écrivante dans l'unité de temps, — la minute, — ce qui peut se faire par la proportion suivante : $75'' : 400^{mm} :: 60'' : x^{mm}$, et donne $\frac{400 \times 60}{75} = 320^{mm}$ pour la valeur de x. Il suffira dès lors de prendre sur l'abscisse d'un diagramme quelconque une longueur de 320^{mm} et de compter combien cette longueur mesure de courbes semblables à *o a c*, représentant une respiration complète. Cette opération, effectuée sur le diagramme de la fig. 33, donne un peu moins de 12 respirations par minute.

Mais une respiration complète se compose de deux temps : l'*inspiration* et l'*expiration*, dont nos graphiques permettent aussi de déterminer la *durée* absolue et relative.

Si, en effet, par les sommets *a, a...*, de nos courbes respiratoires, nous abaissons sur l'abscisse les perpendiculaires ou ordonnées *a b, a b*, la distance *o c* se trouvera divisée, aux points *b*, en deux parties, dont la première, *o b*, répondra à l'inspiration, et la deuxième, *b c*, à l'expiration. Il suffira donc de comparer ces deux portions, soit entre elles, soit avec *o c*, pour en déduire leurs rapports.

En opérant comme il vient d'être dit sur notre diagramme (fig. 33), on trouve que $oa = 11^{mm}$, $bc = 15^{mm}$ et $oc = 26^{mm}$. D'où il suit évidemment que l'*inspiration* $= \frac{11}{26}$ et l'*expiration* $= \frac{15}{26}$ d'une respiration complète; ou bien encore que la durée de l'inspiration est à celle de l'expiration :: 11 : 15. — RODET (*Pnéoscope* et *Pnéographe*, 1868) avait trouvé : : 16 : 21, comme expression de ce rapport.

On comprend, du reste, que ce rapport est susceptible de varier selon les sujets qu'on examine. A cet égard, des recherches nombreuses et faites avec soin nous permettent de formuler les conclusions suivantes :

Dans l'état de santé parfaite, l'inspiration est *toujours* plus courte que l'expiration ;

Si, pour rendre plus facilement comparables ces deux temps de l'acte respiratoire, on représente par 1 la durée de l'inspiration, celle de l'expiration pourra être représentée, *en moyenne*, par le nombre fractionnaire 1, 35, et leur rapport par la proportion I : E :: 1 : 1, 35 (1) ; ce qui veut dire, en d'autres termes, que la durée de l'inspiration est, à très-peu de chose près, les 3/7es de celle d'une respiration complète.

(1) Dans cette proportion, I signifie *inspiration ;* E veut dire *expiration*. Ceci doit être entendu une fois pour toutes.

Mais, ainsi qu'il a été dit, ce rapport n'est pas invariable, et le deuxième nombre peut être ou plus fort ou plus faible que 1, 35, même dans des limites assez étendues ;

Toutefois quand ce deuxième terme descend au-dessous de 1, 15, c'est-à-dire quand l'inspiration arrive à égaler presque l'expiration en durée, — ou bien quand il s'élève au-dessus de 1, 50, c'est-à-dire quand la durée de l'expiration surpasse de plus d'un tiers celle de l'inspiration, on peut dire que la respiration n'est plus tout à fait normale (v. ci-après *Respiration abrégée* et *Respiration prolongée*). C'est donc entre ces limites :: 1 : 1, 15 et :: 1 : 1, 50 que se trouve renfermé le rapport qui exprime la durée relative des deux temps de la respiration à l'état physiologique.

Dans les deux diagrammes que nous avons pris pour types (fig. 32 et 33), les deux tracés A et B se ressemblent beaucoup ; ils ne sont pas cependant tout à fait identiques, et si l'on voulait les superposer, il est facile de voir qu'ils ne *coïncideraient* pas, qu'ils ne se recouvriraient pas dans toute leur étendue. On trouve quelquefois des dissemblances encore plus accusées. Parmi ces dissemblances, les unes sont purement accidentelles et tiennent, par exemple, à ce que les ceintures qui compriment les ampoules A et B sont inégalement serrées, ou à quelque autre circonstance fortuite ; mais il en est d'autres qui tiennent au mode d'action des puissances respiratoires elles-mêmes.

L'une des plus constantes, et que l'on retrouve, à de très-rares exceptions près, dans tous les diagrammes de respiration normale, consiste en ce que les sommets b', $'d$ (fig. 32), a', a' (fig. 33), du tracé abdominal sont plus aigus, moins arrondis, que les sommets correspondants, b, d, et a, a du tracé thoracique ; c'est le contraire pour la partie inférieure a', c', c', (mêmes fig.), qui, dans le tracé B, se montrent formés par une courbe surbaissée, se rapprochant de l'horizontale, beaucoup plus que la partie correspondante a, c, c du tracé A. Cela indique qu'au début de l'expiration, le *flanc* est animé d'une vitesse assez grande ; qu'il se modère bientôt et se ralentit d'une manière très-sensible à la fin de sa course descendante. On remarque bien quelque chose de semblable dans le tracé costal ; mais cela est, en général, beaucoup moins accusé que dans le tracé abdominal, et l'on peut dire, comme règle, que le mouvement des côtes est plus régulier, plus uniforme que celui du flanc.

Terminons enfin, par une dernière remarque, cette analyse de la respiration normale. Si, à un moment donné, les mouvements respiratoires venaient à se suspendre, soit au flanc, soit aux côtes, la pointe écrivante correspondante, devenue immobile, tracerait sur le cylindre enregistreur qui continuerait à se mouvoir un trait horizontal, dont la situation sur la courbe correspondrait au moment de l'arrêt, et dont l'étendue serait en rapport avec la durée de cet arrêt. Cela arrive quelquefois, ainsi que nous le verrons plus tard, dans certains cas pathologiques ; mais cela n'a pas lieu dans l'état physiologique. Ainsi qu'on peut le voir en jetant les yeux sur nos diagrammes (fig. 32 et 33), la courbe respiratoire est *continue*. Il en faut donc conclure que les mouvements respiratoires sont eux-mêmes continus ; qu'ils ne présentent, à aucun moment de leur durée, aucune interruption, aucun temps d'arrêt ; que, notamment, l'expiration succède à l'inspiration, et cette dernière à l'expiration, sans repos, sans *pause* intermédiaire ; et cela pour le flanc aussi bien que pour les côtes. Nous parlons, bien entendu, de la respiration tout à fait calme, s'effectuant d'une façon purement instinctive et sous la seule influence du pouvoir régulateur de la moelle. On sait bien, en effet, que la volonté peut influer sur les mouvements de la respiration, les accélérer, les ralentir, et même les suspendre tout à fait pendant un certain temps ; et, naturellement, ces influences diverses, si elles venaient à se produire, se traduiraient par l'irrégularité de la forme des tracés. C'est même là, il faut le dire, une difficulté particulière, inhérente à notre sujet, et qu'on ne rencontre pas dans les applications de la méthode graphique à l'étude de fonctions qui, comme la circulation par exemple, sont complétement soustraites au pouvoir de la volonté.

Telles sont les considérations que nous avions à présenter sur la respiration normale ; passons maintenant à l'étude de cette fonction dans les maladies.

PNÉOGRAPHIE DANS LES MALADIES.

De tout temps, en médecine vétérinaire, on a attaché, avec raison, une grande importance à l'inspection du flanc, soit comme moyen de constater l'intégrité de l'appareil respiratoire, soit comme moyen d'arriver au diagnostic des maladies dont cet appareil peut être affecté. Mais, si cette inspection faite par la vue seule est incontestablement utile, si dans bien des cas elle peut fournir au praticien des renseignements d'une grande valeur, à combien plus forte raison n'en sera-t-il pas de même de la *pnéographie*, qui traduit avec une fidélité incomparable les moindres particularités du rhythme respiratoire, et les enregistre de manière à ce que le praticien puisse à chaque instant les consulter?

Bien certainement, il ne peut venir à l'esprit de personne de substituer cette méthode à tous les autres procédés d'exploration, d'en faire un moyen exclusif, ou même principal, de diagnostic ; elle ne sera sans doute jamais qu'un moyen *adjuvant, complémentaire.* Mais n'est-il pas permis de croire que le complément d'information qu'elle peut fournir, — toujours intéressant, toujours utile, — aura dans certains cas une valeur considérable, soit pour confirmer, soit pour rectifier un diagnostic difficile ou douteux?

Telle fut notre conviction dès le premier jour où H. RODET fit connaître son ingénieux appareil enregistreur, et l'étude suivie que, depuis, nous avons faite de la méthode qu'il a inaugurée parmi nous n'a fait que nous confirmer dans cette opinion ; nous espérons la faire partager à ceux qui voudront bien nous suivre jusqu'au bout.

Nos études, après plusieurs années de recherches, sont, nous l'avouons, bien loin encore d'être complètes ; on peut même dire que, sur bien des points, elles sont à peine ébauchées, malgré le nombre considérable de matériaux que nous avons déjà pu réunir. Les résultats auxquels nous sommes arrivés ne sont pourtant pas dépourvus d'intérêt.

Les modifications que le *rhythme respiratoire* est susceptible d'éprouver dans les maladies sont extrêmement nombreuses et variées. Pour en faciliter l'étude, nous avons dû essayer de les grouper d'après leurs analogies, de manière à les rapporter à un petit nombre de *types* bien définis, dont nous nous sommes attaché à bien déterminer les caractères objectifs et la signification séméiologique. Ces types, auxquels nous avons cru devoir nous arrêter après mûr examen, sont les suivants : — 1° la *respiration tremblotante ;* — 2° la *respiration énitante* (1) ; — 3° l'*expiration abrégée* et l'*expiration prolongée ;* — 4° la *respiration soubresautante ;* — 5° la *respiration discordante*, que nous allons étudier dans cet ordre.

Mais, avant d'aborder cette étude, il nous paraît nécessaire de nous arrêter un instant sur quelques modifications du rhythme respiratoire connues depuis longtemps, indiquées dans tous les traités de pathologie générale, et que

(1) Malgré notre horreur pour le néologisme nous avons cru devoir hasarder celui-ci, — de *eniti, enitor, s'efforcer, faire effort*, — pour exprimer un mode de respiration dans lequel la fin de l'inspiration est marquée par un véritable *effort* des muscles inspirateurs, ainsi que nous l'expliquerons bientôt.

la pnéographie permet peut-être de caractériser avec une précision plus grande. Telles sont les respirations *fréquente,* — *rare,* — *vite,* — *lente,* — *grande,* — *courte,* dont nous allons d'abord dire ici quelques mots.

MODIFICATIONS GÉNÉRALES DU MODE RESPIRATOIRE.

Respiration grande; — respiration courte. — Quand les côtes et le diaphragme exécutent des mouvements étendus, que la poitrine se dilate largement pendant l'inspiration et se resserre en proportion lors de l'expiration, on dit que la *respiration* est *grande, large, ample.* — On dit qu'elle est *petite* ou *courte* dans le cas contraire. — Ces modifications du mode respiratoire se traduisent très-nettement au pnéographe par l'*amplitude* plus ou moins grande des oscillations du levier enregistreur, ou, ce qui revient au même, par la hauteur de l'*ordonnée,* ou de la perpendiculaire abaissée du sommet des courbes respiratoires sur l'abscisse tangente à la partie inférieure de ces mêmes courbes. — Cette perpendiculaire pourrait être considérée comme l'expression exacte de la *grandeur* de la respiration si, dans tous les tracés, les bras des leviers enregistreurs avaient une longueur invariable, si les appareils pnéographiques étaient également sensibles, et si les ceintures qui pressent sur les ampoules étaient toujours également serrées. Il ne serait pas bien difficile de réaliser ces conditions. Dans nos recherches, nous ne nous sommes

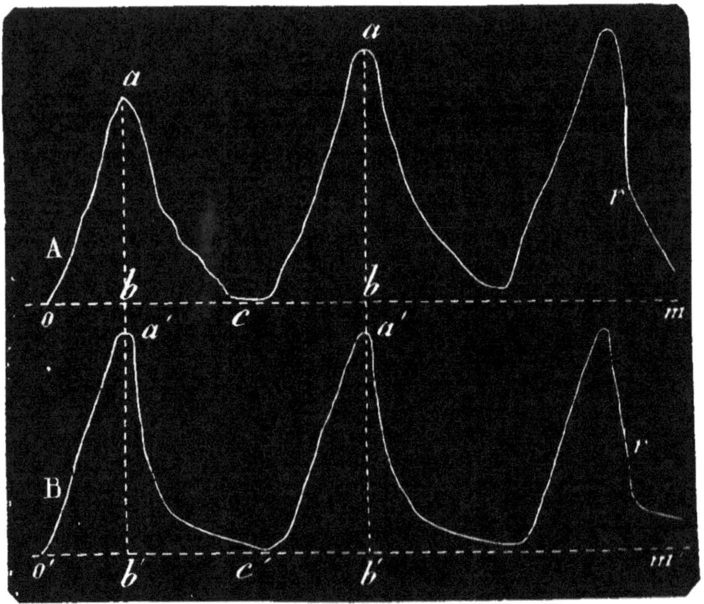

Fig. 34. — *Respiration grande.*

pas astreint à les réaliser avec une précision rigoureusement mathématique ; nous nous sommes attaché à obtenir des tracés reproduisant le plus fidèlement possible la *forme* des mouvements respiratoires, plutôt que leur étendue. Pour cela, les ceintures pnéographiques doivent être plus ou moins serrées suivant les cas, en général, d'*autant plus que la respiration est plus* **courte**. — Nos diagrammes n'ont donc pas une valeur absolue sous le rapport qui nous occupe ici ; il est cependant facile de voir, en jetant un coup d'œil sur les figures 34 et 35,

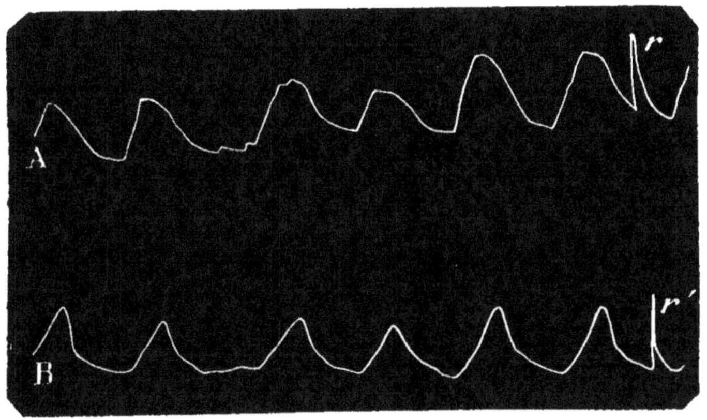

Fig. 35. — *Respiration courte.*

que la première se rapporte à une respiration **grande**, dans laquelle le thorax se dilate largement, tandis que la seconde nous offre le type d'une respiration **petite, courte**, c'est-à-dire dans laquelle les parois thoraciques et abdominales n'exécutent que des mouvements très peu étendus.

On sait que, dans certains cas, la respiration se fait surtout par les mouvements alternatifs des côtes, le diaphragme et les parois abdominales se mouvant à peine, tandis que, d'autres fois, au contraire, le diaphragme exécute des mouvements étendus, les côtes restant presque immobiles. — On dit que la respiration est surtout *costale* dans le premier cas ; principalement *abdominale* dans le second. — Le pnéographe permet d'apprécier très-bien, — beaucoup mieux que la vue simple, — ces nuances qui ne sont pas sans importance.

Respiration fréquente ; — respiration rare. — Suivant le nombre plus ou moins grand de mouvements respiratoires que l'on peut compter dans un temps donné, dans l'espace d'une minute par exemple, on dit que la respiration est **fréquente** ou **rare**. — Elle est *fréquente* quand ce nombre dépasse notablement le chiffre normal, — 10 à 12 par minute en moyenne chez le cheval adulte et bien portant ; — elle est *rare* au contraire quand ce nombre reste au-dessous de la moyenne. Ces qualités de la respiration s'apprécient très-bien sans le secours du pnéographe ; il suffit de compter les mouvements respiratoires à l'aide d'une montre à secondes. Mais, si le pnéographe n'est pas nécessaire, il n'en est pas moins utile. Ainsi, il suffit de jeter les yeux sur les deux diagrammes ci-après (fig. 36 et 37), pour voir, du premier

coup d'œil, que l'un (fig. 36) est le diagramme
d'une respiration *rare* (on n'en comptait pas
plus de 7 par minute), tandis que le second
(fig. 37) est celui d'une respiration très-*fréquente* (plus de 34 par minute). Nous avons

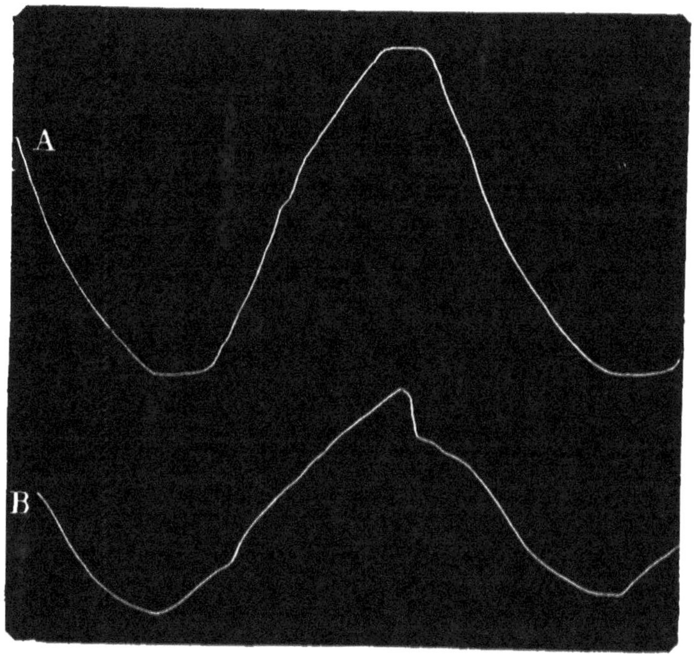

Fig. 36. — *Respiration rare.*

déjà dit, d'ailleurs, p. 372, comment, à l'aide
d'un calcul bien simple, on pouvait, d'après son
diagramme, estimer avec une grande précision
la *fréquence* d'une respiration donnée ; la pnéographie peut encore avoir un autre genre d'u-
tilité : — supposons qu'on ait pris un grand

nombre de diagrammes se rapportant tous à une même maladie, bien déterminée, et aux diverses périodes de cette maladie ; n'est-il pas évident que la comparaison de tous ces graphiques permettra de tirer des conclusions, de formuler des lois, relativement au mode respiratoire dans cette maladie, d'une manière beau

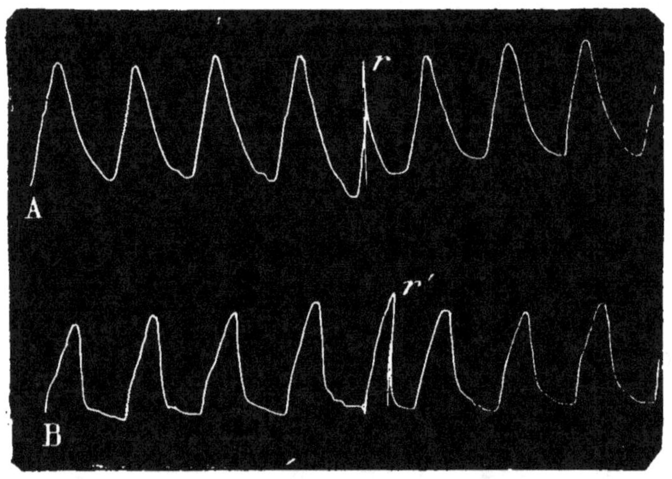

Fig. 37. — *Respiration fréquente.*

coup plus sûre et beaucoup plus précise qu'on n'aurait pu le faire d'après ses seuls souvenirs, trop souvent infidèles?

Respiration vite; — respiration lente. — D'après la *rapidité* plus ou moins grande avec laquelle s'effectue le double mouvement d'élévation et d'abaissement des côtes et du flanc,

la respiration est dite **vite** ou **lente** : — *vite,*
quand les deux mouvements s'effectuent avec
rapidité ; *lente*, quand chacun d'eux s'accomplit
en un temps relativement long. — On est généralement enclin à confondre la respiration
lente avec la respiration *rare*, et la respiration

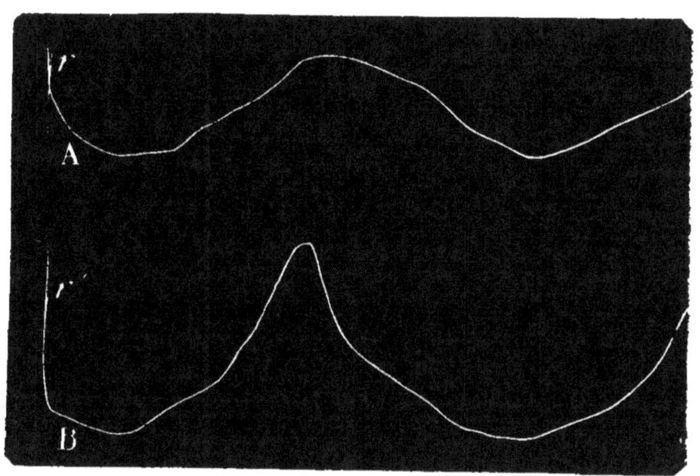

Fig. 38. — *Respiration lente.*

vite avec la respiration *fréquente.* H. Rodet in-
sistait beaucoup dans ses cours, et avec raison,
sur la nécessité d'éviter cette confusion. —
« Les expressions *fréquente* et *rare*, disait-il, se
rapportent au *nombre* de respirations qu'on
peut compter dans une minute ; les expressions
vite et *lente* s'appliquent à la *durée absolue* de
chacun des deux temps de la respiration, —
inspiration et expiration, — considérés isolé-

ment. » Il y a là, en effet, une différence essentielle qu'il importe de ne pas perdre de vue, et que le pnéographe, mieux que tous les raisonnements, est capable de faire bien saisir. Dans la *respiration lente*, les côtes et le flanc, et par conséquent les leviers qui traduisent leurs mouvements, s'élèvent et s'abaissent avec lenteur ; ils tracent sur le cylindre animé d'un mouvement uniforme une ligne fortement inclinée sur l'abscisse (v. fig. 38). Dans la respiration *vite*, le levier, animé d'un mouvement rapide, trace une ligne qui se rapproche d'autant plus de la perpendiculaire que la respiration est plus vite, et cela, quelle que soit la durée totale d'une respiration complète (v. fig. 39).

De là il résulte qu'une respiration *fréquente* est nécessairement *vite*, car il faut, de toute évidence, que le flanc et les côtes se meuvent avec une *rapidité* d'autant plus grande qu'ils doivent exécuter un *plus grand nombre* de mouvements dans un temps donné. Mais la réciproque n'est pas nécessairement vraie ; c'est-à-dire que si, habituellement, une respiration *rare* est en même temps *lente*, on peut aussi rencontrer certaines respirations qui sont à la fois *vites* et *rares*. C'est ce dont on peut facilement se convaincre en jetant les yeux sur le diagramme représenté fig. 39. Cette respiration n'est pas

bien *fréquente*, car on ne compte pas plus de 15
à 16 mouvements respiratoires par minute;
mais elle est *vite*, car la ligne d'inspiration, *a o*,
se relève brusquement, en se confondant presque avec la perpendiculaire, et celle d'expiration, *bc*, descend plus rapidement encore, en
prenant une direction parallèle à la ligne précé-

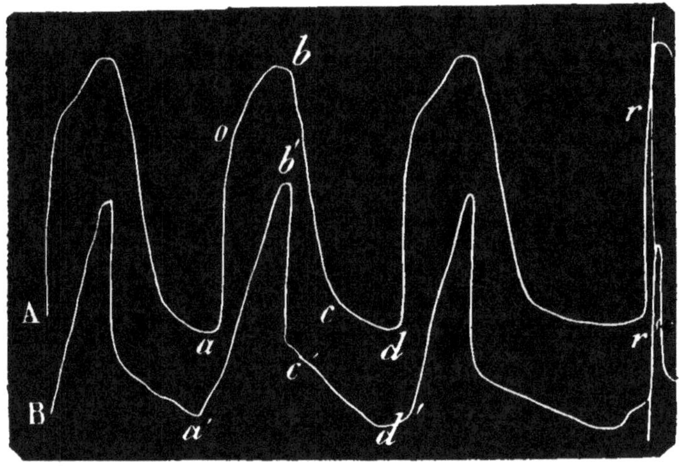

Fig. 39. — *Respiration vite.*

dente. Puis, entre l'inspiration et l'expiration,
nous voyons, en haut, une portion *o b*, en bas,
une portion *c d*, plus fortement inclinées, et
qui témoignent que les deux mouvements, d'a-
bord rapides se ralentissent d'une manière
très-sensible à la fin. — Tels sont précisément
les caractères d'une respiration *vite*.

22.

La figure ci-dessous (fig. 40) nous offre encore un exemple d'une respiration à la fois *rare* et *vite : rare*, car le nombre des respirations reste au-dessous de 10 par minute ; — *vite*, car l'angle formé par la rencontre des courbes d'inspiration et d'expiration est relativement assez aigu. — Ce dernier type de

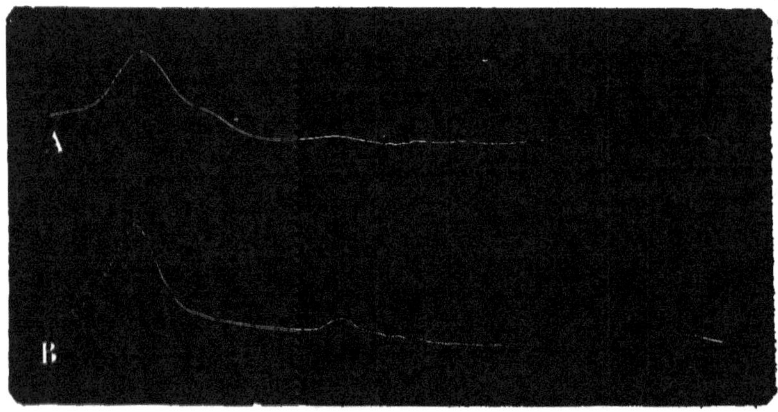

Fig. 40. — *Respiration rare et vite.*

respiration est assez rare ; on peut cependant le rencontrer quelquefois, même chez des chevaux bien portants, surtout pendant le sommeil ; pourtant, il n'est pas normal, et indique, le plus ordinairement, une lésion ⁻matérielle ou fonctionnelle, soit du système nerveux, soit de l'appareil respiratoire lui-même, — un commencement de *pousse* ou d'*immobilité* par exemple.

Les différents modes de respiration que nous
venons de passer en revue peuvent encore
s'allier entre eux de diverses autres manières,
de façon à former des combinaisons assez variées, parmi lesquelles nous indiquerons les
suivantes :

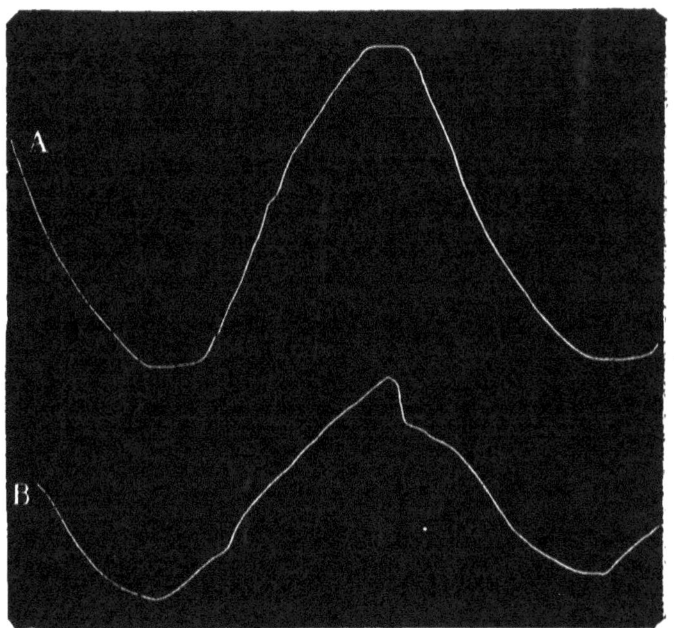

Fig. 41. — *Respiration grande, lente et rare.*

La respiration peut être **grande, lente et
rare,** quand les mouvements des côtes et du
flanc sont tout à la fois étendus, en petit nombre et peu rapides (fig. 41). — Beaucoup de
chevaux très-bien portants ont ce type de respiration ; cependant, quand la lenteur et la

rareté sont portées à l'excès, quand, par exemple, on ne compte plus que quatre, cinq ou six mouvements respiratoires par minute, cela n'est pas normal. On rencontre souvent ce mode de respiration, surtout celui représenté fig. 40, dans les affections des centres nerveux, dans le vertige, l'immobilité, par exemple.

La respiration **lente, rare et courte** diffère de la précédente par le peu d'ampleur des mouvements, jointe à leur extrême lenteur. Alors, comme l'exprime très-bien M. H. BOULEY, (*De la Pneumonie; — action thérapeutique de l'émétique; — Recueil*, 1846), « la respiration peut être tellement ralentie que les flancs semblent comme immobiles, et qu'il faut, au commencement de l'inspiration et de l'expiration, autant d'attention pour voir leur mouvement se produire qu'il en est nécessaire pour saisir la marche de la grande aiguille d'une horloge dans son parcours d'une minute. » Ce type respiratoire se remarque dans les mêmes circonstances que le précédent. On peut aussi le constater quelquefois après l'administration de l'émétique ou de la digitale (H. BOULEY, *loco citato*).

Nous avons déjà dit que la respiration est toujours d'autant plus *vite* qu'elle est plus *fréquente;* elle peut être, en même temps, tantôt *courte*, tantôt *grande;* mais ces deux types, que

l'on rencontre très-communément, non-seulement dans les maladies de l'appareil respiratoire, mais encore dans toutes celles qui s'ac-

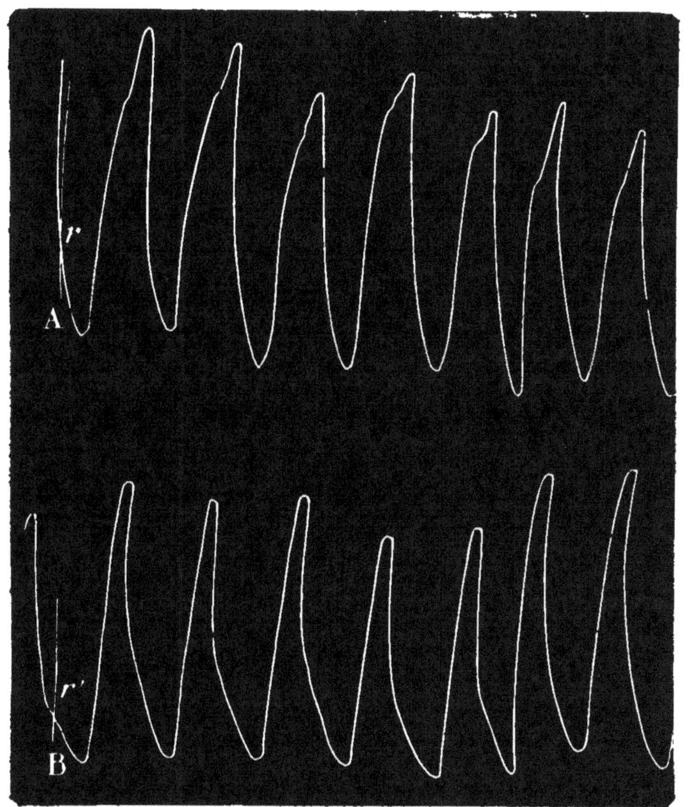

Fig. 42. — *Respiration fréquente, vite et grande.*

compagnent d'une fièvre intense, n'ont pas
tout à fait la même signification.

La respiration **fréquente, vite et grande**
(fig. 42) indique un impérieux besoin de res-

pirer, un appel énergique, en même temps que fréquent et rapide, fait par le poumon à l'air pur qui lui manque. Elle se remarque souvent au début de la pneumonie. Elle n'est pas absolument défavorable : la *grandeur* indiquant une certaine liberté conservée des mouvements respiratoires.

La respiration **fréquente, vite et courte,** au

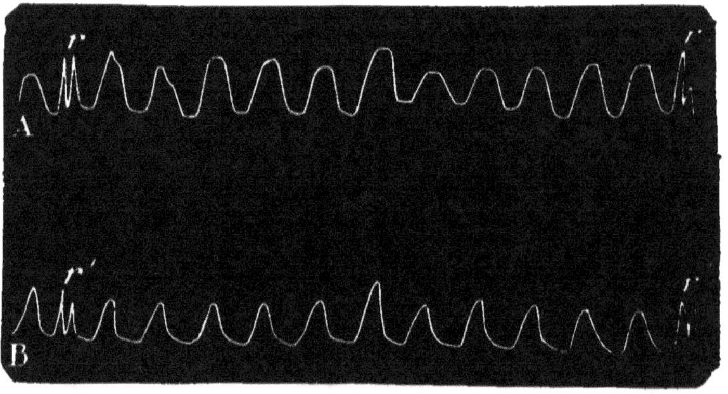

Fig. 43. — *Respiration fréquente, courte et vite.*

contraire (fig. 43), indique, en outre de la dyspnée, d'autant plus grande que les mouvements sont plus rapides, — soit un état de spasme des muscles respirateurs, soit une douleur vive, pongitive, de la poitrine. On rencontre souvent ce mode de respiration dans la *pleurésie*, dans certaines formes de *pneumonie* lobulaire ou lobaire, dans le *tétanos*, etc., etc.

Telles sont les remarques que nous avions à faire sur les modifications générales de la respiration, dont plusieurs se joignent aux formes particulières que nous allons étudier maintenant.

RESPIRATION TREMBLOTANTE.

Nous désignons ainsi une respiration dans laquelle (fig. 44) le flanc et les côtes s'élèvent

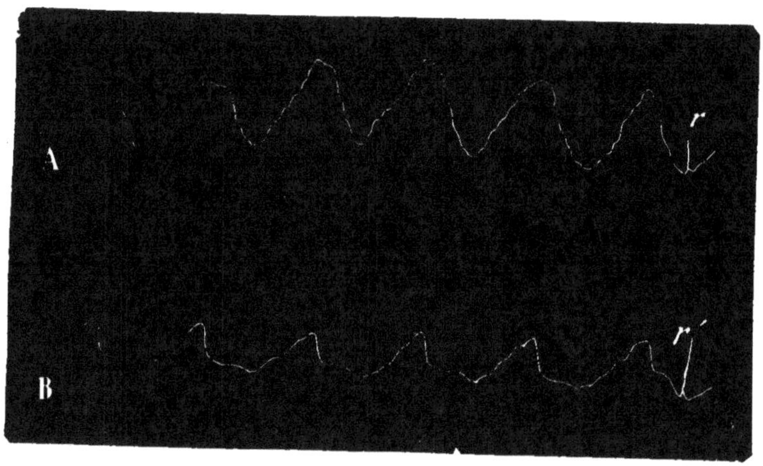

Fig. 44. — *Respiration tremblotante.*

et s'abaissent par une succession de petits mouvements saccadés, qui se traduisent sur nos tracés par une ligne ondulée, indiquant que la pointe écrivante a éprouvé une succession rapide de petites secousses en sens contraire.

Cet aspect *tremblé* se remarque, ainsi qu'on peut le voir, dans les deux tracés d'un même diagramme, mais toujours d'une manière plus accusée dans le *tracé costal* que dans celui du flanc ; il n'est même pas très-rare que ce dernier se montre à peu près régulier, alors que le premier est très-manifestement *tremblé*.

Le *tremblotement* est d'ailleurs plus ou moins accentué. Il existe à la fois dans les deux temps de la respiration ; mais il est, en général, plus accusé dans l'*inspiration* que dans l'expiration.

Signification. — La *respiration tremblotante* est le signe certain qu'une douleur plus ou moins vive accompagne les mouvements de dilatation et de resserrement de la poitrine ; à la rigueur même, elle n'indique pas autre chose. Elle peut donc se rencontrer dans plusieurs maladies très-différentes par leur siége et par leur nature. Mais, parmi ces maladies, il en est une surtout où ce mode de respiration mérite d'être pris en très-grande considération : c'est la *pleurésie aiguë à sa période de début*.

Tout le monde sait combien est difficile le diagnostic de cette affection pendant sa première période. Pendant les trois, quatre ou cinq premiers jours de son existence, l'exsudat fibrino-albumineux et l'épanchement, encore peu abondants, ne se trahissent par aucun signe *sensible* bien évident ; la percussion et l'auscultation sont muettes ou ne fournissent que des renseignements incomplets ; les symptômes *rationnels* sont les seuls qui puissent servir de base au diagnostic, et l'on sait combien, en général, ils peuvent être trompeurs. — Parmi ces derniers, l'irrégularité particulière des mouvements respiratoires n'avait point échappé aux anciens observateurs. — Dès le début de la maladie, disions-nous en 1860 (*Recherches sur la pleurésie du cheval*, p. 137), « la respiration se montre profondément modifiée, fréquente, irrégulière, presque entièrement abdominale ; les côtes se meuvent à peine, les flancs sont agités, irréguliers, *tremblotants ;* l'inspiration surtout est difficile et s'effectue par une *succession de petits mouvements saccadés.* »

Certes, cette irrégularité du mode respiratoire, signalée plus ou moins explicitement par tous les auteurs qui se sont occupés de la pleurésie, a une grande valeur diagnostique, et, aujourd'hui comme il y a vingt ans, nous n'hésitons pas à dire qu'elle « est très-caractéristique », et que « les praticiens doivent s'attacher à la bien saisir ». Mais nous sommes bien forcé de convenir que ce *tremblotement* du flanc, cette *succession de petits mouvements saccadés,* qui caractérisent la respiration dans la pleurésie au début, sont loin d'être toujours nettement perceptibles par l'inspection du flanc suivant

le mode ordinaire. Trop souvent, l'examen le
plus attentif nous avait laissé dans l'incertitude ;
plus souvent encore, quand nous étions parvenu à reconnaître cette irrégularité, il était
difficile de la *démontrer* aux élèves qui suivaient
notre clinique, de la rendre visible et évidente
à tous. Et cette difficulté n'est pas un des moindres motifs qui nous fit, dès le début, applaudir
aux efforts de H. RODET pour fixer d'une manière durable et rendre facilement lisibles, pour
tous les yeux, les diverses irrégularités du
rhythme respiratoire, dont nos sens, exercés à
la manière ordinaire, ne peuvent recevoir et
garder qu'une impression fugitive.

En ce qui concerne la *respiration tremblotante*,
les espérances que nous avions fondées sur la
pnéographie n'ont point été trompées. Il suffit,
en effet, de jeter les yeux sur la figure 44, pour
voir avec quelle netteté s'accusent sur le tracé
costal ces ondulations multipliées, image fidèle
des mouvements des parois costales qui les
ont engendrées.

Quant à la valeur diagnostique de ce mode
respiratoire, nous ne la croyons pas absolue.
La respiration, nous l'avons déjà dit, peut
être tremblotante dans d'autres maladies que la
pleurite, et il n'est pas impossible que, dans
la pleurite elle-même, cette irrégularité fasse
quelquefois défaut, quoique très-rarement

sans doute. — Ce que nous pouvons dire, en tout cas, c'est que le diagramme de la fig. 44 et plusieurs autres absolument semblables ont été recueillis par nous sur des animaux atteints de pleurésies datant de deux à six jours; c'est que MM. LAUGERON et LAULANIÉ donnent, dans leur travail (*Recueil*, 1875, p. 867), un diagramme absolument semblable aux nôtres, et se rapportant également à un cas de *pleurite aiguë*.

Nous nous croyons donc en droit de conclure que *si, chez un animal qui présente les signes rationnels d'une affection aiguë de la poitrine datant de trois à six jours au plus, les signes physiques fournis par l'exploration directe ne permettent pas de porter un diagnostic certain; si, en même temps, l'examen pnéoscopique donne un diagramme tremblé, semblable à celui de la fig. 44, on sera autorisé à conclure que l'animal en question est atteint d'une* PLEURÉSIE AIGUË *à sa période d'augment.*

RESPIRATION ÉNITANTE (1).

L'étude de nombreux diagrammes, pris dans des circonstances diverses que nous spécifierons ci-après, nous a conduit à créer cette dénomination pour caractériser un mode de

---

(1) *Eniti, enitor*; s'efforcer, faire effort.

respiration dans lequel l'inspiration s'achève, tantôt d'une manière lente et soutenue, tantôt d'une façon brusque et rapide, mais dans tous les cas par un véritable effort — *enixus* — des muscles inspirateurs.

La définition qu'on vient de lire doit faire pressentir que les diagrammes qui se rapportent à ce mode de respiration ne se ressemblent pas tous exactement. Il y a effectivement entre eux d'assez notables différences ; mais, quand on les étudie de près et avec attention, il est cependant facile de comprendre, ainsi que nous espérons le démontrer, qu'ils ont la même signification.

Description. — C'est d'après la forme du *tracé costal* que nous établissons ce type que nous appelons *respiration énitante*, dont nous reconnaissons deux variétés principales.

Première variété (fig. 45). — L'inspiration commence et s'accomplit presque tout entière d'une façon régulière ; les côtes s'élèvent plus ou moins rapidement par un mouvement uniforme, et le *tracé* qui lui correspond n'accuse ni saccade, ni tremblement, ni soubresaut. Mais, arrivées à la fin de leur course, les côtes, au lieu de s'abaisser immédiatement, comme cela a lieu dans la respiration normale, restent pendant un instant immobiles, et pendant ce temps, la plume qui enregistre leur mouvement trace sur le papier un trait horizontal, *a a' a''* ; après quoi, l'expiration commence, et s'effectue d'une façon normale

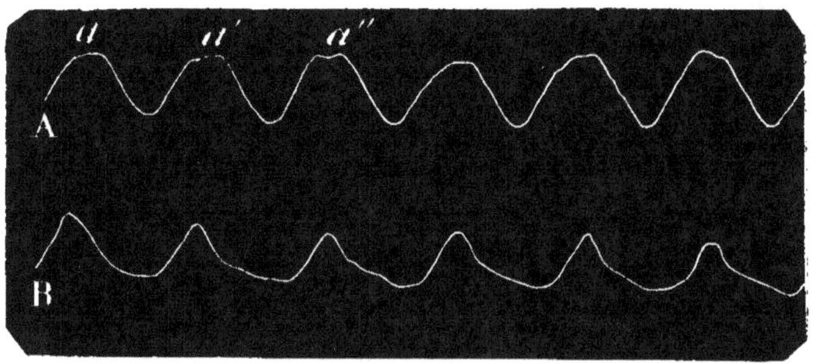

Fig. 45. — *Respiration éniiante*, 1ᵉʳ *type.*

et régulière. Il y a donc, entre l'inspiration et l'expiration, un véritable *temps d'arrêt*, déterminé par une *contraction soutenue* des muscles inspirateurs, laquelle maintient pendant quelques instants la poitrine dans le plus grand état de dilatation possible ; et cet *effort* des muscles inspirateurs se traduit sur le tracé par une sorte de *plateau horizontal, a*, au sommet de la courbe respiratoire.

Parfois (fig. 46), au lieu d'un *plateau*, on observe, presque au sommet de la courbe d'inspiration en *a*, un petit *crochet*, suivi d'une ascension brusque, presque verticale, après laquelle l'expiration commence aussitôt, et s'effectue comme précédemment, sans particularité notable. Ici, l'*effort* est donc encore mieux marqué, puisque après un temps

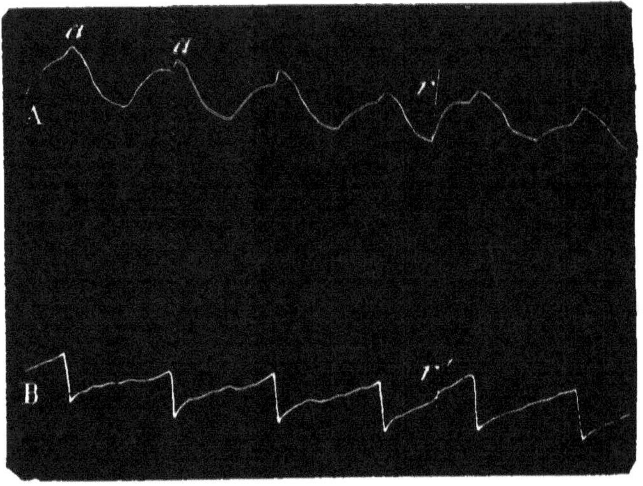

Fig. 46. — *Respiration énitante,* 1er *type.*

d'arrêt très-court, à peine appréciable, on voit l'inspiration s'achever par une contraction énergique et rapide des muscles dilatateurs.

Deuxième variété. — Dans la deuxième variété de ce que nous appelons la *respiration énitante,* la ligne d'inspiration se réunit à celle d'expiration, sur le tracé costal (fig. 47, A), non plus par un plateau, mais par une sorte de *biseau* ou *chanfrein, b, b.* Généralement, ce biseau ou chanfrein se trouve à droite, sur la ligne descendante comme sur la fig. 47 ; d'autres fois, et presque aussi souvent, il se trouve à gauche, sur la ligne ascendante. Souvent aussi,

Fig. 47. — *Respiration énilante*, 2ᵉ *type.*

au lieu d'un simple biseau, c'est un véritable crochet comme on le voit en *c c*, fig. 48.

Bien que très-différents des *tracés à plateau*, ces *tracés à biseau* ont incontestablement, pour nous, la même signification ; et ce qui le prouve, c'est que, non-seulement les uns et les autres se rencontrent dans les mêmes conditions pathologiques, mais que, sur un même diagramme, il est possible de voir assez souvent toutes les formes que nous venons d'étudier isolément : ici un *plateau horizontal* bien marqué ; là un *biseau*, soit à droite, soit à gauche ; un peu plus loin un *crochet* des plus nettement accusés. — Ce n'est donc point sans

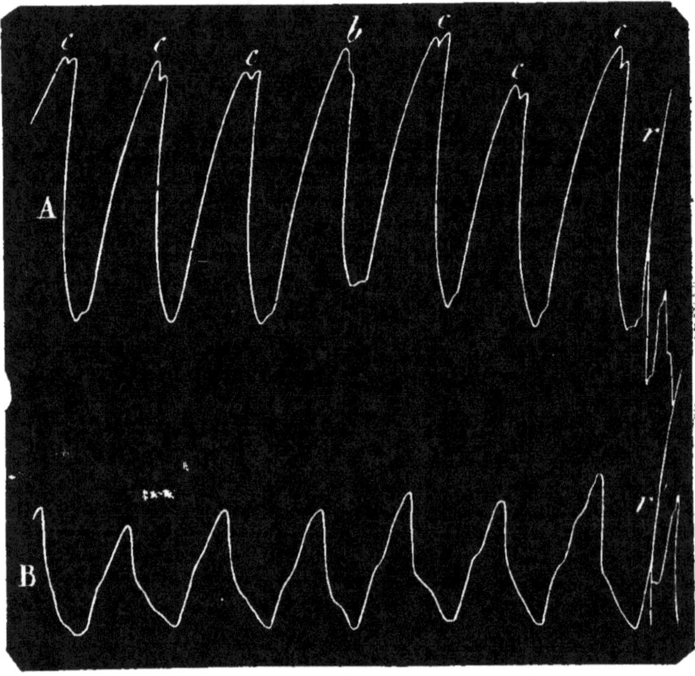

Fig. 48. — *Respiration énitante, 2ᵉ type.*

de sérieux motifs que nous rapportons à un même type toutes ces variétés, sous le nom de *respiration énitante.*

Nous répéterons que tout ce qui vient d'être dit se rapporte au *tracé costal.* Quant au tracé abdominal pris simultanément, souvent il est parfaitement régulier, et ne diffère en rien de celui d'une respiration normale ; mais souvent aussi il est plus ou moins altéré, irrégulier, tremblotant, soubresautant, tumultueux ; il peut même dénoncer une discordance plus ou moins complète entre les mouvements du flanc et ceux des côtes (v. fig. 46).

Signification. — Quelle que soit la forme du *tracé* par lequel elle s'accuse, la *respiration énitante*, telle que nous venons de la décrire, est toujours un signe de *dyspnée*. A la fin de l'inspiration, l'animal suspend l'expiration, maintient pendant un certain temps la poitrine dilatée, ou même fait effort pour la dilater davantage, afin d'appeler au sein des poumons l'air pur dont il sent l'impérieux besoin. Un obstacle quelconque à la libre pénétration de l'air dans les alvéoles du tissu pulmonaire, telle paraît donc être la condition physique essentielle de ce mode de respiration.

Plusieurs maladies peuvent réaliser cette condition ; mais, parmi les maladies aiguës, il faut surtout citer les formes graves de la *bronchite, simple* ou *capillaire*, et la *pneumonie,* tant *lobaire* que *lobulaire*.

Dans la pneumonie en particulier, il est extrêmement rare que le pnéographe ne dé-

23.

voile pas l'une ou l'autre des formes que nous rapportons au type *imitant*. Sans donc être tout à fait pathognomonique, la forme du tracé respiratoire n'est pas sans intérêt pratique. Plusieurs fois il nous est arrivé d'être mis sur la voie du diagnostic par l'inspection du tracé ; de rechercher et de découvrir, par un examen plus minutieux, une lésion pulmonaire encore peu étendue, qui nous avait échappé lors d'une première investigation.

Quant au *pronostic*, l'irrégularité des tracés, et particulièrement du tracé abdominal, n'est pas sans utilité pour apprécier la gravité du mal ; nous devons faire remarquer, toutefois, qu'il existe à cet égard de très-nombreuses différences individuelles, et nous comprenons jusqu'à un certain point que MM. Laugeron et Laulanié aient pu écrire que « les tracés pris à toutes les périodes de la pneumonie ne présentent aucun caractère qui puisse permettre d'apprécier *exactement* la gravité de la lésion » ; ce qui veut dire, — comme nous l'avons exprimé plusieurs fois dans le courant de ce travail, — que, pour le pronostic comme pour le diagnostic, il faut se baser, non sur un seul signe, fourni par un procédé unique d'examen, quel qu'il soit, mais sur l'ensemble des caractères, fournis par *tous* les moyens d'investigation que la science met à notre portée.

EXPIRATION ABRÉGÉE. — EXPIRATION PROLONGÉE.

Nous avons vu (pag. 373 et suiv.) que l'expiration était normalement un peu plus longue que l'inspiration, de telle sorte que, si l'on représente par 1, par exemple, la durée de l'inspiration, celle de l'expiration devra l'être par 1,35 en moyenne. Nous savons aussi comment cette durée relative des deux temps de la respiration peut être appréciée, et, en quelque sorte, mesurée très-exactement, par la *projection* des lignes ascendante et descendante de la courbe respiratoire sur l'*abscisse* du tracé.

Dans certaines maladies, ce rapport normal des deux temps respiratoires peut être sensiblement modifié, et la pnéographie donne le moyen de constater avec une précision rigoureuse ces modifications, qui seraient insensibles ou très-difficilement appréciables par les moyens ordinaires. Or, ces modifications, qui ne sont pas sans importance au point de vue du diagnostic, sont de deux sortes : tantôt l'expiration est plus courte qu'elle ne devrait l'être ; tantôt, au contraire, elle est plus longue.—Dans le premier cas, on dit que l'*expiration* est *abrégée ;* on dit qu'elle est *prolongée* dans le second. Voyons en quoi consistent ces modifications et quelle est leur signification pathologique.

Expiration abrégée. — Si, des points les plus élevés et les plus bas de la courbe A, points qui marquent le passage de l'expiration à l'inspiration et réciproquement (fig. 49), on abaisse des perpendiculaires

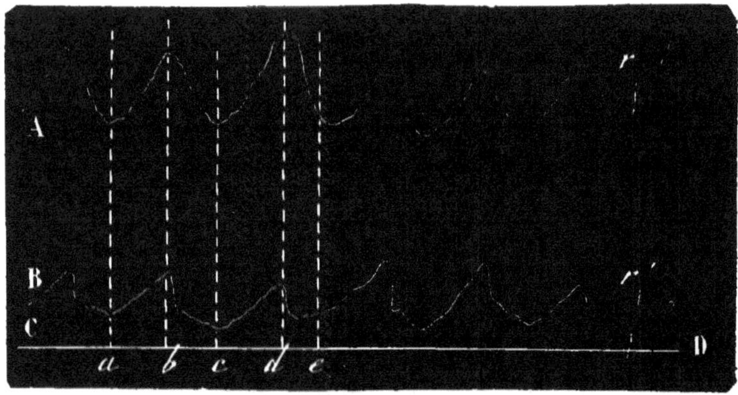

Fig. 49. — *Expiration abrégée* (*).

sur l'abscisse CD, on voit tout de suite que les portions *ab*, *cd*, de cette abscisse, qui répondent à l'inspiration, ne sont plus dans leurs rapports normaux avec les portions *bc*, *de*, de cette même abscisse, qui mesurent les expirations. Pour se rendre un compte exact de ce rapport, dans le cas actuel, il suffira de remarquer que la longueur totale de l'abscisse

Diagramme pris sur un cheval atteint de pleurésie au début 2ᵉ ou 3ᵉ jour de la maladie).

CD, depuis le point C jusqu'au point où elle est coupée par le repère r', mesure six respirations complètes; que cette longueur est de 69 millimètres, dont 39 appartiennent aux *inspirations*, et 30 seulement aux *expirations;* d'où l'on déduira le rapport $\frac{E}{I} = \frac{30}{39} = 0,77$. C'est-à-dire que, si l'on fait égale à 1 la durée de l'*inspiration*, celle de l'*expiration* ne sera plus représentée que par la fraction $\frac{30}{39} = 0,77$, au lieu de l'être par le nombre fractionnaire 1,35. — L'expiration est donc, comme on voit, devenue plus courte que l'inspiration, et par conséquent considérablement abrégée. — La disproportion n'est pas toujours, — il s'en faut bien, — aussi considérable que dans l'exemple que nous avons choisi ; mais il suffit que le rapport $\frac{E}{I} = 0,85$, 0,90, ou même 1, c'est-à-dire que l'inspiration devienne égale en durée à l'expiration, pour qu'on soit en droit de dire que cette dernière est *abrégée*.

Signification. — L'*expiration abrégée* n'est pas très-commune à rencontrer; il est pourtant une maladie où nous l'avons trouvée d'une manière à peu près constante jusqu'ici: c'est la **pleurésie** *au début*. C'est même un très-bon caractère pour le diagnostic de cette maladie, caractère que le pnéographe permet, — et permet seul, — de constater avec toute la précision désirable.

Expiration prolongée. — Contrairement à ce qui vient d'être dit, il peut arriver que la portion d'abscisse qui sert à mesurer l'expiration soit beaucoup plus longue que celle qui mesure l'inspiration, et le rapport entre les deux temps de la respiration, au lieu d'être :: 1 : 1,35, devient :: 1 : 1,60, :: 1 : 2 et même :: 1 : 3, ainsi que le montre le diagramme de

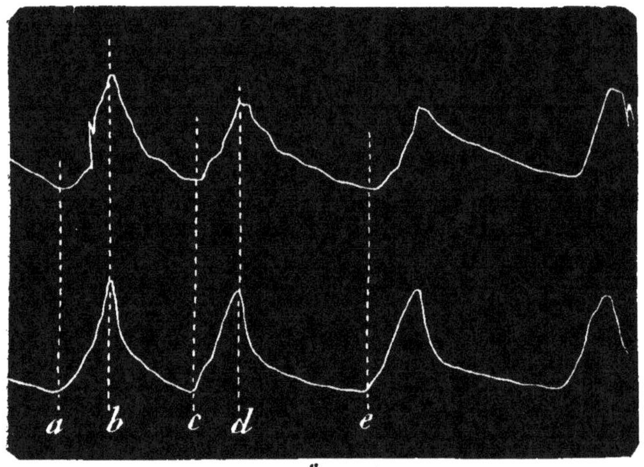

Fig. 50. — *Expiration prolongée* (*).

la figure 50. On a alors ce que nous appelons l'*expiration prolongée*.

Signification. — Chez des animaux très-bien portants, ce mode de respiration peut se rencontrer *pendant le sommeil*, mais très-rarement

(*) Diagramme pris sur un cheval atteint de pousse confirmée.

pendant la veille ; et l'on peut dire, comme règle générale, que, dès que le rapport entre l'inspiration et l'expiration dépasse : : 1 : 1,50, la respiration n'est plus tout à fait normale ; elle est décidément anormale quand ce rapport devient : : 1 : 2.

L'expiration ainsi prolongée indique que le tissu pulmonaire ne jouit plus de toute son élasticité, qu'il ne revient plus que difficilement sur lui-même, après avoir été distendu par l'inspiration. Les maladies qui diminuent ainsi l'élasticité du tissu pulmonaire sont d'ailleurs assez nombreuses ; elles sont aiguës ou chroniques.

Parmi les premières, nous citerons : la *congestion pulmonaire,* — la *pneumonie,* à la période d'*engouement* ou d'*hépatisation,* — la *pneumonie lobulaire,* — certaines formes de *bronchite,* où le mucus accumulé dans les bronches rend difficile la sortie de l'air emprisonné dans les vésicules.

Au nombre des maladies chroniques, il faut signaler particulièrement la *phthisie* et la *pousse,* qui, pour des raisons différentes, diminuent à un si haut degré l'élasticité du parenchyme pulmonaire.

Arrêtons-nous un instant sur cette dernière, ou, pour mieux dire, sur l'*emphysème,* dont la pousse n'est que l'expression symptomatologique.

Pousse. — On sait que le *soubresaut du flanc* (voir ci-après, *Respiration soubresautante*) est le signe univoque, pathognomonique, de cette altération, celui du moins que le praticien s'attache particulièrement à constater. On sait aussi que ce symptôme est souvent difficile à saisir, et qu'il n'est pas rare de voir deux praticiens également instruits, également consciencieux, en désaccord relativement à l'existence de ce signe. — L'étude pnéographique que nous avons faite de la *pousse*, à toutes ses périodes, nous a donné, croyons-nous, la raison de ces dissidences. — Nous avons, en effet, rencontré des cas de pousse avérés, très-nettement accusés par la sonorité exagérée de la poitrine, la faiblesse du murmure respiratoire, et une *toux poussive* des mieux caractérisées, et dans lesquels l'étude du flanc, même au pnéographe, ne décelait *pas le moindre soubresaut*. Mais, dans ces cas, *toujours* les diagrammes accusaient une *expiration prolongée* des plus manifestes. Ces cas, dont le diagramme de la figure 50 nous offre un très-bel exemple, ne sont pas très-communs; mais il suffit qu'ils existent pour montrer de quel secours peut être, à un moment donné, l'étude pnéographique de la respiration.

RESPIRATION SOUBRESAUTANTE.

Depuis un temps immémorial, l'altération particulière du rhythme respiratoire à laquelle on a donné les noms de *soubresaut, contre-temps* ou *coup-de-fouet* a fixé l'attention des observateurs. — On sait en quoi consiste cette irrégularité, qui peut exister dans les deux temps de la respiration, mais qui, le plus souvent, c'est-à-dire à peu près neuf fois sur dix, ne se montre que dans l'expiration : « l'inspiration s'effectue suivant son mode habituel ; puis le mouvement d'expiration commence ; mais bientôt il s'arrête, et, après une interruption plus ou moins marquée, il reprend, continue et s'achève » (RODET, *Pnéoscope et Pnéographe*). — Tout le monde sait que ce trouble particulier forme le caractère univoque, le symptôme pathognomonique de ce qu'on appelle la *pousse.* On sait aussi que la *pousse*, rangée au nombre des *vices rédhibitoires*, donne très-fréquemment lieu à des contestations entre vendeurs et acheteurs, contestations dans lesquelles le vétérinaire doit intervenir pour décider si l'animal objet du litige est ou n'est pas réellement atteint du vice. — Si le *soubresaut* était toujours bien évident, la mission de l'expert serait simple et facile ; mais personne n'ignore combien il s'en faut qu'il en soit ainsi, combien sont fréquentes les dissidences entre vétérinaires appelés à se prononcer sur un même cas, et combien sont nombreux et graves les inconvénients résultant de ces dissidences. — Ces inconvénients avaient vivement frappé H. RODET, et ce sont eux qui le conduisirent à l'idée d'appliquer la méthode graphique à l'étude des phénomènes mécaniques de la respiration chez nos animaux. « S'il existait, dit-il, un instrument qui, placé sur les parois de la poitrine ou dans la région du flanc, fût susceptible de traduire les mouvements de la respiration et d'exagérer, dans une large mesure, ce qu'ils peuvent avoir d'insolite, d'irrégulier, cet instrument nous permettrait peut-être de constater d'une manière facile et sûre, même dans les cas obscurs, le soubresaut de la pousse. »... Il serait même « fort utile de conserver la trace de ces mouvements, de les *inscrire*, d'en obtenir le tracé sur le papier », comme on le fait « en cardiographie, par exemple ». Telle est l'idée mère qui l'a conduit à la construction de son *pnéographe*, que nous avons fait connaître précédemment. — Cette idée était juste et féconde, et nous pouvons dire aujourd'hui qu'il n'est peut-être pas d'irrégularité du rhythme respiratoire qui s'accuse plus nettement au pnéographe que la *respiration soubresautante*, et qu'il n'est peut-être pas de cas où la méthode graphique soit susceptible de rendre plus de services que dans le *diagnostic de la pousse*. — Il importe d'ajouter toutefois que ceci n'est vrai qu'à la condition d'avoir des diagrammes complets, comprenant à la fois les tracés du flanc et ceux des côtes. Ceci posé, voici quels sont les caractères de la *respiration soubresautante* :

Description. — Dans un très-grand nombre de cas (fig. 51), le tracé costal, A, est régulier,

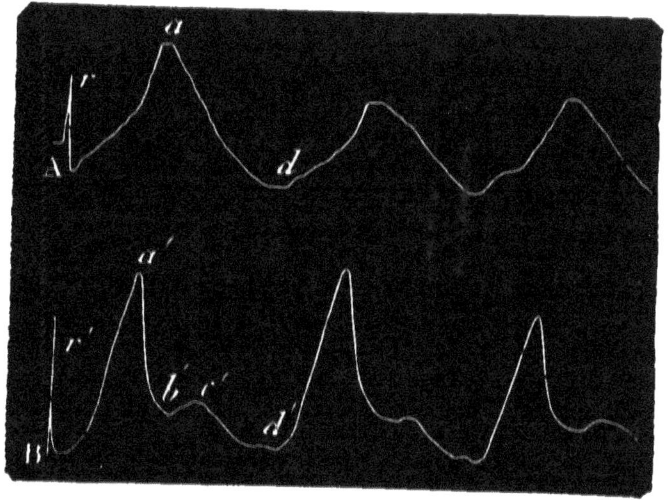

Fig. 51. — *Respiration soubresautante* (*).

différant à peine, ou même ne différant en rien d'un tracé de respiration normale. — Les

(*) Diagramme pris sur un cheval atteint de pousse confirmée.

côtes s'élèvent et s'abaissent par un mouvement plus ou moins rapide, mais uniforme, et la courbe qui leur correspond sur le diagramme n'accuse pas le moindre soubresaut, même dans des cas où celui-ci est très-visible par l'inspection ordinaire du flanc. Cela peut sembler surprenant, et de fait cela n'a pas laissé que de nous surprendre nous-même au début de nos recherches ; mais cela est ainsi, et, pour nous, il ne peut plus y avoir aucun doute à ce sujet : *dans la pousse, même dans la pousse outrée, la respiration costale est rarement soubresautante*, et n'accuse d'autre irrégularité qu'une *expiration* plus ou moins *prolongée*.

Mais il n'en est plus de même du *tracé abdominal*, B. —Pendant l'inspiration, le ventre grossit assez régulièrement, en même temps que les côtes se soulèvent, et ce premier temps de la respiration n'est pas, en général, bien sensiblement altéré ; on remarque seulement que, dans la plupart des cas, le mouvement ascensionnel du flanc est plus rapide que celui des côtes, et que la pointe du levier qui écrit ce mouvement arrive à son point culminant a' un instant avant celle qui inscrit celui des côtes. — Le mouvement de descente, au contraire, est très-nettement altéré : parvenu en a' (fig. 51), le levier redescend d'abord rapidement, en traçant une ligne presque verticale $a'\,b'$, accusant une chute brusque, presque instantanée du flanc; il s'arrête, oscille, et achève plus lentement sa course descendante, en inscrivant la ligne irrégulière *b' c' d'*, sur le trajet de laquelle nous remarquons le crochet *c'*, répondant à un soulèvement, à un *sursaut* du flanc.

Telle est la forme générale de la *respiration soubresautante*, laquelle comporte un certain nombre de variétés qui doivent être signalées.

1° Dans un certain nombre de diagrammes

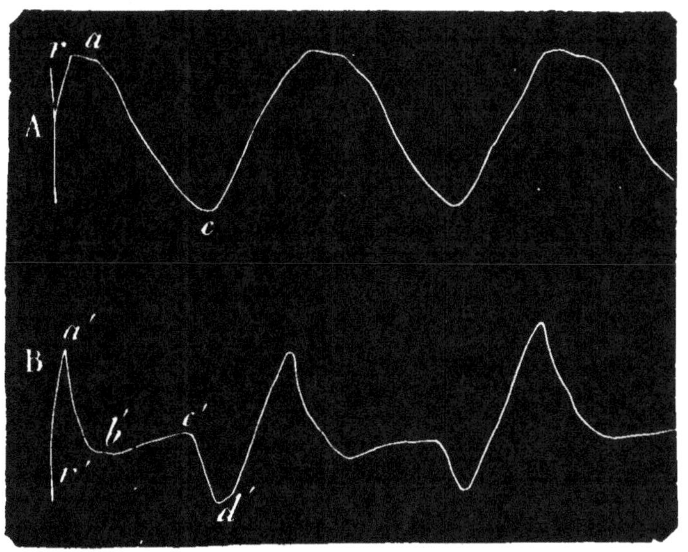

Fig. 52. — *Respiration soubresautante* (*).

(recueillis pour la plupart sur des chevaux atteints de pousse commençante), la ligne d'expi-

(*) Diagramme pris sur un cheval atteint de pousse confirmée.

ration $a'\,b'\,c'$ (fig. 52, B), est manifestement formée de deux parties : l'une, $a'\,b'$, presque verticale, l'autre $b'\,c'$, presque horizontale, suivie ou
non d'une deuxième chute, $c'\,d'$; mais on ne remarque pas sur son trajet, en c', le crochet si
évident sur la figure 51. L'expiration est *brisée*,
interrompue, plutôt que véritablement *soubresautante*.

2° D'autres fois, au contraire (dans la pousse

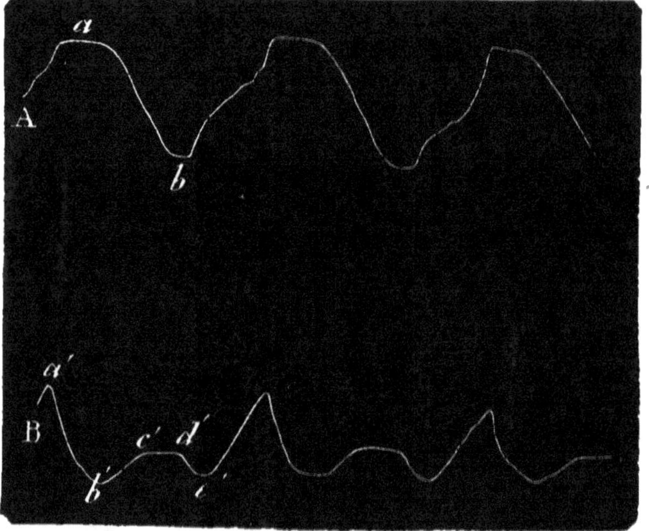

Fig. 53. — *Respiration soubresautante* (n° 3) (*).

très-avancée), l'agitation du flanc est extrême.
Par l'exploration ordinaire, on voit, après une
inspiration rapide et presque convulsive, le ven-

(*) Diagramme pris sur un cheval atteint de pousse confirmée.

tre tomber brusquement, *onduler* d'avant en arrière, et se soulever avec effort pour une nouvelle
inspiration. — Le pnéographe traduit très-bien
cette agitation en quelque sorte *houleuse*, de la
respiration, par la courbe fortement *accidentée*
$a'b'c'd'e'$ du tracé abdominal (fig. 53, B), où le soubresaut se montre nettement accusé par l'espèce
de protubérance $c'd'$, laquelle, par sa position, répond exactement à la fin de l'expiration costale.

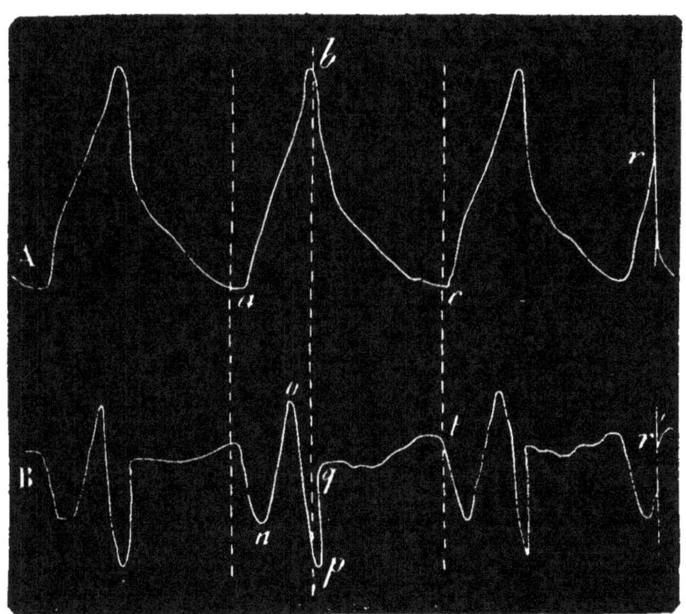

Fig. 54. — *Respiration discordante* (n° 3) (*).

3° Enfin, dans des cas de pousse tout à fait
outrée (fig. 54) les diagrammes accusent, indé-

(*) Diagramme pris sur un cheval atteint de pousse outrée.

pendamment du soubresaut, *n o p*, une *discordance* complète entre les mouvements du flanc
et ceux des côtes, discordance sur laquelle nous
aurons à revenir ci-après.

Il a été dit plus haut, et les diagrammes que
nous venons de mettre sous les yeux du lecteur
prouvent que, dans la respiration la plus soubresautante, les mouvements des côtes peuvent
être parfaitement réguliers ou à peine altérés.
Mais, à cette règle il est des exceptions ; c'est-
à-dire qu'il est des cas, encore assez nombreux,
où la respiration costale elle-même s'éloigne
plus ou moins du type normal. Parmi ces dé-
viations du type physiologique, il en est une,
déjà signalée par MM. LAUGERON et LAULANIÉ
(*Recueil*, 1875, p. 875 et 877, fig. 8 et 11) qui
mérite de nous arrêter un instant.

Le diagramme que nous donnons ci-après
(fig. 55) nous montre au point culminant du tracé
costal, en *c*, une échancrure assez profonde, indiquant qu'il s'est produit à ce moment, c'est-à-
dire entre l'inspiration et l'expiration, une véritable secousse dans les parois costales. Elles
interrompent brusquement leur mouvement
de descente à peine commencé, se soulèvent
quelque peu, puis l'expiration recommence et
s'achève sans nouvel incident. Ce véritable
soubresaut costal, d'ailleurs assez rare, nous pa-

rait devoir être interprété comme un signe de grande dyspnée. Il semble qu'à la fin de l'inspiration l'animal fasse un nouvel effort pour agrandir encore la poitrine, déjà arrivée aux

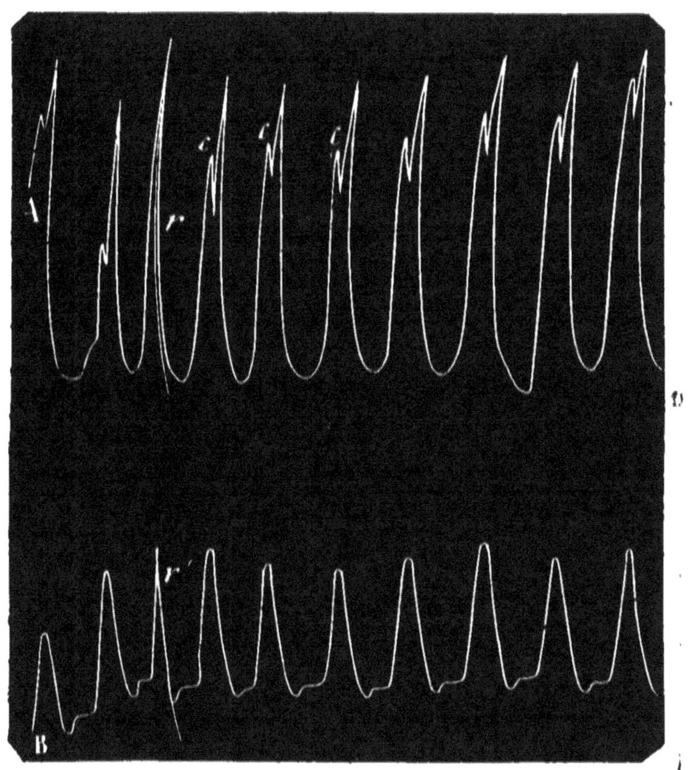

Fig. 55. — *Respiration soubresautante* (n°) (t*).

dernières limites de sa dilatation possible. En un mot, c'est la respiration *énitante* qui se joint à la respiration *soubresautante*.

(*) Diagramme pris sur un cheval atteint de pousse outrée.

24

Tels sont les caractères de la *respiration soubresautante* dans ses variétés principales ; voyons maintenant quelle est sa signification pathologique.

Signification. — La *respiration soubresautante* peut se rencontrer dans un assez grand nombre de maladies, tant aiguës que chroniques. C'est aïnsi que nous avons pu souvent la constater d'une manière plus ou moins nette dans la *pleurésie*, une fois passée la première période, dans la *pneumonie*, quelquefois dès le début, plus souvent à la période de résolution, et même dans la *bronchite*. Mais, de toutes les maladies, celle où le *soubresaut* est à la fois le plus constant et le mieux caractérisé, c'est, sans contredit, l'**emphysème pulmonaire** ou la *pousse*, dont il est considéré à bon droit, et depuis un temps immémorial, comme le symptôme pathognomonique.

La pnéographie ne fait donc, sous ce rapport, que confirmer l'observation ancienne ; mais, si elle n'apprend rien de nouveau, elle n'en est pas moins susceptible de rendre de réels services à la pratique, en manifestant d'une manière plus apparente et plus distincte un soubresaut quelquefois difficile à saisir par l'inspection ordinaire.

Nous devons toutefois prévenir qu'elle ne saurait dispenser, même pour le diagnostic de la pousse, des autres méthodes d'examen. Nous avons pu nous convaincre, en effet, que, chez des sujets jeunes, très-bien portants, et dont les poumons sont en parfait état, on obtient parfois des diagrammes dont le tracé abdominal présente manifestement une légère interruption dans la ligne de l'expiration. Il ne faudrait donc pas, d'après cette petite irrégularité, conclure d'emblée et sans plus ample informé à l'existence de la pousse. — Néanmoins, et toutes réserves faites, nous répéterons que, dans les cas difficiles, la pnéographie sera d'un grand secours pour le diagnostic, si souvent embarrassant, de cette affection.

RESPIRATION DISCORDANTE.

Il y a vingt ans (v. *Recherches sur la Pleurésie du cheval*, Paris et Lyon, 1860), nous avons appelé l'attention des observateurs sur un symptôme de la pleurésie avec épanchement, que nous décrivions en ces termes : — « Alors cesse d'exister cet accord parfait, cette simultanéité, cette exacte concordance qui, dans l'état normal, caractérise l'action des puissances respiratoires. Les mouvements des côtes sont plus étendus que dans la période d'augment ; mais, pendant que ces arcs osseux s'élèvent et se portent en avant pour agrandir la cavité pectorale, le diaphragme, au lieu de se porter en arrière pour concourir au même but, se laisse refouler en avant par la pression des viscères digestifs, et l'on voit à ce moment *le flanc se creuser davantage*. Puis, quand les côtes s'abaissent pour opérer l'expiration, le diaphragme semble se porter en arrière et refouler la masse intestinale, qui vient alors *remplir le creux du flanc*. »

En d'autres termes, quand la poitrine se dilate, le ventre diminue de volume et le flanc paraît plus creux ; quand elle se rétrécit, lors de l'expiration, le ventre grossit et le creux du flanc se remplit : tel est le phénomène auquel nous avons donné, après H. Rodet, le nom de *discordancę des mouvements respiratoires*.

Dans leur travail déjà cité (*Essai de pneumographie normale et pathologique*), MM. Laugeron et Laulanié avaient cru pouvoir contester l'existence de ce symptôme : « Nous avons pu réunir, disaient-ils, un certain nombre de tracés relatifs à cette affection (pleurite avec épanchement). Ils se ressemblent tous à quelques nuances près, et démontrent que l'altération principale du rhythme porte plutôt sur le nombre que sur la forme des mouvements respiratoires..... Nous n'insisterions pas autrement sur ce point si on n'avait signalé un symptôme, qui serait pathognomonique, et que nous n'avons jamais constaté : nous voulons parler de la *discordance des mouvements respiratoires.* »

Mais, dans un travail plus récent (*Revue vétérinaire*, février, 1878), M. Laulanié est revenu sur cette assertion : « Quant à la discordance des mouvements respiratoires telle que nous aurions dû la comprendre, il est certain, dit-il, que M. Saint-Cyr l'a observée, et les tracés qu'il présente en témoignent suffisamment. »

La question de *fait* est donc vidée, et il serait inutile de s'y appesantir davantage ; mais il nous reste à dire ici, aussi clairement que possible, en quoi consiste la *respiration discordante*, comment on doit comprendre son interprétation physiologique, et quelle en est la signification pathologique.

Description. — L'étude que nous avons faite (p. 366 et suiv.) de la respiration normale nous a montré que, dans l'état physiologique, le flanc et les côtes s'élèvent et s'abaissent *ensemble*, ce qui constitue le *synchronisme* des mouvements respiratoires. Dans certaines maladies, ce synchronisme peut être plus ou moins altéré, ou même complétement détruit, et c'est à cette désharmonie, qui peut être plus ou moins complète, que nous donnons le nom de respiration discordante, et le même procédé qui nous a permis de démontrer l'isochronisme des mouvements du flanc et des côtes dans l'état de santé va nous servir à mettre en évidence et à *mesurer*, pour ainsi dire mathématiquement, leur discordance, quand elle existe.

Examinons le diagramme représenté (fig. 56).

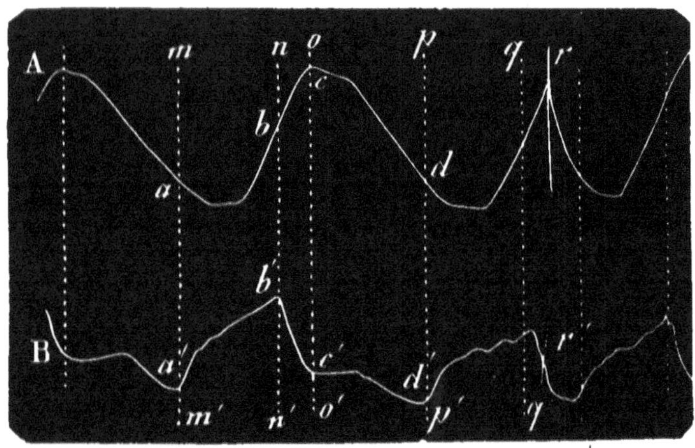

Fig. 56. — *Respiration discordante* (n° 1) (*).

rr', sont des points de repère ; *mm'*, *nn' oo'*, etc., sont des lignes *isochrones* menées parallèlement à ces points de repère ; les portions de courbe *ab*, *bc*, *cd*, du tracé costal A, sont *synchroniques* des portions *a'b'*, *b'c'*, *c'd'* du tracé abdominal B, comprises entre les mêmes parallèles. — Dès lors, il est facile de se rendre compte en quoi ce diagramme diffère de celui d'une respiration normale.

(*) Diagramme pris sur un cheval atteint de morve compliquée de pleurésie avec épanchement peu abondant.

Si nous comparons, en effet, la portion $a'b'c'd'$ du tracé abdominal B avec la portion correspondante $a\,b\,c\,d$ du tracé costal A, nous voyons : 1° que la ligne ascendante $a'b'$, indiquant l'augmentation du volume du ventre, a pris naissance en même temps que la portion $a\,b$, qui appartient à la fin d'une expiration costale et au début de l'inspiration suivante ; — 2° que la portion $b'c'$, descendante, pendant laquelle le ventre diminue rapidement de volume, répond tout entière à la portion $b\,c$, c'est-à-dire au dernier tiers de l'*inspiration* costale ; — 3° enfin que la ligne onduleuse et presque horizontale $c'd'$, pendant laquelle le flanc reste presque immobile, s'inscrit en même temps que la portion $c\,d$, c'est-à-dire pendant la première partie de l'expiration.

Ainsi, on voit le ventre grossir, le flanc s'élever et son creux se remplir pendant la fin de l'expiration et la première moitié de l'inspiration qui suit. Puis, tandis que les côtes continuent à s'élever, le ventre tombe rapidement, le flanc se creuse, et cette dépression du flanc est à son *maximum* à l'instant précis où les côtes atteignent leur *summum* d'élévation. Il reste alors immobile, sans s'élever ni s'abaisser, animé seulement d'un mouvement d'ondulation, pendant plus de la moitié de l'expiration. Enfin, quand les côtes ont dépassé le milieu de leur course descendante, le ventre recommence à grossir et le flanc à s'élever. Voilà ce que montre très-nettement l'inspection du diagramme (fig. 56). La *discordance* des mouvements respiratoires est donc manifeste ; mais elle est incomplète, et il est incontestable que, à certains moments, le flanc et les côtes se mouvaient dans le même sens.

Le diagramme suivant (fig. 57) nous montre

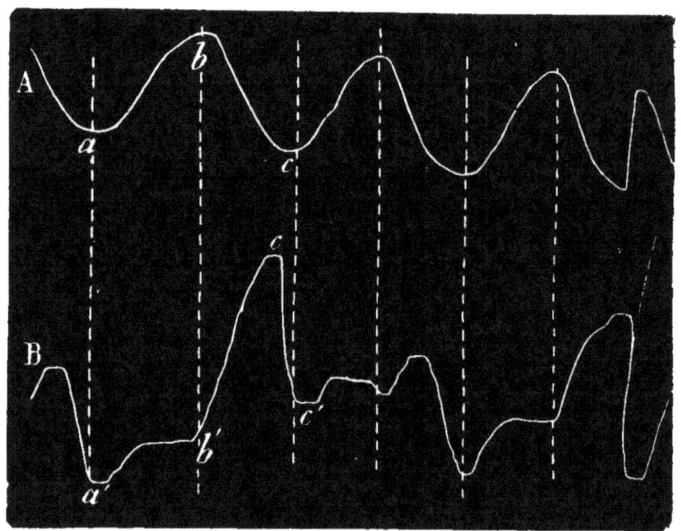

Fig. 57. — *Respiration discordante* (n° 2) (*).

plus complète la désharmonie que nous venons de signaler. Nous voyons, en effet, grâce à nos lignes isochrones, que la portion *a b*, représen-

(*) Diagramme pris sur un cheval atteint de pleurésie ancienne, après l'opération de la thoracentèse.

tant l'inspiration sur le tracé costal A, répond à la portion $a'b'$ du tracé abdominal B, pendant laquelle le flanc reste presque immobile avec son moindre degré de développement ; et que la ligne d'expiration costale $b\,c$ répond à la ligne $b'o\,c'$, pendant laquelle le ventre grossit rapidement, acquiert son volume maximum, en o, pour retomber ensuite d'une manière brusque en c', où il arrive à la fin de l'expiration costale.

La désharmonie est donc des plus évidentes et des plus remarquables.

Nous possédons un grand nombre de diagrammes relatifs à la respiration discordante, et nous en avons publié quelques-uns dans un travail antérieur (*De la discordance des mouvements respiratoires dans les maladies*, in *Journal de médecine vétérinaire et de zootchnie*, année 1877) ; ils offrent d'assez notables différences dans la forme et dans les détails, mais ils se ressemblent tous pour le fond et ont tous la même signification. Il nous paraît donc inutile de les multiplier ici. Nous donnerons cependant encore le suivant, qui nous paraît extrêmement remarquable (fig. 58).

On voit que la ligne brisée *mnop* du tracé abdominal B est manifestement *descendante* et correspond à une diminution graduelle du volume du ventre, diminution interrompue seulement par un énorme soubresaut *n o*. Or, cette ligne répond synchroniquement à la ligne ascendante *a b* du tracé costal, déterminé par l'ampliation régulière de la poitrine. Par contre

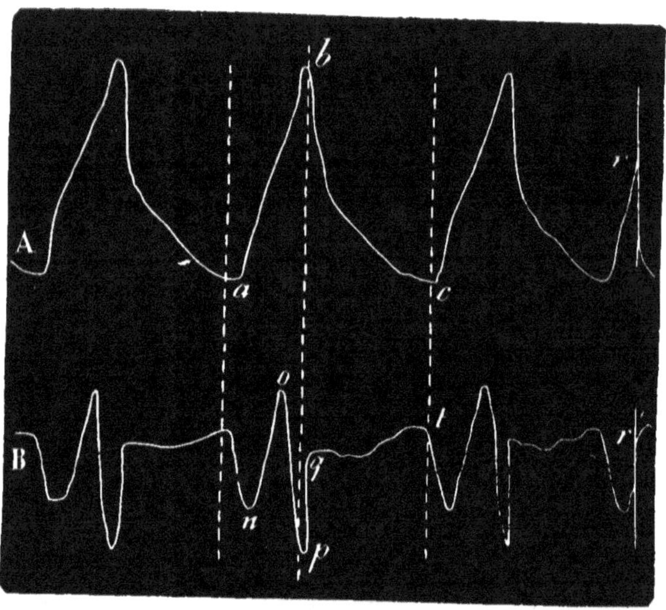

Fig. 85. — *Respiration discordante* (*).

la ligne ascendante *p q* et le plateau *q t*, qui lui fait suite, répondent à la ligne descendante *b c* de l'expiration thoracique. Ainsi, bien évidemment, le ventre grossit et le creux du flanc se remplit pendant que les côtes s'abaissent ; il diminue au contraire quand la poitrine se dilate : la *discordance* entre ces deux mouvements est

(*) Diagramme pris sur un cheval atteint de pousse outrée.

complète, et elle est rendue on ne peut plus évidente par la seule inspection de ce diagramme.

Au moment de mettre sous presse, nous venons de recueillir encore un nouveau diagramme que nous n'hésitons pas à joindre aux précédents, d'abord parce qu'il nous offre un très-bel exemple de discordance des mouvements respiratoires aussi complète que possible ; ensuite, parce qu'il prouve que ce phénomène n'est pas particulier au cheval. Ce diagramme (fig. 59) a été, en effet, recueilli le 25 octobre 1878 sur un CHIEN affecté d'une pleurésie double remontant à huit jours environ, avec épanchement remplissant à peu près la moitié de la poitrine.

Il suffit de jeter les yeux sur cette figure (v. ci-après, fig. 59) pour voir, grâce à nos lignes *isochrones*, *mm′*, *oo′*, etc., que la discordance est, ainsi que nous le disions plus haut, aussi complète que possible. En effet, pendant que le levier thoracique, — tracé A, — inscrit la ligne ascendante *a b*, correspondant à l'ampliation de la poitrine, nous voyons le levier abdominal, — tracé B, — après une chute rapide, *a′ e*, tracer le plateau inférieur *eb′*, pendant toute la durée duquel le flanc reste immobile et *déprimé*. Puis l'expiration se produit, les côtes s'abaissent et le levier thoracique écrit la ligne descendante *b c d*, à laquelle correspondent synchroniquement, sur

le tracé abdominal : 1° un soubresaut, b' ;
2° une portion ascendante, $b'c'$, indiquant une
augmentation du volume du ventre ; 3° un pla-

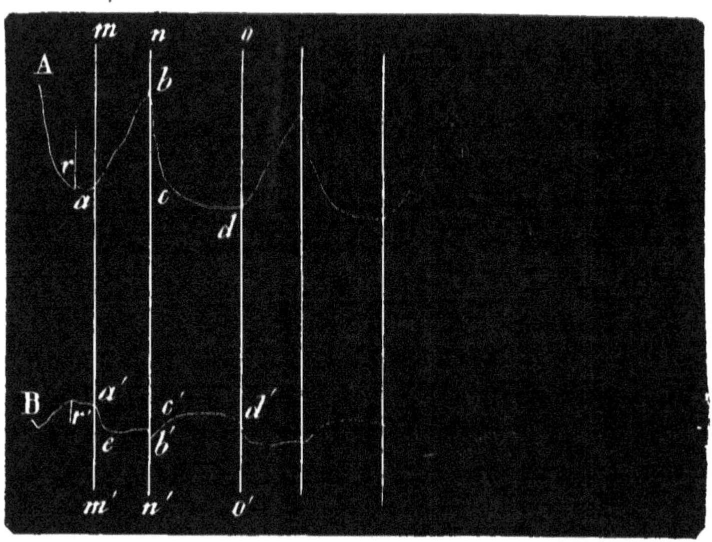

Fig. 59. — *Respiration discordante* (*).

teau supérieur, $c'd'$, marquant l'immobilité du
flanc parvenu à son plus grand degré d'ampliation. Après quoi le flanc *retombe*, au moment même où l'inspiration costale recommence. — En d'autres termes, la plus grande
dépression du flanc, $a'e\,b'$, répond à l'*inspiration* ab ; il se remplit et se soulève, au con-

(*) Diagramme pris sur un chien atteint de pleurésie double avec
épanchement.

traire, lors de l'expiration : voilà ce que montre avec une grande netteté la figure 59.

Nous pourrions nous en tenir là ; nous ne résisterons pas cependant au désir de reproduire encore ici un graphique que nous empruntons

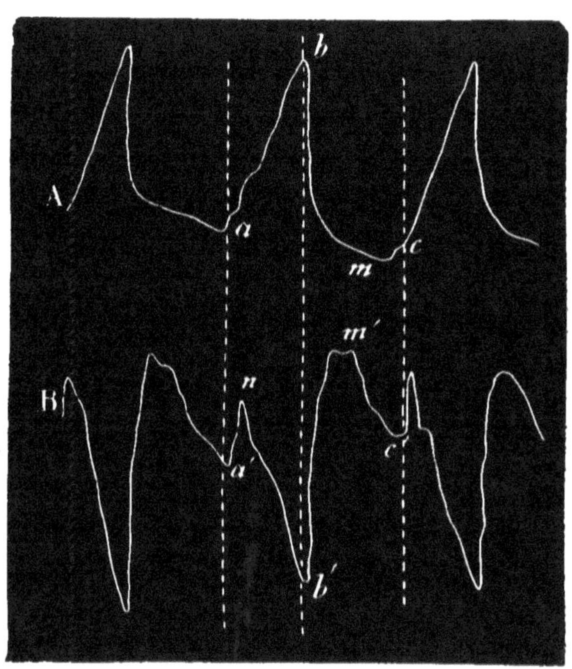

Fig. 60. — *Respiration discordante* (n° 4) (*).

à MM. LAUGERON et LAULANIÉ (*fig.* 60), graphique aussi remarquable par sa forme que par les circonstances dans lesquelles il a été obtenu.

(*) Diagramme pris sur un cheval d'expérience après la section des nerfs diaphragmat'ques (LAUGERON et LAULANIÉ).

Sur un cheval bien portant et dont la respiration était normale avant l'expérience, MM. Laugeron et Laulanié paralysent le diaphragme par la section des deux nerfs diaphragmatiques. Puis, quand l'animal est remis des émotions de l'opération, ils appliquent le pnéographe et obtiennent le diagramme ci-dessus (*fig.* 60), où la *discordance* entre les mouvements du flanc et ceux des côtes est portée, peut-on dire, à l'extrême. Il est remarquable, en effet, de voir avec quelle précision mathématique la ligne ascendante *a b* du tracé costal A répond à la ligne descendante *a'nb'*, le sommet supérieur *b* au sommet inférieur *b'*, la ligne descendante *b m* à la ligne ascendante *b'm'*, et la traînée *m*, par laquelle s'achève l'expiration costale, à l'espèce de plateau supérieur échancré *m'c'*, par lequel se termine le mouvement du flanc. Tous les mouvements se trouvent ainsi reproduits dans les deux tracés, mais en sens absolument contraire ; la discordance ne saurait être ni plus évidente ni plus complète.

Interprétation. — Depuis que nous avons signalé la *respiration discordante* (*Recherches sur la pleurésie*, 1860) comme un phénomène digne de l'attention des observateurs, plusieurs explications ont été mises en avant pour rendre compte de cette anomalie. Voici d'abord celle que proposent MM. Laugeron et Laulanié :

« Nous commencerons, disent ces auteurs, l'analyse par le début de l'expiration dans les parois abdominales.

« La contraction des muscles abdominaux est, à ce moment, excessivement brusque et énergique ; elle amène rapidement une très-grande diminution dans le volume du ventre. Pendant ce temps, l'expiration tend à se produire aussi dans les parois thoraciques..... Mais l'abaissement de l'hypochondre ne peut se continuer, empêché qu'il est par la pression considérable qui s'exerce sur lui de dedans en dehors, et résultant du transport en avant des viscères digestifs brusquement comprimés par l'énergique contraction des muscles abdominaux. Aussi, loin de s'abaisser, l'hypochondre est-il soulevé dans une proportion même assez étendue..... Mais l'inspiration était déjà profonde ;..... aussi, quand cette poussée intérieure diminue d'intensité, une brusque réaction s'opère du côté des parois thoraciques, dont l'abaissement est d'abord rapide, » puis se ralentit graduellement, « et bientôt même est suivi d'un repos absolu, qui précède le début de l'inspiration dans la respiration suivante. »

Pendant l'abaissement des côtes, le ventre augmente de volume, rapidement d'abord, puis d'une manière plus lente, et les auteurs expliquent cette discordance « par le déplacement des viscères mobiles renfermés dans la cavité péritonéale ». — « Le rapprochement brusque des hypochondres, disent-ils, doit nécessairement avoir pour effet de déterminer sur les organes digestifs une pression énergique s'exerçant de la même façon, — mais en sens inverse, — que la contraction des muscles abdominaux dans le temps précédent ; » de là le refoulement des viscères en arrière et le grossissement du ventre pendant l'*expiration costale.*

Nous ne saurions admettre cette interprétation.

Et d'abord, pourquoi MM. LAULANIÉ et LAUGERON commencent-ils leur analyse par l'*expiration?* L'inspiration n'est-elle pas le phénomène initial, et nous ajouterons le phénomène essentiel au point de vue physiologique, de l'acte respiratoire? Cela importe assez peu, nous dira-t-on. Cela importe peut-être plus qu'il ne semble au premier abord. Qui sait si ce n'est pas pour cette cause que MM. LAUGERON et LAULANIÉ ont été conduits à attribuer, dans leur interprétation de la discordance, aux muscles abdominaux un rôle exagéré et qui, bien certainement, ne leur appartient pas?

Tout le monde sait, en effet, que dans l'état physiologique *l'expiration est presque entièrement passive;* que l'élasticité des poumons et

des parois pectorales suffit presque à l'accom-
plir ; que les muscles abdominaux n'interviennent d'une façon vraiment active que dans certaines circonstances exceptionnelles, comme
dans l'effort, dans la toux, par exemple. Or il
en est de même dans l'état pathologique :
toutes les fois qu'il y a *dyspnée*, c'est l'*inspiration*, c'est l'*entrée* de l'air dans la poitrine qui
est surtout difficile. Nous avons étudié de près
la *dyspnée* dans un grand nombre de circonstances différentes, et nous pouvons affirmer
que, dans cet état, l'expiration est relativement
facile. S'il est à cette règle quelques exceptions, elles sont infiniment rares.

Il peut cependant arriver, dans certaines maladies, quand le poumon a perdu de son élasticité naturelle, comme dans l'emphysème par
exemple, que les muscles expirateurs, et peut-
être les muscles abdominaux eux-mêmes, interviennent *à la fin de l'expiration;* mais ils
interviennent alors par une contraction lente,
graduelle, soutenue, et non énergique et rapide, comme celle que MM. LAUGERON et LAULA-
NIÉ admettent *au début de l'expiration*, dans
leur théorie de la discordance. Ce dernier genre
d'intervention nous paraît tout à fait inadmis-
sible ; du moins nous ne l'avons jamais constaté.

Mais il est surtout une chose, dans cette
théorie, à laquelle nous ne pouvons croire,

parce qu'elle nous paraît contraire à toutes les données de la physiologie : c'est que « l'expiration puisse avoir déjà commencé dans le poumon alors que les côtes continuent à s'élever » et, par conséquent, la poitrine à s'agrandir.

Du reste, nous ne sommes pas le seul que cette théorie ne satisfasse pas. — Dans un travail récent (*Journal de méd. vét. et de zootechnie*), l'un de nos confrères les plus distingués, M. Violet, vétérinaire à Sens, cherche à établir que « la vraie cause de la discordance des mouvements respiratoires, c'est le liquide épanché dans la cavité thoracique, » et il en donne l'explication suivante :

Quand un liquide épanché existe dans la poitrine en quantité notable, il occupe naturellement les parties inférieures. « En arrière, il pèse sur le diaphragme, qui, n'étant point doué d'élasticité, se trouve dans l'impossibilité d'opposer une résistance continue à un effort incessant; aussi, au moment de l'expiration, qui amène son relâchement, se trouve-t-il contraint de céder : sa face antérieure, au lieu de prendre la forme convexe qu'il a dans l'état normal, devient concave, et réciproquement...»

Lorsqu'au contraire, les côtes se soulèvent, le diaphragme entre en contraction : — l'exa-

men direct fait par M. Delamotte le prouve. —
Mais, comme sa forme est changée, « il ne
pourra concourir efficacement à la dilatation
de la poitrine ; au contraire, il la contrariera. —
En effet, si le soulèvement des côtes augmente,
comme dans l'état physiologique, le diamètre
transverse, la contraction du diaphragme (dont
la convexité est supposée tournée du côté de
l'abdomen et diminue à ce moment) en diminue
la capacité dans le sens antéro-postérieur ; d'où
une difficulté nouvelle à l'accomplissement complet et régulier de cette fonction, s'ajoutant à
celle qui résulte déjà de la diminution de volume du poumon. En même temps, et par suite
du report en avant de la cloison musculeuse,
la capacité de l'abdomen se trouve augmentée,
et les organes y contenus suivant le mouvement du diaphragme, il en résulte l'affaissement et la chute du flanc, — mouvement contraire à celui des côtes et à ce qui a lieu dans
l'état normal. »

« Puis l'instant de l'expiration arrive : simultanément, les côtes s'abaissent et le diaphragme cesse sa contraction ; ayant perdu
toute rigidité, il obéit d'abord au poids du liquide épanché, qui, comprimé par les parois
costales, transmet intégralement cette pression
à la cloison musculaire. Celle-ci cède et se
porte davantage en arrière ; l'estomac et les

intestins sont refoulés dans le même sens, d'où
un soulèvement des parois abdominales, également opposé au mouvement des côtes et à
ce qui se passe chez le sujet dont l'intégrité de
l'appareil respiratoire est complète. »

Comme celle de MM. LAUGERON et LAULANIÉ,
cette théorie nous paraît passible d'objections
nombreuses et graves. — Et d'abord, la présence d'un liquide dans la poitrine n'est pas la
condition *nécessaire*, ni même la condition *suffisante*, de la respiration discordante. D'une part,
en effet, on rencontre ce mode de respiration
dans une foule de cas où il n'y a pas une goutte
de liquide dans la poitrine ; on peut la produire
à volonté par la section des nerfs diaphragmatiques (LAULANIÉ et LAUGERON), et dans ce cas,
M. VIOLET le reconnaît lui-même, sa théorie
est insuffisante. D'autre part, nous avons, dans
un but expérimental, introduit dans la poitrine d'un cheval sain un grand seau d'eau
tiède ; l'animal est mort suffoqué, mais nous
n'avons pas vu la discordance des mouvements
respiratoires se produire.

D'un autre côté, pour prouver que, dans la
respiration discordante, le diaphragme ne reste
pas passif, M. VIOLET s'appuie sur une expérience de M. DELAMOTTE. Mais cette expérience,
quelle qu'en soit la valeur, n'est guère favorable

à la théorie de notre confrère de Sens. Voici, en effet, comment s'exprime M. Delamotte :

« Sur un animal dont la poitrine était aux deux tiers remplie de liquide, et la discordance manifeste, nous avons fait une ouverture au flanc gauche, le long du bord postérieur de la dernière côte, afin de pouvoir glisser la main droite sur la face postérieure du diaphragme..... Nous avons été obligé de reconnaître que le diaphragme n'était pas paralysé du tout. *Il se portait parfaitement en arrière dans l'inspiration*, et revenait encore conséquemment sur lui-même dans l'expiration. »

On peut, nous le répétons, discuter la valeur de cette expérience ; mais il est évident que M. Violet, — qui admet que « la contraction du diaphragme *diminue* la capacité de la poitrine dans le sens antéro-postérieur, » — ne saurait en aucune façon s'appuyer sur elle pour étayer sa théorie. — Cette dernière ne nous paraît donc pas pouvoir être admise.

Pour nous, voici comment nous comprenons ce phénomène :

Lors de l'*inspiration*, l'air contenu dans les vésicules pulmonaires se raréfie ; sa tension diminue, et l'équilibre entre la pression intra-thoracique et celle que l'atmosphère exerce sur toute la surface extérieure du corps se

trouve rompu. Dans les conditions physiologiques, cet équilibre ne tarde pas à se rétablir,
grâce à l'air qui pénètre dans le poumon par
la trachée et les bronches. Mais, qu'un obstacle
quelconque empêche celui-ci d'arriver assez
vite et en quantité suffisante au sein des vésicules ; il faudra néanmoins que le poumon suive
le mouvement des côtes, car il ne peut pas cesser un seul instant d'être en contact avec elles.
Il faut donc, de toute nécessité, que l'équilibre
rompu se rétablisse d'une autre manière, et il
n'y a pour cela qu'un moyen : il faut que l'air
extérieur, pressant sur les parois de l'abdomen,
souples et dépressibles, comprime les viscères
mobiles contenus dans cette cavité, les pousse
du côté où ils rencontrent le moins de résistance, c'est à-dire vers le diaphragme ; il faut
que ce muscle se laisse refouler en avant, que
sa convexité antérieure augmente, et diminue
le diamètre antéro-postérieur de la poitrine,
autant qu'il est nécessaire pour rétablir l'égalité
entre les pressions intra et extra-thoraciques.
La cavité abdominale, agrandie dans le sens
antéro-postérieur, diminue donc proportion-
nellement dans tous les autres sens, et le flanc
se déprime pendant que les côtes s'élèvent.

Voilà ce qui se passe dans l'inspiration.
Dans l'expiration, au contraire, les côtes sou-

levées tendent à reprendre leur position première ; elles s'abaissent et pressent doucement sur le poumon, la *tendance au vide* qui existait dans la poitrine disparaît ; rien ne sollicite plus les viscères abdominaux à se porter en avant ; ils reprennent leur place naturelle ; le diaphragme les suit dans ce mouvement de recul, et le ventre grossit, et le flanc se remplit à mesure que les côtes s'abaissent.

Telle est l'explication que, depuis vingt ans, nous donnons du phénomène de la discordance des mouvements respiratoires. Elle nous paraît, encore aujourd'hui, la plus simple et la plus rationnelle. Nous la croyons applicable à tous les cas, et nous sommes convaincu qu'il serait possible de démontrer, dans tous ceux où la *discordance* s'observe, l'intervention de la cause que nous regardons comme nécessaire à sa production : celle de la pression atmosphérique agissant sur les parois abdominales de manière à rétablir l'équilibre rompu entre les pressions intra et extra-thoraciques.

Signification. — Quoi qu'il en soit, la *respiration discordante* se manifeste dans un assez grand nombre de circonstances différentes, et notamment dans la *pleurésie* avec épanchement, certaines formes de *pneumonie*, la *pousse* outrée, certaines maladies du larynx, etc.

Pleurésie. — C'est dans cette maladie que la *respiration discordante* a été signalée en premier lieu, d'abord par H. Rodet, qui l'avait observée dès 1835 et la décrivait dans ses cours, puis par nous-même en 1859, et depuis, par beaucoup d'autres vétérinaires. C'est peut-être dans cette maladie qu'elle se manifeste de la manière la plus constante et la plus complète. C'est sans doute pour cette raison que beaucoup de vétérinaires la croient étroitement liée à l'épanchement pleurétique, qu'ils considèrent comme sa cause essentielle. Telle fut d'abord l'opinion de H. Rodet, telle est encore aujourd'hui celle de M. Violet et de quelques autres. Cette opinion n'est cependant point exacte. Nous avons cité plus haut une expérience qui prouve qu'on peut introduire directement dans la poitrine une grande quantité de liquide sans que la *discordance* se produise ; la pratique prouve aussi que, dans certains cas de pleurésie, l'*épanchement* peut être assez abondant sans qu'il y ait *discordance* bien manifeste (Laulanié et Laugeron, Nobis). D'autres fois, au contraire, elle peut exister avec un épanchement fort peu considérable, et, quand la maladie guérit, elle persiste, en général, longtemps après la résorption complète de la collection séreuse. La *respiration discordante* n'est donc pas, dans toute la rigoureuse acception du mot, un symptôme

pathognomonique de la pleurésie avec épanchement ; mais elle en est, bien certainement,
l'un des symptômes les plus précoces, les plus
constants, les plus faciles à constater, soit au
pnéographe, soit à la vue simple, en même
temps que des plus caractéristiques. A tous ces
titres, elle mérite donc la plus sérieuse attention des praticiens.

Pneumonie. — La *respiration discordante* se
rencontre aussi quelquefois dans la *pneumonie*,
quoique beaucoup plus rarement que dans la
pleurésie ; au point que l'on peut dire qu'elle
est la règle très-générale dans cette dernière
maladie, et l'exception dans la première. Et,
chose remarquable, quand on la rencontre, ce
n'est pas, comme on pourrait le croire au premier abord, dans la pneumonie *lobaire*, qui solidifie et rend imperméable à l'air une grande
étendue du poumon ; c'est de préférence dans
la pneumonie *lobulaire*, survenue consécutive-
ment à la bronchite capillaire, et se montrant
sous forme de noyaux peu volumineux, parfois
en petit nombre, disséminés çà et là dans un
parenchyme encore souple et crépitant dans la
majeure partie de son étendue. Cela tient sans
doute à ce que l'accès de l'air est rendu difficile dans un très-grand nombre de vésicules
par les mucosités tenaces et adhérentes qui en-
combrent les petites bronches.

Pousse. — Le diagramme de la figure 58 se rapporte à cette maladie. Il prouve que, dans la *pousse*, la *discordance* peut être aussi évidente et aussi complète que dans n'importe quelle autre maladie, dans la pleurésie la mieux caractérisée par exemple. Mais elle n'apparaît qu'à une période très-avancée de l'affection, dans ce qu'on appelle la *pousse au troisième degré*, la *pousse outrée*. Elle n'a donc pas une bien grande importance pour le diagnostic, qui est, en général, très-facile à ce moment ; elle offre pourtant un véritable intérêt que nous appellerons indirect. Il peut se faire, en effet, que la *discordance* soit tellement prononcée, qu'elle saute, pour ainsi dire, aux yeux de l'observateur, et l'absorbe à tel point qu'il en négligera peut-être l'examen complet du malade ; il pourra être alors conduit à diagnostiquer, d'après ce seul symptôme, quelque autre maladie que celle qui existe réellement, une pleurésie par exemple. Sans doute, l'erreur est facile à éviter par un examen tant soit peu attentif ; mais elle est possible ; nous en connaissons des exemples. Il est donc bon d'en être prévenu, afin de se tenir sur ses gardes.

Peut-être se demandera-t-on si l'interprétation que nous avons proposée s'applique très-bien à cette maladie ; si l'*inélasticité* du tissu pulmonaire, conséquence de l'emphysème, constitue bien, à elle seule, un obstacle assez grand pour expliquer la discordance ? Nous croyons qu'il en peut très-bien être ainsi; mais nous ne nions point qu'un autre élément puisse également intervenir ; et quand on se reporte à l'expérience de MM. LAUGERON et LAULANIÉ, dans laquelle on voit la discordance la plus manifeste se produire après la section des nerfs dïaphragmatiques, on n'est pas trop éloigné d'adopter la conclusion de ces auteurs : « qu'on n'a peut-être pas accordé une assez large part à l'influence du système nerveux dans l'interprétation du rhythme des mouvements respiratoires dans la pousse. » C'est un point à éclaircir par de nouvelles recherches.

Angines, etc. — Dans certaines angines avec tuméfaction considérable de la muqueuse du larynx, il se produit, on le sait, un bruit de *cornage*, d'autant plus intense que l'orifice de la glotte est plus rétréci. Très-souvent on observe en même temps une discordance des mouvements respiratoires plus ou moins marquée, quelquefois aussi prononcée que dans les cas de pleurésie les plus accentués. L'explication du phénomène est, dans ce cas, des plus faciles, ou pour mieux dire, c'est peut-être à ces cas que notre théorie s'applique le mieux. C'est, du reste, de la même manière que les médecins expliquent le *creux épigastrique* que

l'on voit se former chez beaucoup de malades
dont l'inspiration est extrêmement gênée, notamment chez les enfants atteints de croup ; et,
bien évidemment, ce creux épigastrique est de
même nature et a la même signification que
le phénomène que nous étudions ici sous le
nom de *respiration discordante*.

Tels sont, en résumé, les principaux faits.
que la pnéographie nous a permis de constater.
Évidemment, ces résultats sont encore fort imparfaits ; tels qu'ils sont, cependant, ils ne sont
pas dépourvus de tout intérêt, et ils suffisent,
tout au moins, pour faire entrevoir quel parti
la science et la pratique pourront tirer un jour
de l'étude pnéographique de la respiration,
quand cette étude sera un peu plus avancée.

Peut-être objectera-t-on que, même en ad-
mettant l'utilité de cette méthode, la com-
plexité des appareils la rendra *toujours* inapplicable dans la pratique courante. Je ne
méconnais point ce que cette objection a de
sérieux ; je crois cependant que, dès maintenant et tels qu'ils sont, ces appareils pourraient
trouver leur place dans certaines conditions de
la pratique actuelle : dans les Écoles vétérinaires, dans les infirmeries de toutes les

grandes compagnies de transport, omnibus et autres, qui emploient un grand nombre de chevaux, dans les infirmeries régimentaires, etc. Je crois aussi que, si l'utilité de la *Pnéographie* était une fois bien démontrée, on pourrait s'en rapporter au génie inventif de nos constructeurs d'instruments de précision pour imaginer un appareil que sa simplicité, son volume peu encombrant, la facilité de sa manœuvre et son prix peu élevé rendraient accessible à tous et permettraient d'utiliser dans toutes les conditions de la clientèle ordinaire.

BIBLIOGRAPHIE.

BERGEON. *Recherches sur la théorie médicale de la respiration*, br. in-8°. Paris, 1869.

LAUGERON et LAULANIÉ. *Essai de pneumographie médicale, normale et pathologique*, in *Recueil de méd. vét*, année 1875, p. 860.

LAULANIÉ. *De la discordance des mouvements respiratoires et de l'intervention du système nerveux dans la pousse*, in *Revue vétérinaire* de Toulouse, année 1878, p. 49.

MAREY. *Les appareils enregistreurs*, in *Revue des cours scientifiques*, année 1866-1867, p. 568, 601, 679, 726, 763.

RODET. *Pnéoscope* et *Pnéographe*, in *Journal de méd. vét.* de Lyon, année 1868, p. 293.

SAINT-CYR, F. *Recherches anatomiques, physiologiques et cliniques sur la pleurésie du cheval.* Paris et Lyon, 1860.

SAINT-CYR, F. *Pnéographie médicale. — De la discordance des mouvements respiratoires dans les maladies* in *Journal de méd. vét. et de zootech.*, 1877, p. 500 et 550,

VIOLET. *De la discordance des mouvements respiratoires*, etc., in *Journal de méd. vét. et de zootech.*, 1878, p. 321.

ZUNDEL. *Dict. de méd. vét.* par HURTEL d'ARBOVAL. 3ᵉ édition, art. *Pleurésie* et *Pneumonie*.

FIN.

TABLE MÉTHODIQUE DES MATIÈRES

TABLE ALPHABÉTIQUE

FIN DE LA TABLE ALPHABÉTIQUE.

5055-78. — Corbeil. Typ. et stér. de Crété.